4

結び目の不変量

大槻 知忠 著

新井 仁之・小林 俊行・斎藤 毅・吉田 朋広 編

共立講座 数学の輝き

共立出版

刊行にあたって

　数学の歴史は人類の知性の歴史とともにはじまり，その蓄積には膨大なものがあります．その一方で，数学は現在もとどまることなく発展し続け，その適用範囲を広げながら，内容を深化させています．「数学探検」，「数学の魅力」，「数学の輝き」の3部からなる本講座で，興味や準備に応じて，数学の現時点での諸相をぜひじっくりと味わってください．

　数学には果てしない広がりがあり，一つ一つのテーマも奥深いものです．本講座では，多彩な話題をカバーし，それでいて体系的にもしっかりとしたものを，豪華な執筆陣に書いていただきます．十分な時間をかけてそれをゆったりと満喫し，現在の数学の姿，世界をお楽しみください．

「数学の輝き」

　数学の最前線ではどのような研究が行われているのでしょうか？ 大学院にはいっても，すぐに最先端の研究をはじめられるわけではありません．この第3部では，第2部の「数学の魅力」で身につけた数学力で，それぞれの専門分野の基礎概念を学んでください．一歩一歩読み進めていけばいつのまにか視界が開け，数学の世界の広がりと奥深さに目を奪われることでしょう．現在活発に研究が進みまだ定番となる教科書がないような分野も多数とりあげ，初学者が無理なく理解できるように基本的な概念や方法を紹介し，最先端の研究へと導きます．

編集委員

序　文

　円周を3次元ユークリッド空間に埋め込んだものを**結び目**という．結び目理論においては，変形してうつりあう結び目は同じ結び目とみなして，結び目を研究する．ひもの結び方はいろいろあるので，様々なタイプの結び目がある．では，結び目のタイプはどのようにして区別すればよいのだろうか？　結び目に対して定められる値で，結び目を変形することに関して不変であるようなものを**不変量**という．不変量を用いて結び目のタイプを区別することができる．「結び目の不変量」が本書のテーマである．

　結び目理論はトポロジー（位相幾何学）の1分野である．トポロジーでは，空間（多様体）の大域的な形や，空間内の図形の性質でとくに図形の連続変形で不変であるような性質を研究する．1920年代に，ホモロジー群や基本群などのトポロジーを研究する基本的な道具（古典的な不変量）が整備された．さらに，1950〜60年代に高次元の（5次元以上の）多様体の分類理論が完成したが，その過程（h同境定理）において，高次元空間では「結ばっているひも」はその空間内の変形ですべてほどけてしまう，ということが1つの重要なポイントであった．その後，「3次元」と「4次元」が，高次元多様体論の手法が使えない「謎の次元」としてトポロジーに残された．とくに，3次元トポロジーでは，3次元空間で「結ばっているひも」（結び目）は一般に連続的な変形でほどくことができず，この「結び目」という現象が3次元のトポロジーを複雑に，そして，豊かにしている．

　1980年代に転機がおとずれ，数理物理的手法が低次元トポロジーに導入されて，3次元トポロジーにおいては結び目と3次元多様体の膨大な数の不変量（量子不変量）が発見された．（4次元トポロジーには「ゲージ理論」がもたらされた．）「量子不変量」は，数理物理に由来する量子群や共形場理論やチャーン–サイモンズ理論を背景として，リボンホップ代数などの代数構造を用いて，

構成される．量子不変量やこれに関連するトピックを研究する研究領域は**量子トポロジー**とよばれる．古典的な結び目理論においては個々の結び目の個性を個別に研究する研究が中心であったが，量子トポロジーでは多くの結び目を統一的に研究できるように，すなわち，「結び目の集合」を研究対象として研究できるようになった．

1980年代に結び目の不変量が大量に発見される発端になったのは，1984年にジョーンズ多項式という結び目不変量が発見されたことである．その後，ジョーンズ多項式の構成法と同様の構成法により，統計物理で知られていたヤン–バクスター方程式の多数の解（R行列）を用いて，大量の結び目不変量が発見された．さらに，1980年代後半に量子群が発見されたことにより，それらの大量の不変量は「量子不変量」として交通整理されて理解されるようになった．また，共形場理論に由来するKZ方程式を用いて量子不変量を再構成できることが明らかになった．1990年代には，これらの大量の量子不変量を統一的に扱って研究する2つの手法が開発された．1つはコンセビッチ不変量という1つの巨大な不変量にすべての量子不変量を統一することであり，もう1つはバシリエフ不変量という「共通の性質」で不変量を特徴づけることである．さらに，2000年代には，ジョーンズ多項式の圏化であるホバノフホモロジーが導入されたり，コンセビッチ不変量がループ展開されることが証明されたり，量子不変量と双曲幾何を関連づける体積予想の研究が進展するなど，これらの不変量をめぐる研究が深化した．

本書の目的は，これらの不変量やこれに関連するトピックについて解説することである（次ページの図を参照されたい）．数学を専攻する学部4年生や修士課程の学生を読者として念頭においており，予備知識としてホモロジー群や基本群などのトポロジーの基礎知識を仮定している．結び目の不変量をめぐる量子トポロジーの研究は，量子群，ホップ代数，テンソル圏，表現論，作用素環，共形場理論などの周辺分野と関連して大きな広がりをもっている．また，不変量の値が数論的に非自明な性質をもつこともよくあり，トポロジーの研究の数論的側面の観点からも興味深い．読者には，「結び目の不変量」の研究の豊かさや広がりを感じとってもらえれば大変幸いである．

序　文　　　　　　　　　　　　　　　　　v

　最後に，この原稿の草稿を読んでいただいて多くの貴重なご意見やコメントをいただきました小島定吉先生，横田佳之さん，高田敏恵さん，藤博之さん，野坂武史さん，鈴木咲衣さん，伊藤哲也さん，望月厚志さん，成瀬透さん，小松一宣さん，野崎雄太さん，石川勝巳さんと査読者に深く感謝いたします．また，STU 関係式の名称の由来について教えてくださいました Dror Bar-Natan さんと Sergei Duzhin さんに感謝いたします．また，本書の出版にあたって大変お世話になりました共立出版の赤城圭氏と大越隆道氏に厚くお礼を申し上げます．

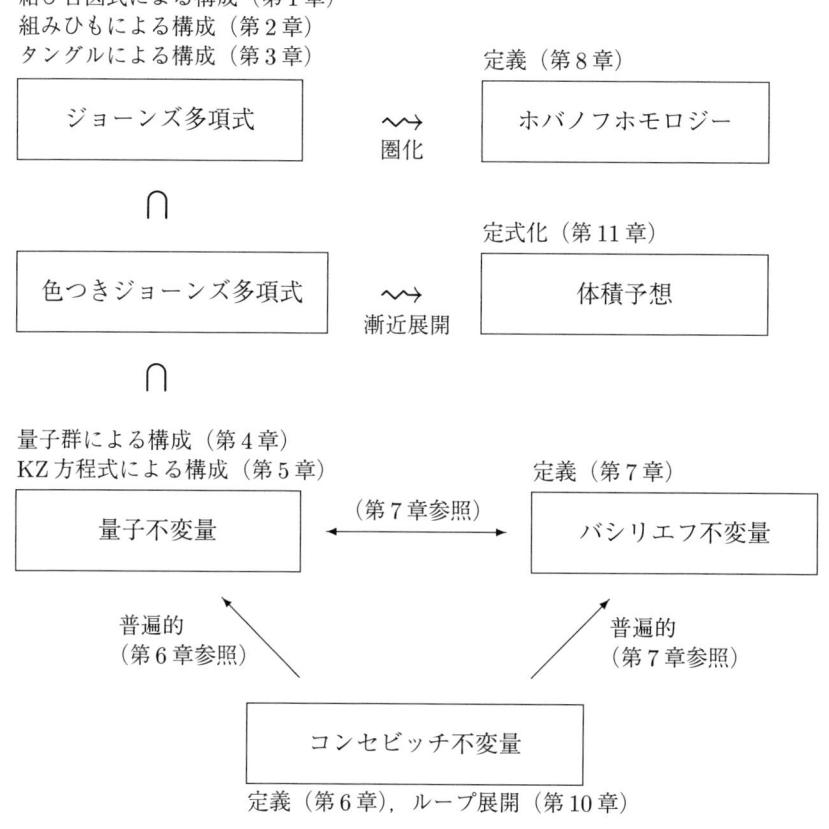

目　次

第1章　絡み目のジョーンズ多項式 1
1.1　結び目と絡み目とそれらの図式　*1*
1.2　ジョーンズ多項式　*6*

第2章　組みひも群とその表現 13
2.1　組みひもと組みひも群　*13*
2.2　組みひも群の表現と絡み目の不変量　*17*

第3章　タングルとそのオペレータ不変量 28
3.1　タングル　*28*
3.2　有向タングルのオペレータ不変量　*34*

第4章　量子群 41
4.1　リボンホップ代数　*42*
4.2　枠つき絡み目の普遍 A 不変量　*51*
4.3　リボンホップ代数に由来するタングルのオペレータ不変量　*58*
4.4　量子群 $U_q(\mathfrak{sl}_2)$　*66*

第5章　KZ方程式 81
5.1　KZ方程式から得られる組みひも群の表現　*82*
5.2　KZ方程式のモノドロミーの計算　*93*
5.3　配置空間のコンパクト化　*100*
5.4　モノドロミー表現の組合せ的な再構成　*108*

第6章　絡み目のコンセビッチ不変量 111
6.1　ヤコビ図　*112*

6.2　KZ方程式から導かれるコンセビッチ不変量の定義　　*119*
　　6.3　コンセビッチ不変量の組合せ的な再構成　　*124*
　　6.4　量子不変量に対するコンセビッチ不変量の普遍性　　*133*

第7章　結び目のバシリエフ不変量 *142*
　　7.1　バシリエフ不変量の定義と基本的な性質　　*143*
　　7.2　バシリエフ不変量に対するコンセビッチ不変量の普遍性　　*152*

第8章　絡み目の多項式不変量の圏化 *160*
　　8.1　コホモロジー代数の準備　　*161*
　　8.2　ホバノフホモロジーの定義　　*164*
　　8.3　ホバノフホモロジーの不変性　　*176*

第9章　結び目と曲面結び目のカンドルコサイクル不変量 *187*
　　9.1　カンドル　　*187*
　　9.2　結び目カンドル　　*190*
　　9.3　カンドルのコホモロジー　　*195*
　　9.4　結び目のカンドルコサイクル不変量　　*198*
　　9.5　結び目のシャドーコサイクル不変量　　*204*
　　9.6　曲面結び目のカンドルコサイクル不変量　　*207*

第10章　結び目のコンセビッチ不変量のループ展開 *213*
　　10.1　コンセビッチ不変量の性質　　*214*
　　10.2　開ヤコビ図　　*219*
　　10.3　コンセビッチ不変量のループ展開　　*225*

第11章　体積予想 *235*
　　11.1　双曲幾何　　*236*
　　11.2　結び目補空間の理想4面体分割　　*243*
　　11.3　結び目補空間の双曲構造　　*249*
　　11.4　結び目のカシャエフ不変量とカシャエフ予想　　*256*

参考文献 *265*

索　引 *275*

第1章 ◇ 絡み目のジョーンズ多項式

　　結び目理論において，変形してうつりあう結び目は同じ結び目とみなして，数学的な対象として結び目を研究する．与えられた2つの結び目が同じであることは，それらを変形する過程を具体的に示すことにより証明することができる．一方，与えられた2つの結び目が異なることを証明するのは，簡単ではなく，このときに不変量が使われる．

　　1980年代に数理物理的手法がトポロジーに導入され，結び目理論においては大量の結び目不変量（量子不変量）が発見された．その大量の不変量の発見の先駆けになったのがジョーンズ (Jones) 多項式である[1]．

　　本章では，結び目（一般に，絡み目）を導入し，絡み目のジョーンズ多項式を定義する．1.1 節では，結び目（絡み目）とその図式を定義し，同じ結び目（絡み目）を与える図式の関係について述べる．1.2 節では，絡み目の図式のカウフマン括弧を導入し，それを用いて絡み目のジョーンズ多項式を定義する．

1.1　結び目と絡み目とそれらの図式

　本節では，結び目と絡み目とそれらの図式を定義し，同じ結び目（絡み目）を与える図式の関係を記述するライデマイスター移動について述べる．

　円周 S^1 を3次元ユークリッド空間 $\mathbb{R}^3$ に滑らかに埋め込んだ像を**結び目** (knot) という．ℓ 個の S^1 を $\mathbb{R}^3$ に滑らかに埋め込んだ像を ℓ 成分の**絡み目** (link) という．とくに，1成分の絡み目が結び目である．

　簡単な結び目の例として，

---

[1] 歴史的には，ジョーンズ多項式は，1980年代半ばにジョーンズによって作用素環を用いて定義された．その後，ジョーンズ多項式はカウフマンによって初等的な方法で再定義され，本章ではカウフマンの定義にそってジョーンズ多項式を導入する．

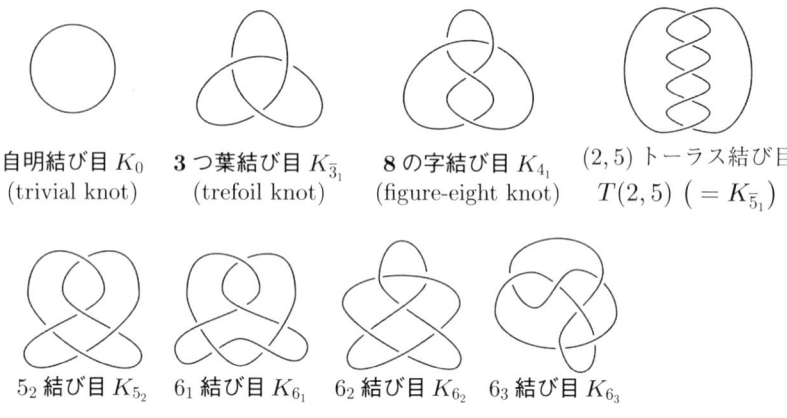

自明結び目 K_0 (trivial knot), 3つ葉結び目 $K_{\overline{3}_1}$ (trefoil knot), 8の字結び目 K_{4_1} (figure-eight knot), $(2,5)$ トーラス結び目 $T(2,5)$ ($= K_{\overline{5}_1}$)

5_2 結び目 K_{5_2}, 6_1 結び目 K_{6_1}, 6_2 結び目 K_{6_2}, 6_3 結び目 K_{6_3}

のようなものがある[2]. また, 無限個の結び目の族の例として,

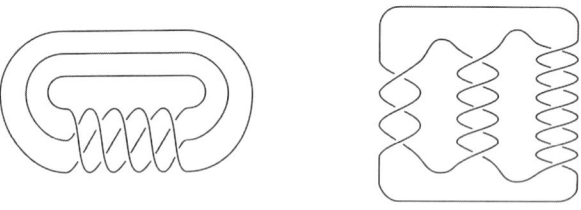

$(3,5)$ トーラス結び目 $T(3,5)$　　$(3,5,7)$ プレッツェル結び目 $P(3,5,7)$

のような形のものがある. ここで, 互いに素な自然数 p, q について, トーラス $\mathbb{R}^2/\mathbb{Z}^2$ の中に傾き p/q の直線を考え, このトーラスを $\mathbb{R}^3$ に標準的に埋め込んだときにその直線の像がつくる結び目を (p, q) **トーラス結び目** ((p, q) torus knot) という (上の左図は $(p, q) = (3, 5)$ の場合). また, 整数 p, q, r について, 2本のひもを p 回, q 回, r 回ねじってできた3つの束を上の右図のようにつなげてつくった結び目を (p, q, r) **プレッツェル結び目** ((p, q, r) pretzel knot)[3] という (上の右図は $(p, q, r) = (3, 5, 7)$ の場合).

2つの結び目 (または絡み目) K, K' について, h_0 が $\mathbb{R}^3$ の恒等写像であるような微分同相写像の族 $h_t : \mathbb{R}^3 \to \mathbb{R}^3$ ($t \in [0, 1]$) があって $h_1(K) = K'$ となるとき, K と K' は**イソトピック** (isotopic) であるといい, その変形過程の h_t を

---

[2] これらの結び目の名前のつけ方について, たとえば [18, 66, 87] を参照されたい.

[3] p, q, r の値によって, 絡み目になるときは, (p, q, r) プレッツェル絡み目という.

イソトピー (isotopy) という[4]．言い換えると，2つの結び目（絡み目）が自己交差しないような連続変形でうつりあうとき，それらはイソトピックである．たとえば，3つ葉結び目と $(2,3)$ トーラス結び目はイソトピックである．結び目理論では，イソトピックな結び目は同じ結び目とみなして，結び目の研究をする．

　イソトピックな結び目がイソトピックであることを証明するためには変形の過程を具体的に示して見せればよい．一方，イソトピックではない結び目がイソトピックではないことを証明するのは，簡単ではなく，その証明に用いられるのが不変量である．ここで，

$$\text{写像 } I : \{\text{結び目（絡み目）}\} \longrightarrow (\text{ある集合})$$

が，イソトピックな結び目（絡み目）K, K' について $I(K) = I(K')$ をみたすとき，I を結び目（絡み目）の**イソトピー不変量** (isotopy invariant) であるという．不変量が値をとる「ある集合」はたとえば多項式環などのよくわかった集合であることが多い．

　結び目（絡み目）を射影 $\mathbb{R}^3 \to \mathbb{R}^2$ により平面 $\mathbb{R}^2$ に射影して線が交差しているところに上下をつけたものを結び目（絡み目）の**図式** (diagram) という．

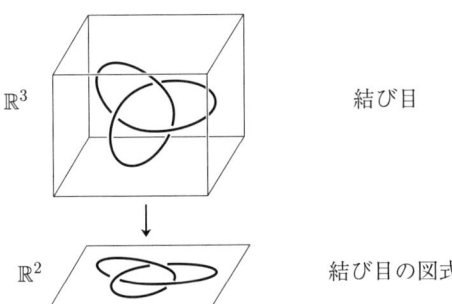

$\mathbb{R}^3$　　　　　　　　　　　結び目

$\mathbb{R}^2$　　　　　　　　　　　結び目の図式

図式において，線の交差に上下がついたもののことを**交点** (crossing) という．結び目は3次元の図形であるが，結び目の図式は2次元の図形であることに注

---

[4] 正確には「アンビエントイソトピック (ambient isotopic)」，「アンビエントイソトピー (ambient isotopy)」という．

意しよう．2つの図式が，$\mathbb{R}^2$ のイソトピーでうつりあうとき，**イソトピック**であるという．

定理 1.1（ライデマイスター）　K, K' を結び目（絡み目）とし，D, D' をそれらの図式とするとき，K と K' がイソトピックであることの必要十分条件は，D に次の RI, RII, RIII 移動（**ライデマイスター移動** (Reidemeister move) とよばれる）と図式のイソトピーを有限回ほどこして D' が得られることである．

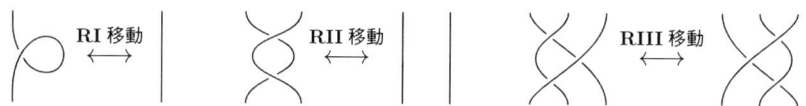

ここで，各移動の両辺の図は図式の一部分を図のようにとりかえることを意味する．

標語的にかくと，定理は次の等式を意味する．

$\{$ 結び目（絡み目）$\}/$イソトピック
$= \{$ 結び目（絡み目）の図式 $\}/$RI, RII, RIII 移動，図式のイソトピック

定理 1.1 の証明の方針　図式が RI, RII, RIII 移動と図式のイソトピーでうつりあうとき，それらの図式が表す結び目がイソトピックであることは，RI, RII, RIII 移動の両辺がイソトピックな結び目を表していることを観察することにより，すぐにわかる．

逆に，K と K' がイソトピックな結び目であるとする．K を変形して K' にする過程の軌跡は曲面で表されるが，その曲面を 3 角形分割すると，定理の証明は各 3 角形のところで絡み目を変形する場合に帰着される．3 角形分割を十分に細かくしたとき，各 3 角形のところでの変化は，RI, RII, RIII 移動と RI, RIII 移動の鏡像と図式のイソトピーしかおこらない．RI, RIII 移動の鏡像は RI, RII, RIII 移動の合成で実現できるので，D と D' は RI, RII, RIII 移動と図式のイソトピーでうつりあうことがわかる．（詳しい証明について，たとえば [18] を参照されたい．）　■

ひもに向きをつけた結び目を**有向結び目** (oriented knot) という．各ひもに向きをつけた絡み目を**有向絡み目** (oriented link) という．定理 1.1 の向きつき版として，次の定理が成り立つ．

定理 1.2 K, K' を有向結び目（有向絡み目）とし，D, D' をそれらの図式とするとき，K と K' がイソトピックであることの必要十分条件は，D に次の $\overrightarrow{\mathrm{RI}}$, $\overrightarrow{\mathrm{RII}}$, $\overrightarrow{\mathrm{RIII}}$ 移動と図式のイソトピーを有限回ほどこして D' が得られることである．

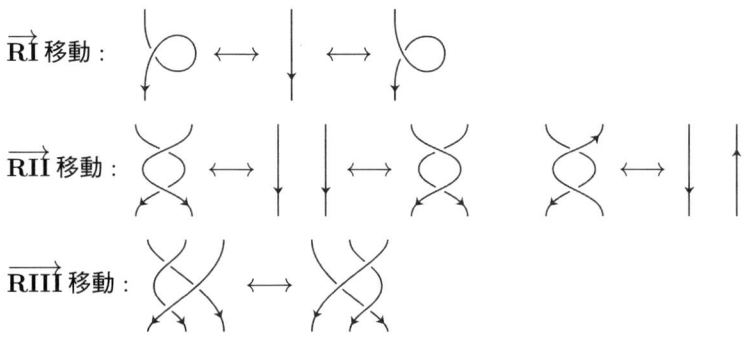

証明の方針 図式が $\overrightarrow{\mathrm{RI}}$, $\overrightarrow{\mathrm{RII}}$, $\overrightarrow{\mathrm{RIII}}$ 移動と図式のイソトピーでうつりあうとき，それらの図式が表す結び目がイソトピックであることは，定理 1.1 の証明と同様にして，すぐにわかる．

逆に，K と K' がイソトピックな結び目であるとする．向きを無視すると，定理 1.1 より，D と D' は RI, RII, RIII 移動と図式のイソトピーでうつりあう．よって，RI, RII, RIII 移動に任意の向きをつけた移動が $\overrightarrow{\mathrm{RI}}$, $\overrightarrow{\mathrm{RII}}$, $\overrightarrow{\mathrm{RIII}}$ 移動で実現できることを言えばよい．

RI 移動について，ひもは 1 本なので，向きのつけ方は 2 通りある．そのうちの 1 通りの向きは $\overrightarrow{\mathrm{RI}}$ 移動で与えられている．もう 1 通りの向きの RI 移動は，$\overrightarrow{\mathrm{RI}}$ 移動のもう一方と $\overrightarrow{\mathrm{RII}}$, $\overrightarrow{\mathrm{RIII}}$ 移動から生成される．

RII 移動について，ひもは 2 本なので，向きのつけ方は 4 通りある．そのうちの 3 通りの向きは $\overrightarrow{\mathrm{RII}}$ 移動で与えられている．のこりの 1 通りの向きの RII 移動は $\overrightarrow{\mathrm{RI}}$, $\overrightarrow{\mathrm{RII}}$, $\overrightarrow{\mathrm{RIII}}$ 移動から生成される．

RIII 移動について，ひもは 3 本なので，向きのつけ方は 8 通りある．RIII 移動は紙面に垂直な軸に関して 180° 回転対称なので，その対称性より，それらの 8 通りの場合は 4 通りの場合に帰着される．そのうちの 1 通りは $\overrightarrow{\text{RIII}}$ 移動で与えられている．のこりの 3 通りの向きの RIII 移動は $\overrightarrow{\text{RI}}$, $\overrightarrow{\text{RII}}$, $\overrightarrow{\text{RIII}}$ 移動から生成される．

詳しい証明について，たとえば [112] を参照されたい． ∎

定理 1.2 の応用として，2 成分の有向絡み目の絡み数を次のように定義することができる．有向絡み目の図式の交点について，✕ を**正の交点** (positive crossing) といい，✕ を**負の交点** (negative crossing) という．2 成分の有向絡み目 $L_1 \cup L_2$ について，その図式を $D_1 \cup D_2$ とするとき，L_1 と L_2 の**絡み数** (linking number) が

$$\mathrm{lk}(L_1, L_2) = \frac{1}{2}\Big(\big(D_1\text{のひもと}D_2\text{のひもがつくる正の交点の数}\big) \\ -\big(D_1\text{のひもと}D_2\text{のひもがつくる負の交点の数}\big)\Big)$$

で定義される．

練習問題 1.3 絡み数 $\mathrm{lk}(L_1, L_2)$ が有向絡み目 $L_1 \cup L_2$ の不変量であることを，定理 1.2 を用いて，示してみよう．

1.2　ジョーンズ多項式

本節では，絡み目の図式のカウフマン括弧を導入し，それを用いて絡み目のジョーンズ多項式を定義してその不変性を証明する．

絡み目の図式 D に対して，その**カウフマン括弧** (Kauffman bracket) $\langle D \rangle \in \mathbb{Z}[A, A^{-1}]$ を次の漸化式で定義する．

$$\left\langle \times \right\rangle = A \left\langle \,)(\, \right\rangle + A^{-1} \left\langle \asymp \right\rangle \tag{1.1}$$

1.2 ジョーンズ多項式

$$\left\langle \bigcirc D \right\rangle = (-A^2 - A^{-2})\langle D \rangle \tag{1.2}$$

$$\langle 空集合の図式 \emptyset \rangle = 1 \tag{1.3}$$

任意に与えられた図式 D に対して，$\langle D \rangle$ の値は次のようにして定まる．(1.1)式をつかって D の各交点を線型的に（2項展開の要領で）展開していく．つまり，D の各交点について，(1.1) の左辺の図を右辺の図でおきかえることで，各交点を解消しながら式を展開していく．D が k 個の交点をもっているとき，そのような展開により，交点のない 2^k 個の図式の線型和が得られる．交点のない図式はいくつかの輪からなる．(1.2) は 1 つの輪を $(-A^2-A^{-2})$ におきかえることを意味する．すなわち，(1.2) と (1.3) より，ℓ 個の輪からなる図式は $(-A^2-A^{-2})^\ell$ におきかえられる．このようにして $\langle D \rangle$ の値が $A^{\pm 1}$ の多項式として定まる．

たとえば，3つ葉結び目の図式のカウフマン括弧の値は

$$\left\langle \vcenter{\hbox{🪢}} \right\rangle = A^3 \left\langle \cdot \right\rangle + A \left\langle \cdot \right\rangle + A \left\langle \cdot \right\rangle$$

$$+ A \left\langle \cdot \right\rangle + A^{-1} \left\langle \cdot \right\rangle + A^{-1} \left\langle \cdot \right\rangle$$

$$+ A^{-1} \left\langle \cdot \right\rangle + A^{-3} \left\langle \cdot \right\rangle$$

$$= A^3(-A^2-A^{-2})^2 + A(-A^2-A^{-2}) + A(-A^2-A^{-2})$$

$$+ A(-A^2-A^{-2}) + A^{-1}(-A^2-A^{-2})^2 + A^{-1}(-A^2-A^{-2})^2$$

$$+ A^{-1}(-A^2-A^{-2})^2 + A^{-3}(-A^2-A^{-2})^3$$

$$= (-A^2-A^{-2})(-A^5 - A^{-3} + A^{-7})$$

のように計算される．

補題 1.4 カウフマン括弧は次の関係式をみたす．

$$\left\langle \diagup\!\!\!\diagdown \right\rangle = A \left\langle \;)(\; \right\rangle + A^{-1} \left\langle \underset{\frown}{\smile} \right\rangle$$

$$\left\langle \bigcirc D \right\rangle = (-A^2 - A^{-2}) \left\langle D \right\rangle \qquad (D \text{ は任意の図式})$$

ここで，第1式に現れる3つの図は，点線で囲まれた円板内では図のように異なり，円板外では同一であるような3つの図式を表す．また，第2式の左辺の図は1つの輪と D の排反和を表す．

証明 第1式について，左辺の図式が k 個の交点をもっていたとすると，(1.1) より左辺は 2^k 個の項に展開される．右辺の2つの図式はそれぞれ $(k-1)$ 個の交点をもち，(1.1) より 2^{k-1} 個の項に展開されて，それらの線型和は左辺に等しい．

第2式について，同様の考察により，(1.2) より，成立する． ∎

注意 1.5 (1.1), (1.2), (1.3) は「左辺を右辺でおきかえる，という手続き」を表している．それがカウフマン括弧の定義であった．一方，補題1.4は，(すでに定義されている) カウフマン括弧がそれらの関係式をみたす，という意味である．（当然のことながら，定義と同様の関係式がみたされる．）

カウフマン括弧から絡み目の不変量が得られるかどうかを考えてみよう．絡み目の図式を RI, RII, RIII 移動で変形したときそのカウフマン括弧が不変であるかどうかを調べてみる．RI 移動について，補題1.4より，

$$\left\langle \big| \bigcirc \right\rangle = A \left\langle \big| \bigcirc \right\rangle + A^{-1} \left\langle \big| \bigcirc \right\rangle = -A^3 \left\langle \; \big| \; \right\rangle$$

のようになり，残念ながら不変にはならない．RII 移動について，RI 移動による変化の式もつかって計算すると

$$\left\langle \bowtie \right\rangle = A \left\langle \asymp \right\rangle + A^{-1} \left\langle \underset{\smile}{\frown} \right\rangle = \left\langle \big|\big| \right\rangle$$

のようになり，不変であることがわかる．RIII 移動について，RII 移動による不変性の式もつかって計算すると

$$\left\langle \text{RIII左} \right\rangle = A \left\langle \cdot \right\rangle + A^{-1} \left\langle \cdot \right\rangle = A \left\langle \cdot \right\rangle + A^{-1} \left\langle \cdot \right\rangle$$

のようになり，これが紙面に垂直な軸に関して 180° 回転対称であることから，RIII 移動で不変であることがわかる．したがって，絡み目の図式 D のカウフマン括弧 $\langle D \rangle$ は，RII, RIII 移動で不変であり，RI 移動で $(-A^3)$ 倍だけ変わることがわかった．

よって，カウフマン括弧そのままでは絡み目の不変量にならないが，カウフマン括弧から不変量を得るために次の 2 つの対処法がある．

対処法 1 図式の「ねじれ」でカウフマン括弧を補正する．
対処法 2 絡み目の「枠」の概念を導入する．

1 つ目の対処法として，有向絡み目の図式 D について，そのねじれ (writhe) を

$$w(D) = (D \text{の正の交点の個数}) - (D \text{の負の交点の個数})$$

で定める．

定理 1.6 L を有向絡み目とし，D をその図式とする．このとき，$(-A^3)^{-w(D)}\langle D \rangle$ は L のイソトピー不変量になる．

証明 定理 1.1 より，RI, RII, RIII 移動（両辺のひもに任意の向きをつけた場合）で $(-A^3)^{-w(D)}\langle D \rangle$ が不変であることを確かめればよい．

RI 移動での不変性について，図式 D に RI 移動を左向きに適用すると，$w(D)$ は 1 つふえ，$\langle D \rangle$ は $(-A^3)$ 倍になるので，$(-A^3)^{-w(D)}\langle D \rangle$ は不変である．

RII, RIII 移動での不変性について，初等的な考察により $w(D)$ はこれらの移動で不変であることがわかり，前述の計算により $\langle D \rangle$ は不変であることがわかるので，$(-A^3)^{-w(D)}\langle D \rangle$ は不変である． ∎

カウフマン括弧の定義より $\langle D \rangle$ は $(-A^2 - A^{-2})$ でわりきれることがわかり，簡単な考察により $(-A^3)^{-w(D)}\langle D \rangle$ の値には A の偶数乗しか現れないことがわかる．そこで，

$$V_L(t) = (-A^2 - A^{-2})^{-1}(-A^3)^{-w(D)}\langle D \rangle \Big|_{A^2 = t^{-1/2}} \in \mathbb{Z}[t^{1/2}, t^{-1/2}]$$

とおいて，これを有向絡み目 L のジョーンズ多項式 (Jones polynomial) という．結び目のジョーンズ多項式の値は結び目の向きによらないことが定義よりわかり，たとえば前節で挙げたいくつかの結び目に対する値は

$$\begin{aligned}
V_{K_0}(t) &= 1 \\
V_{K_{\bar{3}_1}}(t) &= t + t^3 - t^4 \\
V_{K_{4_1}}(t) &= t^2 - t + 1 - t^{-1} + t^{-2} \\
V_{K_{\bar{5}_1}}(t) &= t^2 + t^4 - t^5 + t^6 - t^7 \\
V_{K_{5_2}}(t) &= -t^{-6} + t^{-5} - t^{-4} + 2t^{-3} - t^{-2} + t^{-1}
\end{aligned}$$

のようになる．これらの値が実際に異なることより，これらの結び目が互いに異なる結び目であることがわかる．具体的な結び目に対するいろいろな不変量の値は，結び目理論の本（たとえば [66, 87]）やウェブページ（たとえば [14, 22]）に詳しく載っており，計算機のソフト（たとえば [75]）でも計算することができる．

2つ目の対処法として，枠つき絡み目を考える．いくつかの閉じたリボン $S^1 \times [0,1]$ を $\mathbb{R}^3$ に滑らかに埋め込んだ像を**枠つき絡み目** (framed link) という．2つの枠つき絡み目が $\mathbb{R}^3$ のイソトピーでうつりあうとき**イソトピック**であるという．枠つき絡み目に対してリボンの中心線 $S^1 \times \{\frac{1}{2}\}$ の部分の埋め込みの像は絡み目になるが，与えられた絡み目に対してそのような枠つき絡み目をもとの絡み目の**枠** (framing) という．枠つき絡み目の各成分について，その枠（のイソトピー類）はリボンの両端の2つの単純閉曲線が互いに何回絡まっているかという情報（絡み数）を表している（その絡み数が n の枠を n **枠**ということもある）．絡み目の図式が与えられているとき，図式がある平面に平行な枠を**黒板枠** (blackboard framing) という．任意の枠つき絡み目は黒板枠の図式で表すことができる．たとえば，次の左図の枠つき絡み目は右図の図式の黒板枠で表される．

1.2 ジョーンズ多項式

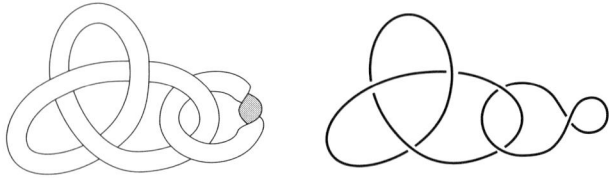

枠つき絡み目を図式で表すときは黒板枠で枠が定められているものとする.

定理 1.7 L を枠つき絡み目とし, D をその図式とする. このとき, カウフマン括弧 $\langle D \rangle$ は L のイソトピー不変量になる.

証明 L と L' をイソトピックな枠つき絡み目とし, D と D' をそれらの図式とする. $\langle D \rangle = \langle D' \rangle$ を示せばよい. L と L' は絡み目としてイソトピックであるので, 定理 1.1 より, D と D' は RI, RII, RIII 移動でうつりあう. さらに, L と L' の枠もイソトピックなので, RI 移動が右向きに適用される回数と左向きに適用される回数は等しい. 図式に RI 移動を右向きに適用するとそのカウフマン括弧は $(-A^{-3})$ 倍になり, 左向きに適用すると $(-A^3)$ 倍になる. よって, $\langle D \rangle = \langle D' \rangle$ であることがわかる. ∎

練習問題 1.8 $\mathbb{R}^3$ 内のある 3 次元球体の中で下図のように異なり, その 3 次元球体の外では同一であるような 3 つの有向絡み目を考える.

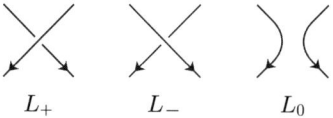

これらのジョーンズ多項式は

$$t^{-1} V_{L_+}(t) - t\, V_{L_-}(t) \;=\; (t^{1/2} - t^{-1/2})\, V_{L_0}(t)$$

をみたすことを示してみよう. (L_+ と L_- と L_0 の値の線型和で与えられるこのような形の関係式は**スケイン関係式** (skein relation)[5] とよばれる.)

---

[5] スケイン関係式と自明結び目の値 $V_{K_0}(t) = 1$ より, すべての有向絡み目のジョーンズ多項式の値を計算することができることに注意しよう.

練習問題 1.9 具体的な結び目の例について，ジョーンズ多項式の値を計算してみよう．また，$(2, n)$ トーラス結び目など，無限個の結び目の族について，ジョーンズ多項式の値を計算してみよう．

第 2 章 ◇ 組みひも群とその表現

　組みひもは 1920 年代にアルティン (Artin) によって導入された．組みひもを用いて絡み目を表示することができる．また，そのような表示にもとづいて，絡み目の不変量を構成することができる．組みひもの集合は組みひも群をつくり，その群構造を利用することができる，ということが，組みひもを用いることの大きな利点である．

　絡み目の不変量をつくるために，R 行列という行列を用いて組みひも群の表現を構成する．歴史的には，R 行列は，1970 年前後にヤン (Yang) とバクスター (Baxter) によって統計力学における可解格子模型を記述するために導入された．1980 年代にジョーンズ多項式が発見されて以来，統計力学において知られていた R 行列を用いて大量の絡み目不変量が構成された．

　本章では，組みひも群を定義して，その線型表現を与え，これをもちいて絡み目の不変量を構成する．2.1 節では，組みひもと組みひも群を導入し，組みひもを用いて絡み目が表示されることを解説する．2.2 節では，R 行列を用いた組みひも群の表現から絡み目の不変量が構成されることを解説する．

2.1 組みひもと組みひも群

　本節では，組みひもと組みひも群を導入し，任意の絡み目は組みひもを用いて表されることを説明して，イソトピックな絡み目を表す組みひもの条件を与えるマルコフの定理について述べる．

　$\mathbb{R}^2 \times [0,1]$ に n 本のひもを，端点が $\{1, 2, \ldots, n\} \times \{0\} \times \{0,1\}$ になるように，高さ関数に関して単調になるように，埋め込んだ像を n 本のひもの**組みひも** (braid) という．

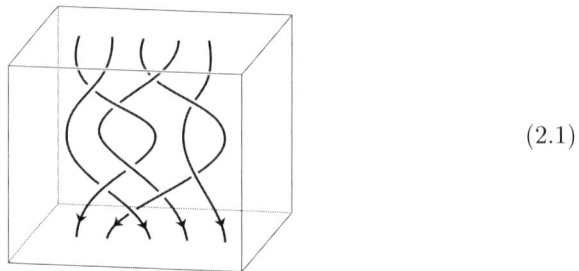
(2.1)

組みひもの各ひもには下向きの向きをつける．2つの組みひもは，境界を固定して高さ関数を保つような $\mathbb{R}^2 \times [0,1]$ のイソトピーでうつりあうとき，**イソトピック**であるという．言い換えると，2つの組みひもは，組みひもである状態をたもってひもが自己交差しないような連続変形でうつりあうとき，イソトピックである．

任意の n 本の組みひもは σ_i と σ_i^{-1} $(i=1,2,\ldots,n-1)$ のコピーをたてに連結することにより得られる．ここで，σ_i と σ_i^{-1} は

$$\sigma_i = \bigg| \cdots \bigg| \underset{i\ i+1}{\diagup\!\!\!\diagdown} \bigg| \cdots \bigg| \, , \quad \sigma_i^{-1} = \bigg| \cdots \bigg| \underset{i\ i+1}{\diagdown\!\!\!\diagup} \bigg| \cdots \bigg|$$

のように i 番目と $i+1$ 番目のひもをねじる組みひもを表す．$\sigma_i^{\pm 1}$ を用いて，たとえば，(2.1) の組みひもは

$$\sigma_1 \sigma_3 \sigma_2^{-2} \sigma_4^{-2} \sigma_1 \sigma_3 \sigma_2^{-1}$$

のように表示される．

n 本の組みひものイソトピー類（イソトピックな組みひもを同一視する同値類）の全体の集合は，組みひもをたてに連結する操作を積として，群になる．この群を B_n とかき，**組みひも群** (braid group) という．組みひも群 B_n は

生成元： $\sigma_1, \sigma_2, \ldots, \sigma_{n-1}$

関係式： $\sigma_i \sigma_j = \sigma_j \sigma_i \quad (|i-j| \geq 2)$ \hfill (2.2)

$\sigma_i \sigma_{i+1} \sigma_i = \sigma_{i+1} \sigma_i \sigma_{i+1} \quad (i=1,2,\ldots,n-2)$ \hfill (2.3)

のように群表示されることが知られている．これらの関係式を図でかくと下図のようになり，各式の両辺が組みひもとしてイソトピックであることが容易に見てとれる．

$$\sigma_i \sigma_j \quad \bigg|\cdots\bigvee\cdots\bigvee\cdots\bigg| \;=\; \bigg|\cdots\bigvee\cdots\bigvee\cdots\bigg| \quad \sigma_j \sigma_i$$

$$\sigma_i \sigma_{i+1} \sigma_i \quad = \quad \sigma_{i+1} \sigma_i \sigma_{i+1}$$

逆に，組みひも群の群表示の関係式が上記の関係式で十分であることを示すことは非自明な問題であり，ライデマイスターの定理（定理 1.1）の証明と同様の議論が必要である．詳しい証明について [16, 126] を参照されたい．

組みひもの上端と下端を

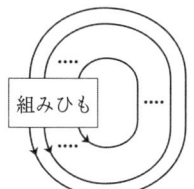

のようにつなげて得られる有向絡み目をその組みひもの**閉包** (closure) という．任意の有向絡み目はある組みひもの閉包として表すことができる．なぜそのようにできるのか，8 の字結び目を例にして説明する．

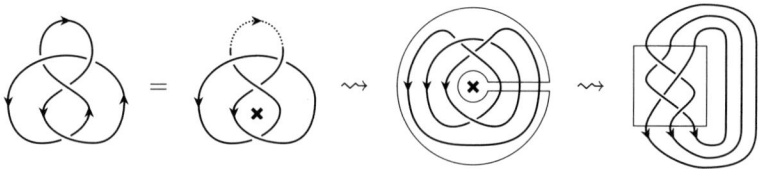

8 の字結び目の図式（左図）の領域を 1 つ選んで，そこに×印をつける．×印からひもの向きを眺めたとき，時計まわりになっている部分（2 つ目の図の点線部分）を考える．そのような部分をイソトピーで動かすことにより，すべての部分が×印に関して反時計まわりになるように変形する（3 つ目の図）．×印の

右側で絡み目を切って広げることにより，求める組みひもが得られる（右図）.
おおむね，このようにして，任意の有向絡み目が組みひもの閉包になることが
示される．詳しい証明について [16, 66, 126] を参照されたい．

　上述のように，任意の絡み目は組みひもの閉包で表されるが，組みひもを
「絡み目の表示」として利用しようとしたとき，イソトピックな絡み目を与え
る組みひもの条件が問題になる．その条件は次の定理で与えられる．

定理 2.1 （マルコフ (**Markov**)）　2つの組みひも b_1, b_2 について，それら
の閉包がイソトピックな絡み目であることの必要十分条件は，b_1 に次の MI,
MII 移動 を有限回ほどこして b_2 が得られることである．

　　　MI 移動:　　　任意の $a, b \in B_n$ について　　$ab \longleftrightarrow ba$

　　　MII 移動:　　任意の $b \in B_n$ について　　$b\sigma_n \longleftrightarrow b \longleftrightarrow b\sigma_n^{-1}$

ここで，MII 移動における $b\sigma_n^{\pm 1}$ は B_{n+1} の元であるとみなす．

　標語的にかくと，定理は次の等式を意味する．

$$\{\text{有向絡み目}\}/\text{イソトピック} = \left(\bigcup_{n=1}^{\infty} B_n\right)/\text{MI, MII 移動}$$

定理 2.1 の略証　組みひもが MI, MII 移動でうつりあうとき，それらの閉包は
下図のようになり，それらがイソトピックな絡み目であることは図から容易に
見てとれる．

逆に，組みひも b_1, b_2 の閉包がイソトピックな絡み目であるとする．定理 1.1 よりそれらの絡み目はライデマイスター移動でうつりあう．その変形の過程で現れる絡み目を組みひもの閉包になるように変形の過程を修正していくことにより，b_1 と b_2 は MI, MII 移動でうつりあうことが示される．（詳しい証明は [16] を参照されたい．） ■

2.2　組みひも群の表現と絡み目の不変量

本節では，ヤン–バクスター方程式の解である R 行列を用いて組みひも群の表現がつくられることを説明し，そのような表現からジョーンズ多項式が再構成されることを述べる．以下では，ベクトル空間は $\mathbb{C}$ 上のベクトル空間であるとする．

有限次元ベクトル空間 V について，その双対空間を $V^\star$ とおき，線型写像 $V \to V$ の全体の空間を $\mathrm{End}(V)$ とおく．$f \otimes x \in V^\star \otimes V$ を $(y \mapsto f(y)x) \in \mathrm{End}(V)$ に対応させることにより，$V^\star \otimes V = \mathrm{End}(V)$ のように同一視する．$\mathrm{End}(V)$ 上のトレース (trace) は

$$\mathrm{trace} : \mathrm{End}(V) = V^\star \otimes V \xrightarrow{\text{縮約}} \mathbb{C}$$

のように表される．ここで，縮約とは $f \otimes x \mapsto f(x)$ により定まる線型写像 $V^\star \otimes V \to \mathbb{C}$ である．$\mathrm{End}(V)$ の元が行列で表示されているときには，トレースは行列の対角和である．ベクトル空間 V_1, V_2 について trace_2 を

$$\mathrm{trace}_2 : \mathrm{End}(V_1 \otimes V_2) = (V_1 \otimes V_2)^\star \otimes (V_1 \otimes V_2)$$
$$= V_2^\star \otimes V_1^\star \otimes V_1 \otimes V_2 \xrightarrow{\text{縮約}} V_1^\star \otimes V_1 = \mathrm{End}(V_1)$$

で定める．ここでの縮約は V_2 に関する縮約である．たとえば，V が基底 $\{e_0, e_1\}$ をもつ 2 次元ベクトル空間で，$V \otimes V$ の基底 $\{e_0 \otimes e_0, e_0 \otimes e_1, e_1 \otimes e_0, e_1 \otimes e_1\}$ に関して，線型写像 $A \in \mathrm{End}(V \otimes V)$ が

のように行列表示されているとき，$\mathrm{trace}_2(A)$ は

$$\mathrm{trace}_2(A) = \begin{pmatrix} A_{00}^{00}+A_{01}^{01} & A_{10}^{00}+A_{11}^{01} \\ A_{00}^{10}+A_{01}^{11} & A_{10}^{10}+A_{11}^{11} \end{pmatrix}$$

のように行列表示される．

注意 2.2 「線型写像 A の行列表示」の定め方について，復習する．$V \otimes V$ の基底 $\{e_0 \otimes e_0, e_0 \otimes e_1, e_1 \otimes e_0, e_1 \otimes e_1\}$ に関して，$V \otimes V$ のベクトル

$$v_{00} \cdot e_0 \otimes e_0 + v_{01} \cdot e_0 \otimes e_1 + v_{10} \cdot e_1 \otimes e_0 + v_{11} \cdot e_1 \otimes e_1 \quad \text{を} \quad \begin{pmatrix} v_{00} \\ v_{01} \\ v_{10} \\ v_{11} \end{pmatrix}$$

で表す．左のベクトルへの A の作用は，右のベクトルに上述の A の行列表示を左からかけることにより表される．つまり，基底を与えることにより $V \otimes V$ と $\mathbb{C}^4$ を同一視して A を $\mathbb{C}^4$ から $\mathbb{C}^4$ への線型写像とみなすことにより，「A の行列表示」が定められるのであった．行列成分の名前のつけ方について，後述する (3.9) も参照されたい．

有限次元ベクトル空間 V について，適切な線型写像 $R \in \mathrm{End}(V \otimes V)$ を用いて，組みひも群 B_n の表現 $\psi_n : B_n \to \mathrm{End}(V^{\otimes n})$ を

$$\psi_n(\sigma_i) = (\mathrm{id}_V)^{\otimes(i-1)} \otimes R \otimes (\mathrm{id}_V)^{\otimes(n-i-1)} \tag{2.4}$$

により定めることを考える．ここで，$V^{\otimes n}$ は n 個の V のテンソル積で，id_V は V の恒等写像である．そのように与えた ψ_n が組みひも群の表現になるためには，$\psi_n(\sigma_i)$ が組みひも群の表示の関係式 (2.2), (2.3) をみたせばよい．関係式 (2.2) は定義 (2.4) より自動的にみたされる．関係式 (2.3) の両辺に対応する線型写像は

2.2 組みひも群の表現と絡み目の不変量

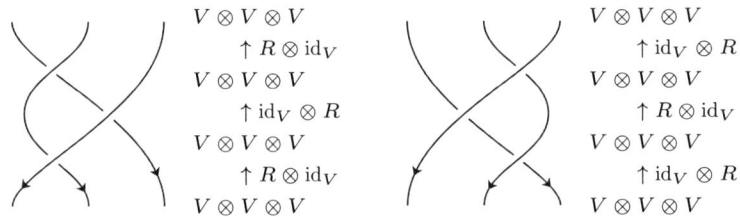

のようになり，これらが等しければよい．よって，ψ_n が組みひも群の表現になるために R がみたすべき条件は

$$(R \otimes \mathrm{id}_V)(\mathrm{id}_V \otimes R)(R \otimes \mathrm{id}_V) = (\mathrm{id}_V \otimes R)(R \otimes \mathrm{id}_V)(\mathrm{id}_V \otimes R)$$

である．この等式を**ヤン–バクスター方程式** (Yang–Baxter equation) といい，その解を **R 行列** (R matrix) という．任意の R 行列について (2.4) のように与えた ψ_n は組みひも群の表現になる．

V の次元が小さいときに，R 行列の例を具体的に求めてみよう．$R(e_i \otimes e_j) = \sum R_{ij}^{kl} e_k \otimes e_l$ とおいたとき，$i+j \neq k+l$ のとき $R_{ij}^{kl} = 0$ となるような R 行列を考える．このような R 行列の性質を**チャージ保存** (charge conservation) という[1]．V を基底 $\{e_0, e_1\}$ をもつ 2 次元ベクトル空間とする．$V \otimes V$ の基底 $\{e_0 \otimes e_0, e_0 \otimes e_1, e_1 \otimes e_0, e_1 \otimes e_1\}$ に関して，R がチャージ保存であることより，

$$R = \begin{pmatrix} a & 0 & 0 & 0 \\ 0 & b & c & 0 \\ 0 & d & e & 0 \\ 0 & 0 & 0 & f \end{pmatrix}$$

のようにおくことができる．さらに，R がチャージ保存であることより，$R \otimes \mathrm{id}_V$ と $\mathrm{id}_V \otimes R$ は $V \otimes V \otimes V$ の $\{e_0 \otimes e_0 \otimes e_0\}$, $\{e_0 \otimes e_0 \otimes e_1, e_0 \otimes e_1 \otimes e_0, e_1 \otimes e_0 \otimes e_0\}$, $\{e_0 \otimes e_1 \otimes e_1, e_1 \otimes e_0 \otimes e_1, e_1 \otimes e_1 \otimes e_0\}$, $\{e_1 \otimes e_1 \otimes e_1\}$ を基底とする 4 つの

---

[1] つまり，$e_i \otimes e_j$ の $i+j$ の値が写像 R で保存されている，ということ．この性質は，後述する (2.8) から要請される性質である．物理的には，ある種の物理量を R が保存することを意味する．

部分ベクトル空間を保存する．$V \otimes V \otimes V$ をこれら 4 つの部分ベクトル空間に直和分解したとき，$R \otimes \mathrm{id}_V$ と $\mathrm{id}_V \otimes R$ は

$$R \otimes \mathrm{id}_V = \begin{pmatrix} a \end{pmatrix} \oplus \begin{pmatrix} a & 0 & 0 \\ 0 & b & c \\ 0 & d & e \end{pmatrix} \oplus \begin{pmatrix} b & c & 0 \\ d & e & 0 \\ 0 & 0 & f \end{pmatrix} \oplus \begin{pmatrix} f \end{pmatrix},$$

$$\mathrm{id}_V \otimes R = \begin{pmatrix} a \end{pmatrix} \oplus \begin{pmatrix} b & c & 0 \\ d & e & 0 \\ 0 & 0 & a \end{pmatrix} \oplus \begin{pmatrix} f & 0 & 0 \\ 0 & b & c \\ 0 & d & e \end{pmatrix} \oplus \begin{pmatrix} f \end{pmatrix}$$

のように表示される．よって，

$$(R \otimes \mathrm{id}_V)(\mathrm{id}_V \otimes R) = \begin{pmatrix} a^2 \end{pmatrix} \oplus \begin{pmatrix} ab & ac & 0 \\ bd & be & ac \\ d^2 & de & ae \end{pmatrix} \oplus \begin{pmatrix} bf & bc & c^2 \\ df & be & ce \\ 0 & df & ef \end{pmatrix} \oplus \begin{pmatrix} f^2 \end{pmatrix}$$

となり，さらに，

$(R \otimes \mathrm{id}_V)(\mathrm{id}_V \otimes R)(R \otimes \mathrm{id}_V)$

$$= \begin{pmatrix} a^3 \end{pmatrix} \oplus \begin{pmatrix} a^2b & abc & ac^2 \\ abd & b^2e+acd & bce+ace \\ ad^2 & bde+ade & cde+ae^2 \end{pmatrix} \oplus \begin{pmatrix} b^2f+bcd & bcf+bce & c^2f \\ bdf+bde & cdf+be^2 & cef \\ d^2f & def & ef^2 \end{pmatrix} \oplus \begin{pmatrix} f^3 \end{pmatrix},$$

$(\mathrm{id}_V \otimes R)(R \otimes \mathrm{id}_V)(\mathrm{id}_V \otimes R)$

$$= \begin{pmatrix} a^3 \end{pmatrix} \oplus \begin{pmatrix} ab^2+bcd & abc+bce & ac^2 \\ abd+bde & acd+be^2 & ace \\ ad^2 & ade & a^2e \end{pmatrix} \oplus \begin{pmatrix} bf^2 & bcf & c^2f \\ bdf & b^2e+cdf & bce+cef \\ d^2f & bde+def & cde+e^2f \end{pmatrix} \oplus \begin{pmatrix} f^3 \end{pmatrix}$$

となる．これらが等しいことが要請されるので，

$$b\,(cd+ab-a^2) = 0, \quad b\,(cd+bf-f^2) = 0,$$
$$e\,(cd+ae-a^2) = 0, \quad e\,(cd+ef-f^2) = 0,$$
$$b\,c\,e = 0, \quad b\,d\,e = 0, \quad b\,e\,(b-e) = 0$$

となる．とくに，$b=0$ で $e \neq 0$ の場合を考えてみよう．この場合は

$$a^2 - ae = cd = f^2 - ef$$

となり，よって

$$e = a - \frac{cd}{a}, \qquad (a-f)(a+f-e) = 0$$

となる．$a-f=0$ と $a+f-e=0$ の2つの場合に対応して次の2つの R 行列

$$R = \begin{pmatrix} a & 0 & 0 & 0 \\ 0 & 0 & c & 0 \\ 0 & d & a-cd/a & 0 \\ 0 & 0 & 0 & a \end{pmatrix}, \quad \begin{pmatrix} a & 0 & 0 & 0 \\ 0 & 0 & c & 0 \\ 0 & d & a-cd/a & 0 \\ 0 & 0 & 0 & -cd/a \end{pmatrix}$$

が得られる．これらの R 行列のそれぞれから絡み目のジョーンズ多項式とアレクサンダー多項式が得られることが知られている（[112]参照）．

ここでは，上記の1つ目の R 行列について考えてみよう．この R 行列を適切に正規化すると

$$R = \begin{pmatrix} -t^{1/2} & 0 & 0 & 0 \\ 0 & 0 & t & 0 \\ 0 & t & t^{3/2}-t^{1/2} & 0 \\ 0 & 0 & 0 & -t^{1/2} \end{pmatrix} \in \mathrm{End}(V \otimes V) \qquad (2.5)$$

のようになり，この R 行列から前述のように組みひも群の表現 ψ_n が構成される．絡み目 L が組みひも b の閉包として表されているとき，$\psi_n(b)$ から L の不変量をつくることを考えてみよう．定理 2.1 より，MI 移動と MII 移動で不変になるような量を $\psi_n(b)$ から取り出してくればよい．そのような量の候補として $\mathrm{trace}(\psi_n(b))$ を考えてみると，トレースがみたす一般的な性質である $\mathrm{trace}(AB) = \mathrm{trace}(BA)$ より，MI 移動での不変性が得られることがわかる．MII 移動での $\mathrm{trace}(\psi_n(b))$ の不変性を示すためには $\mathrm{trace}_2 R^{\pm 1} = 1$ が要請され

るが，残念ながらこれはみたされない．そこで，

$$h = \begin{pmatrix} -t^{-1/2} & 0 \\ 0 & -t^{1/2} \end{pmatrix} \in \mathrm{End}(V) \tag{2.6}$$

とおいて，$\mathrm{trace}(h^{\otimes n} \cdot \psi_n(b))$ のように補正した量を考える．このとき，

$$\mathrm{trace}_2\bigl((\mathrm{id}_V \otimes h) \cdot R\bigr) = \mathrm{trace}_2 \begin{pmatrix} 1 & 0 & 0 & 0 \\ 0 & 0 & -t^{3/2} & 0 \\ 0 & -t^{1/2} & 1-t & 0 \\ 0 & 0 & 0 & t \end{pmatrix} = \begin{pmatrix} 1 & 0 \\ 0 & 1 \end{pmatrix} = \mathrm{id}_V,$$

$$\mathrm{trace}_2\bigl((\mathrm{id}_V \otimes h) \cdot R^{-1}\bigr) = \mathrm{trace}_2 \begin{pmatrix} t^{-1} & 0 & 0 & 0 \\ 0 & 1-t^{-1} & -t^{-1/2} & 0 \\ 0 & -t^{-3/2} & 0 & 0 \\ 0 & 0 & 0 & 1 \end{pmatrix} = \begin{pmatrix} 1 & 0 \\ 0 & 1 \end{pmatrix} = \mathrm{id}_V$$

となり，下記に述べるように，これらから MII 移動での $\mathrm{trace}(h^{\otimes n} \cdot \psi_n(b))$ の不変性が得られる．

一般に，R 行列から (2.4) のようにつくられた組みひも群の表現 ψ_n と適切に与えられた $h \in \mathrm{End}(V)$ を用いて次の定理のように絡み目の不変量が構成される．

定理 2.3 L を有向絡み目とし，$b \in B_n$ をその閉包が L にイソトピックであるような組みひもとする．R を R 行列とし，$h \in \mathrm{End}(V)$ を

$$\mathrm{trace}_2\bigl((\mathrm{id}_V \otimes h) \cdot R^{\pm 1}\bigr) = \mathrm{id}_V \tag{2.7}$$

$$R \cdot (h \otimes h) = (h \otimes h) \cdot R \tag{2.8}$$

をみたすような線型写像とする．このとき，$\mathrm{trace}(h^{\otimes n} \cdot \psi_n(b))$ は L のイソトピー不変量になる．

証明 定理 2.1 より，$\mathrm{trace}(h^{\otimes n} \cdot \psi_n(b))$ が MI, MII 移動で不変であることを言えばよい．

MI 移動での不変性について，(2.8) より $\psi_n(b)$ と $h^{\otimes n}$ は可換であることがわかり，よって，

$$\mathrm{trace}\Big(h^{\otimes n}\cdot\psi_n(ab)\Big)=\mathrm{trace}\Big(h^{\otimes n}\cdot\psi_n(a)\psi_n(b)\Big)=\mathrm{trace}\Big(\psi_n(b)\cdot h^{\otimes n}\cdot\psi_n(a)\Big)$$

$$=\mathrm{trace}\Big(h^{\otimes n}\cdot\psi_n(b)\psi_n(a)\Big)=\mathrm{trace}\Big(h^{\otimes n}\cdot\psi_n(ba)\Big)$$

となることからわかる．

MII 移動での不変性は，(2.7) より，

$$\mathrm{trace}(h^{\otimes(n+1)}\cdot\psi_{n+1}(\sigma_n^{\pm1}b))$$

$$=\mathrm{trace}(h^{\otimes(n+1)}\cdot(\mathrm{id}_V^{\otimes(n-1)}\otimes R^{\pm1})\cdot\psi_{n+1}(b))=\mathrm{trace}(h^{\otimes n}\cdot\psi_n(b))$$

となることからわかる． ∎

とくに，(2.5) と (2.6) で与えた R と h について，定理より，ジョーンズ多項式は，組みひもの言葉で，次のように再構成される．

命題 2.4 (2.5) と (2.6) で与えた R と h は定理 2.3 の仮定をみたし，定理 2.3 の $\mathrm{trace}(h^{\otimes n}\cdot\psi_n(b))$ は有向絡み目 L のイソトピー不変量になる．さらに，これを $(-t^{1/2}-t^{-1/2})$ でわった値は L のジョーンズ多項式 $V_L(t)$ に等しい．

$$V_L(t)=\frac{1}{-t^{1/2}-t^{-1/2}}\cdot\mathrm{trace}(h^{\otimes n}\cdot\psi_n(b))$$

証明 (2.5) と (2.6) で与えた R と h について，前述のように (2.7) がみたされ，また，この R がチャージ保存であることより (2.8) がみたされる．よって，定理 2.3 より有向絡み目の不変量が構成される．

さらに，この R 行列は

$t^{-1}R-tR^{-1}$

$$=t^{-1}\begin{pmatrix}-t^{1/2}&0&0&0\\0&0&t&0\\0&t&t^{3/2}-t^{1/2}&0\\0&0&0&-t^{1/2}\end{pmatrix}-t\begin{pmatrix}-t^{-1/2}&0&0&0\\0&t^{-3/2}-t^{-1/2}&t^{-1}&0\\0&t^{-1}&0&0\\0&0&0&-t^{-1/2}\end{pmatrix}$$

$$= (t^{1/2} - t^{-1/2}) \begin{pmatrix} 1 & 0 & 0 & 0 \\ 0 & 1 & 0 & 0 \\ 0 & 0 & 1 & 0 \\ 0 & 0 & 0 & 1 \end{pmatrix} = (t^{1/2} - t^{-1/2}) \mathrm{id}_{V \otimes V}$$

をみたす．よって，問題の不変量は問題 1.8 のスケイン関係式をみたすことがわかる．自明結び目に対する問題の不変量の値は $(-t^{1/2} - t^{-1/2})$ なので，与式のように問題の不変量を正規化することにより，与式が成立することがわかる． ∎

定理 2.3 の不変量の構成法について，図形的に再検証してみよう．たとえば，8 の字結び目は次の左図のように組みひもの閉包で表されるが，この不変量は下の中央の線型写像の合成のトレースで定められる．

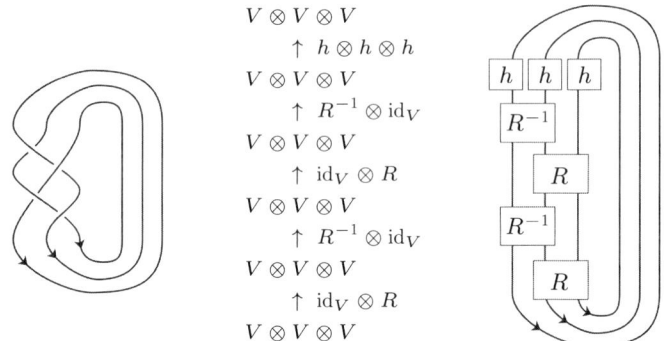

この値を図形的に表すと，上の右図のようになる．ここで，ひもは V を表し，4 角の箱は

$$\boxed{} \in \mathrm{End}(V), \qquad \boxed{} \in \mathrm{End}(V \otimes V)$$

のような線型写像を表し，これらの線型写像のどことどこを縮約するのかをひものつながり方が表している．たとえば，線型写像 $A, B, C \in \mathrm{End}(V)$ に対して，次の左図はその右の式の値を表している．

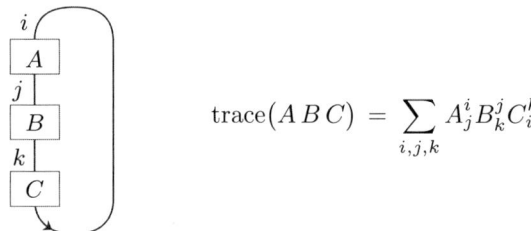

ここで，A, B, C を行列成分で表示したものが (A^i_j), (B^j_k), (C^k_i) である．図から見てとれるように，「線型写像を合成すること」と「線型写像のトレースをとること」は実質的に同じ手続きを行っていることに注意する[2]．また，ひもの向きと線型写像の向きが逆であることにも注意する[3]．

たとえば，関係式 (2.7) を図形的にかくと

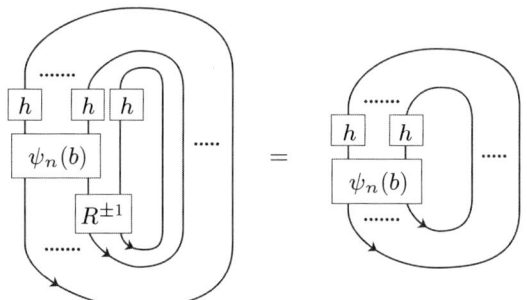

のようになる．これを用いて，定理 2.3 の証明における MII 移動での不変性は

のように図形的に検証することができる．式を図形的に表すことにより，証明で実質的に行われていることが何であるのか，理解しやすくすることができる．

---

[2] つまり，どちらの手続きも，行列成分の言葉で言うと「ひもで接続されることにより対応する行列成分の添字を同じ文字において，その文字に関して和をとる」という手続きである．

[3] 写像 $f: U \to V$ と写像 $g: V \to W$ の合成写像を gf とかく順番が「ひもの向き」になるような記法を我々は採用している．前節で「ひもの向き」の順に組みひも生成元を合成することにより組みひもを表示していたが，そのような表示との整合性のために，このような記法が自然である．このため，「ひもの向き」と「写像の向き」が逆になっている．

練習問題 2.5 組みひも群の表現をつかって $(2,n)$ トーラス結び目や $(3,n)$ トーラス結び目のジョーンズ多項式を計算してみよう．

注意 2.6 本章の冒頭で述べたように，ヤン–バクスター方程式は歴史的には統計力学の可解格子模型の研究に由来している．その研究の考え方について概略を述べる．統計力学とは，分子レベルのミクロな設定から出発してマクロな物理量を導くことをめざす学問分野である．格子模型においては，たとえば下図のように，平面の格子点とそれらつなぐ辺からなる図形を考える．

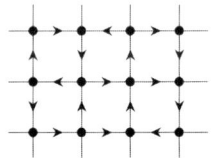

たとえば，氷の格子模型として，各頂点に酸素原子 O がのっていて，各辺に水素原子 H がのっている模型を考える（実際には氷は 2 次元ではないが，格子模型ではそのような模型 (model) を考える）．各辺上で水素原子は「どちらかの格子点に寄っている」として，それを上図の矢印で表している．各酸素原子について，それに隣接する 4 つの辺上の水素原子のうち 2 個が近くに寄っていて 2 個が遠くに寄っているとする[4]．各辺の矢印の向きは刻々と変化することを想定している．すべての辺について矢印の向きをどちらかに指定することをこの模型の**状態** (state) という．今の場合，辺が n 本のとき 2^n 個の状態がある．状態が指定された模型の頂点に対して，その**重み** (weight) を

$$W\begin{pmatrix} i & & j \\ & \bullet & \\ k & & l \end{pmatrix} = R^{ij}_{kl}$$

のように考える．ここで，i, j, k, l は各辺の矢印の向きを表すパラメータである（矢印の向きを表すためには各パラメータは 2 つの値をとるようにパラメータの設定を定めればよいが，一般には，各パラメータがいくつかの値をとる場合を考える）．物理的には，原子同士の局所的な相互作用をこの重みが表している．すべての格子点に対して重みの積をとったものを，すべての状態に対して足しあげたもの

$$\sum_{\text{状態}\sigma} \prod_{\text{格子点 x}} W(\text{x}; \sigma)$$

を**状態和** (state sum) という．統計力学では，この状態和として，この模型のマクロな物理量を導き出すことをめざす．格子の数が巨大であるときに，この状態和が

---

[4] 水分子 H_2O が寄せ集まって固まっているもの（氷）を想定している．今の場合，この条件が「チャージ保存」に相当する．

(マクロな関数として)明示的に計算可能であることが物理的に重要である(このとき,模型が**可解**である,という).格子模型の場合,模型が可解であるための条件が,(R^{ij}_{kl}) がヤン–バクスター方程式をみたすことである.(詳しくは [53, 151] を参照されたい.)トポロジーの観点から見ても,絡み目図式において,局所的な設定によって重みを定義してその積の状態和として絡み目不変量を構成する,という手法は有効な手法であり,本書でもしばしばこの手法が用いられる.

第3章 ◇ タングルとそのオペレータ不変量

前章で構成した絡み目不変量は以下のような量子論的な背景をもつ．平面の中を粒子が飛びまわっている2次元の「世界」を考える．この「世界」の時間発展を水平面をたてに積み重ねることにより表す．つまり，$\mathbb{R}^3$ の高さ関数 t を考え，高さ t の水平面が時間 t の「世界」を表していると考える．$\mathbb{R}^3$ の絡み目はこのような「世界」で「粒子が誕生して，飛びまわり，消滅する」という「平面内の粒子の一生」を表していると考える．量子論において，「世界」の状態はベクトル空間で表され，その時間発展はそのベクトル空間の間の線型写像で表される．

このような世界観を背景として，本章では，絡み目の拡張としてタングルを導入し，線型写像（オペレータ）に値をもつタングルの不変量（オペレータ不変量）を定式化する．3.1 節では，タングルを導入し，基本タングル図式を用いてタングルを表示できることを述べる．3.2 節では，基本タングル図式を用いてタングルのオペレータ不変量を定式化する．

3.1 タングル

本節では，絡み目の拡張としてタングルを導入し，任意のタングル図式は要素 (element) のタングル図式（基本タングル図式）に分解できることを述べる．また，そのように分解されたタングル図式（輪切り図式）がイソトピックなタングルを表すための条件について述べる（定理 3.2 と定理 3.4）．

いくつかの円周と線分を $\mathbb{R} \times \mathbb{R} \times [0,1]$ に埋め込んで，線分の端点は $\{0\} \times \mathbb{R} \times \{0,1\}$ の異なる点になるようにしたものを**タングル** (tangle) という．とくに，線分の成分がないタングルが絡み目である．2つのタングルは，境界の点を固定するような $\mathbb{R}^2 \times [0,1]$ のイソトピーで移り合うとき，**イソトピック**であるという．タングルの各成分に枠をつけたものを**枠つきタングル** (framed tangle) という. たとえば, 次の左図はタングルの例であり, 右図は枠つきタングルの例である.

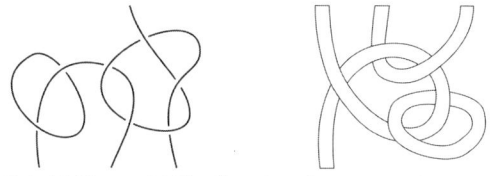

絡み目の図式と同様に, 射影 $\mathbb{R}^2 \times [0,1] \to \mathbb{R} \times [0,1]$ によるタングルの像において交点の上下の情報をつけたものをタングルの**図式**という. 射影 $\mathbb{R} \times [0,1] \to [0,1]$ を高さ関数とみなす. 高さ関数に関して, タングルは

$$\text{交点と極大点と極小点と, それらをつなぐ「たて方向のひも」} \tag{3.1}$$

から構成される. ここで,「たて方向のひも」とは高さ関数に関して単調なひものことである. このような構成を保つような $\mathbb{R} \times [0,1]$ のイソトピーを考える.

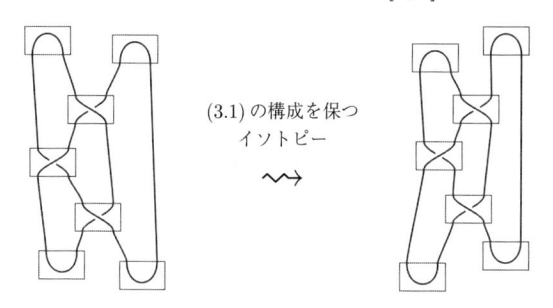

通常のイソトピーとのちがいは, 通常のイソトピーは交点や極大点や極小点の近傍を回転することがあるが, (3.1) の構成を保つイソトピーはそれらの近傍を回転しない, ということである. すなわち, 標語的にかくと,

$$\begin{aligned}&\{ \text{タングル図式} \}/(\mathbb{R} \times [0,1] \text{ のイソトピー}) \\ &= \{ \text{タングル図式} \}/(\,(3.3), (3.4) \text{ の移動と, } (3.1) \text{ の構成を保つイソトピー})\end{aligned} \tag{3.2}$$

のようになる. ここで, (3.3) と (3.4) の移動は

$$\cap \leftrightarrow | \leftrightarrow \cup \tag{3.3}$$

$$\vcenter{\hbox{[図]}} \longleftrightarrow \vcenter{\hbox{[図]}}, \qquad \vcenter{\hbox{[図]}} \longleftrightarrow \vcenter{\hbox{[図]}} \tag{3.4}$$

で与えられる．

注意 3.1 (3.3) と (3.4) の移動を用いて，交点の近傍を任意に回転することができる．たとえば，次の移動は (3.3) と (3.4) で

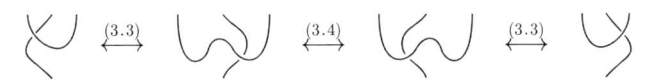

$$\vcenter{\hbox{[図]}} \xleftrightarrow{(3.3)} \vcenter{\hbox{[図]}} \xleftrightarrow{(3.4)} \vcenter{\hbox{[図]}} \xleftrightarrow{(3.3)} \vcenter{\hbox{[図]}}$$

のように実現することができる．

タングル図式 T_1, T_2 のテンソル積と合成を

$$T_1 \otimes T_2 = \boxed{T_1}\,\boxed{T_2}, \qquad T_1 T_2 = \boxed{\begin{array}{c} T_1 \\ \hline T_2 \end{array}}$$

で定める．ここで，T_1 と T_2 の合成 $T_1 T_2$ は，T_1 の下端の端点の個数と T_2 の上端の端点の個数が等しいときに定義される．任意のタングル図式（とくに，絡み目図式）は，下記の基本タングル図式のコピーのテンソル積を合成することによって構成することができる．ここで，次のタングル図式

$$\vcenter{\hbox{[図]}}$$

を**基本タングル図式** (elementary tangle diagram) という．

タングル図式をそのようにして基本タングル図式に分解したとき，そのような分解の特別な場合として，各テンソル積の中には交点か極大点か極小点のいずれかが 1 つだけはいっている状態を考える．すなわち，タングル図式を水平線で輪切りにして，輪切りになった各領域の中には交点か極大点か極小点のいずれかが 1 つだけはいっている状態である．例として後述の (3.10) を参照されたい．このような図式を**輪切り図式** (sliced diagram) ということにする．

(3.1) の構成を保つイソトピーは，併置された交点や極大点や極小点が上下に移動するようなものであった．それは輪切り図式の言葉で言うと，

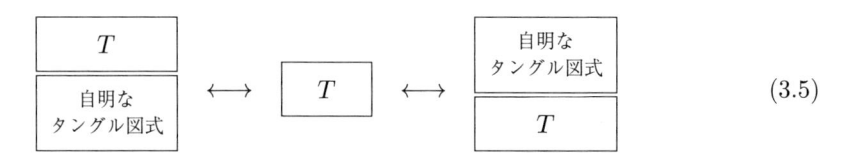

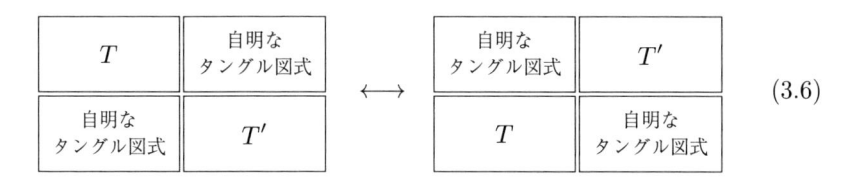

$$\begin{array}{c}\boxed{\begin{array}{c}T\\\hline\text{自明な}\\\text{タングル図式}\end{array}} \longleftrightarrow \boxed{T} \longleftrightarrow \boxed{\begin{array}{c}\text{自明な}\\\text{タングル図式}\\\hline T\end{array}}\end{array} \qquad (3.5)$$

$$\boxed{\begin{array}{c|c} T & \text{自明な}\\ & \text{タングル図式}\\\hline \text{自明な} & T'\\ \text{タングル図式} & \end{array}} \longleftrightarrow \boxed{\begin{array}{c|c} \text{自明な} & T'\\ \text{タングル図式} & \\\hline T & \text{自明な}\\ & \text{タングル図式}\end{array}} \qquad (3.6)$$

のような移動で表される．ここで，**自明なタングル図式**とは

$$| \quad | \quad \cdots\cdots \quad |$$

のように鉛直なひものみからなるタングル図式である．よって，(3.2) の言い換えとして，

$$\{\text{タングル図式}\}/\mathbb{R}\times[0,1] \text{のイソトピー}$$
$$=\{\text{タングルの輪切り図式}\}/((3.3)\text{-}(3.6)\text{の移動})$$

のようになる．さらに，この式の両辺をライデマイスター移動でわると

$\{\text{タングル}\}/\mathbb{R}^2\times[0,1]$ のイソトピー

$=\{\text{タングルの輪切り図式}\}/((3.3)\text{-}(3.6)\text{の移動と RI, RII, RIII 移動})$

のようになる．これを言い換えると次の定理になる．

定理 3.2 ([**144, 145, 37**])　2 つのタングルの輪切り図式がイソトピックなタングルを表すための必要十分条件は，それらの輪切り図式が (3.3)-(3.6) の移動と RI, RII, RIII 移動を繰り返してうつりあうことである．

とくに，定理の対象を絡み目に制限すると，

$\{\text{絡み目}\}/\mathbb{R}^3$ のイソトピー　$=$　$\{\text{絡み目の輪切り図式}\}/\text{定理 3.2 の移動}$

のようになる．

注意 3.3　定理 3.2 における「RI, RII, RIII 移動」の意味について，正確には，RI, RII, RIII 移動の両辺の輪切り構造を 1 つ固定した移動を，定理では意味している．輪切り構造の固定の仕方は一般には複数あるが，(3.3)–(3.6) の移動による同値関係のもとで，どのように輪切り構造を固定したとしても，それらは互いに同値である．たとえば，RI 移動の輪切り構造として次の 2 つの移動を水平線で輪切りにしたもの

を考えたとすると，(3.3) と (3.4) の同値関係のもとで後者の移動 (∗∗) は前者の移動 (∗) を用いて

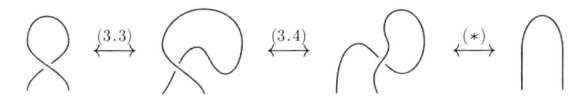

のように実現される．また，逆に (∗) は (∗∗) を用いて実現できることもわかる．この意味で (∗) と (∗∗) は同値であり，RI 移動の輪切り構造をどのように定めても定理の意味は変わらない．

　タングルの各成分に向きがついたものを**有向タングル**という．有向タングルの図式があったとき，交点の近傍を適切に（たとえば下図のように）回転することにより，交点の近傍ではひもが下向きになるようにすることができる．

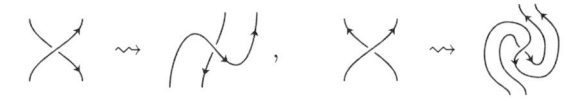

よって，向きがない場合と同様にして，任意の有向タングル図式は下記の基本有向タングル図式のコピーのテンソル積を合成することによって構成することができる．ここで，次のタングル図式

を**基本有向タングル図式**という．

　向きがない場合と同様に，有向タングルの図式を水平線で輪切りにして，輪切りになった各領域の中に非自明な基本有向タングル図式のいずれかが 1 つだ

けはいっているとき，これを有向タングルの**輪切り図式**という．今の場合は，交点や極大点や極小点の近傍の回転は次の移動

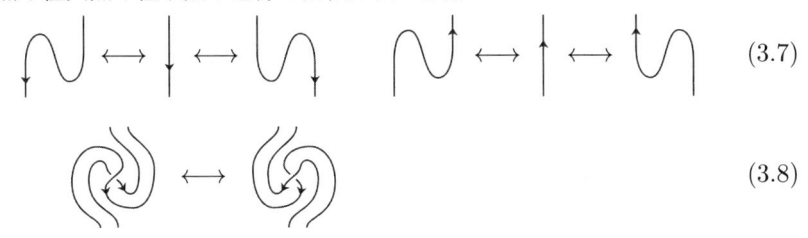

$$\text{(3.7)}$$

$$\text{(3.8)}$$

と (3.8) において交点の上下を逆にした移動 $\overline{(3.8)}$ で与えられる．すなわち，

{ 有向タングル図式 }$/\mathbb{R} \times [0,1]$ のイソトピー

$=$ { 有向タングルの輪切り図式 }$/((3.5)\text{–}(3.8)$ と $\overline{(3.8)}$ の移動$)$

のようになる．さらに，$\overline{(3.8)}$ は (3.5)–(3.8) と $\overrightarrow{\text{RII}}$ 移動から導くことができるので，上式の両辺をライデマイスター移動でわることにより，

{ 有向タングル }$/\mathbb{R}^2 \times [0,1]$ のイソトピー

$=$ { 有向タングルの輪切り図式 }$/((3.5)\text{–}(3.8)$ と $\overrightarrow{\text{RI}}, \overrightarrow{\text{RII}}, \overrightarrow{\text{RIII}}$ 移動$)$

のようになる．これを言い換えると次の定理になる．

定理 3.4（[144, 145, 37]） 2つの有向タングルの輪切り図式がイソトピックな有向タングルを表すための必要十分条件は，それらの輪切り図式が (3.5)–(3.8) の移動と $\overrightarrow{\text{RI}}, \overrightarrow{\text{RII}}, \overrightarrow{\text{RIII}}$ 移動を繰り返してうつりあうことである．

有向タングルのかわりに枠つき有向タングルを考えるときには，$\overrightarrow{\text{RI}}$ 移動のかわりに次の

$$\overrightarrow{\text{RI}} \text{ 移動}:$$

を考えればよい．すなわち，2つの枠つき有向タングルの輪切り図式がイソトピックな枠つき有向タングルを表すための必要十分条件は，それらの輪切り

図式が (3.5)–(3.8) の移動と $\overrightarrow{\mathrm{RI}}, \overrightarrow{\mathrm{RII}}, \overrightarrow{\mathrm{RIII}}$ 移動を繰り返してうつりあうことである.

練習問題 3.5 たとえば次の移動

は $\overrightarrow{\mathrm{RII}}, \overrightarrow{\mathrm{RIII}}$ 移動を繰り返して実現することができるが, $\overrightarrow{\mathrm{RI}}$ 移動は $\overrightarrow{\mathrm{RII}}, \overrightarrow{\mathrm{RIII}}$ 移動で実現することができない. その理由を考えてみよう.

上の問題により, 枠つきタングルの図式の移動として, $\overrightarrow{\mathrm{RII}}, \overrightarrow{\mathrm{RIII}}$ 移動だけでは不十分で, $\overrightarrow{\mathrm{RI}}$ 移動も必要であることがわかる.

3.2 有向タングルのオペレータ不変量

2.2 節で適切な性質をみたす線型写像 R と h を用いて絡み目不変量を定義した. 本節では, 同様の性質をみたす線型写像 R と h を用いて, その絡み目不変量の拡張として, 有向タングルのオペレータ不変量を定義する. 絡み目不変量を有向タングルの不変量に拡張するために, R と h は追加の条件をみたすことが要請される (定理 3.6).

オペレータ不変量について述べる前に, 記号を準備する. V_1 と V_2 をベクトル空間として, 線型写像 $A \in \mathrm{End}(V_1 \otimes V_2)$ は次の右辺のテンソル積

$$A \in \mathrm{End}(V_1 \otimes V_2) = (V_1 \otimes V_2)^\star \otimes (V_1 \otimes V_2) = V_2^\star \otimes V_1^\star \otimes V_1 \otimes V_2$$

にはいっているとみなす. このテンソル積の順序を巡回的にいれかえることにより $A^\circlearrowright$ と $A^\circlearrowleft$ を

$$A^\circlearrowright \in \mathrm{Hom}(V_2 \otimes V_2^\star, V_1^\star \otimes V_1) = (V_2 \otimes V_2^\star)^\star \otimes (V_1^\star \otimes V_1) = V_2 \otimes V_2^\star \otimes V_1^\star \otimes V_1,$$

$$A^\circlearrowleft \in \mathrm{Hom}(V_1^\star \otimes V_1, V_2 \otimes V_2^\star) = (V_1^\star \otimes V_1)^\star \otimes (V_2 \otimes V_2^\star) = V_1^\star \otimes V_1 \otimes V_2 \otimes V_2^\star$$

のように定める. たとえば, V が基底 $\{e_0, e_1\}$ をもつ 2 次元ベクトル空間で $V_1 = V_2 = V$ のとき, $V \otimes V$ の基底 $\{e_0 \otimes e_0, e_0 \otimes e_1, e_1 \otimes e_0, e_1 \otimes e_1\}$ に関し

て A は

$$A = \begin{pmatrix} A_{00}^{00} & A_{01}^{00} & A_{10}^{00} & A_{11}^{00} \\ A_{00}^{01} & A_{01}^{01} & A_{10}^{01} & A_{11}^{01} \\ A_{00}^{10} & A_{01}^{10} & A_{10}^{10} & A_{11}^{10} \\ A_{00}^{11} & A_{01}^{11} & A_{10}^{11} & A_{11}^{11} \end{pmatrix}$$

のように表示され，この行列の成分を図形的にかくと

$$\boxed{A}\ \raisebox{0.5ex}{$\scriptstyle i\downarrow\ \downarrow j$}\atop \raisebox{-0.5ex}{$\scriptstyle k\downarrow\ \downarrow l$} = A_{kl}^{ij} \tag{3.9}$$

のようになる．このとき，$A^{\circlearrowright}$ と $A^{\circlearrowleft}$ を図形的にかくと

のようになる．タングルの端点では，下向きのひもに V が対応し，上向きのひもに $V^\star$ が対応していることに注意しよう．よって，これらの成分は

$$(A^{\circlearrowright})_{kl}^{ij} = A_{ik}^{jl}, \qquad (A^{\circlearrowleft})_{kl}^{ij} = A_{lj}^{ki}$$

のように与えられる．すなわち，$A^{\circlearrowright}$ と $A^{\circlearrowleft}$ は

$$A^{\circlearrowright} = \begin{pmatrix} A_{00}^{00} & A_{00}^{01} & A_{01}^{00} & A_{01}^{01} \\ A_{00}^{10} & A_{00}^{11} & A_{01}^{10} & A_{01}^{11} \\ A_{10}^{00} & A_{10}^{01} & A_{11}^{00} & A_{11}^{01} \\ A_{10}^{10} & A_{10}^{11} & A_{11}^{10} & A_{11}^{11} \end{pmatrix}, \qquad A^{\circlearrowleft} = \begin{pmatrix} A_{00}^{00} & A_{10}^{00} & A_{00}^{10} & A_{10}^{10} \\ A_{01}^{00} & A_{11}^{00} & A_{01}^{10} & A_{11}^{10} \\ A_{00}^{01} & A_{10}^{01} & A_{00}^{11} & A_{10}^{11} \\ A_{01}^{01} & A_{11}^{01} & A_{01}^{11} & A_{11}^{11} \end{pmatrix}$$

のように表示される．

　有向タングルの輪切り図式 D に対してそのオペレータ不変量 $[D]$ を定める方法について以下に述べる．V をベクトル空間とし，$V^\star$ をその双対ベクトル空間とする．前章のように線型写像 $R \in \mathrm{End}(V \otimes V)$ と $h \in \mathrm{End}(V)$ を考える（定理 3.6 で後述するようにこれらは前章より強い仮定をみたすことが要請

される).D を輪切りにしている各水平線に対して，その断面において，下向きのひもに V を対応させ，上向きのひもに $V^\star$ を対応させて，その水平線にそれらのテンソル積を対応させる（下図の例を参照）．水平線を横切るひもがないときは，その水平線には $\mathbb{C}$ を対応させる．

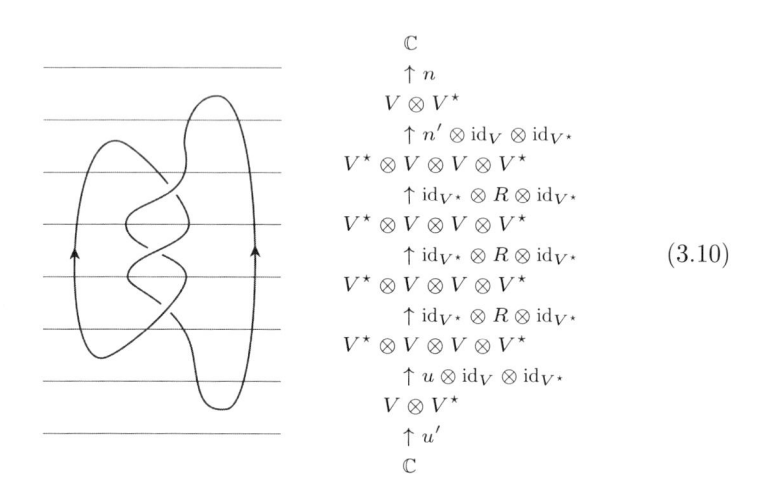

$$\begin{array}{c}
\mathbb{C} \\
\uparrow n \\
V \otimes V^\star \\
\uparrow n' \otimes \mathrm{id}_V \otimes \mathrm{id}_{V^\star} \\
V^\star \otimes V \otimes V \otimes V^\star \\
\uparrow \mathrm{id}_{V^\star} \otimes R \otimes \mathrm{id}_{V^\star} \\
V^\star \otimes V \otimes V \otimes V^\star \\
\uparrow \mathrm{id}_{V^\star} \otimes R \otimes \mathrm{id}_{V^\star} \\
V^\star \otimes V \otimes V \otimes V^\star \\
\uparrow \mathrm{id}_{V^\star} \otimes R \otimes \mathrm{id}_{V^\star} \\
V^\star \otimes V \otimes V \otimes V^\star \\
\uparrow u \otimes \mathrm{id}_V \otimes \mathrm{id}_{V^\star} \\
V \otimes V^\star \\
\uparrow u' \\
\mathbb{C}
\end{array} \tag{3.10}$$

これらのテンソル積の間の写像を次のように定める．輪切り図式の定義より，輪切りになった各領域に D を制限したタングル図式は基本有向タングル図式のコピーのテンソル積である．基本有向タングル図式に対応する線型写像を次のように定めて，それらのテンソル積としてそのタングル図式に対応する線型写像を定める（上図の例を参照）．

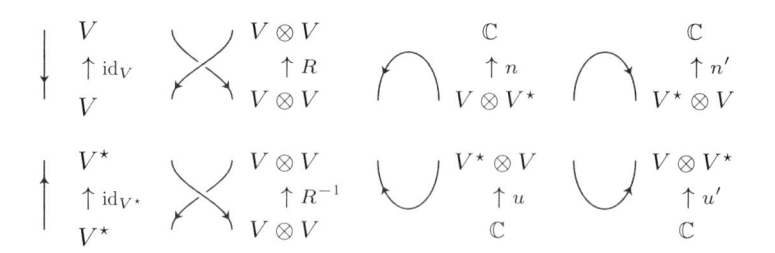

ここで，n と n' は，$x \in V$ と $f \in V^\star$ に対して，$n(x \otimes f) = f(hx)$ と $n'(f \otimes x) = f(x)$ で定められる線型写像である．また，V の基底を $\{e_i\}$，$V^\star$ の双対基底を

$\{e_i^\star\}$ として,線型写像 u と u' を $u(1) = \sum_i e_i^\star \otimes (h^{-1}e_i)$ と $u'(1) = \sum_i e_i \otimes e_i^\star$ で定める.有向タングルの輪切り図式 D に対して,(3.10) のような線型写像の合成写像として D のオペレータ不変量 $[D]$ を定める.とくに,D が有向絡み目の輪切り図式のときは $[D]$ は $\mathbb{C}$ から $\mathbb{C}$ への線型写像になるが,その場合はその写像による 1 の像を $[D]$ とみなす(つまり,$\mathrm{End}(\mathbb{C})$ を自然に $\mathbb{C}$ と同一視する).

たとえば,次のタングル図式のオペレータ不変量は

$$\left[\;\vcenter{\hbox{\includegraphics{}}}\;\right] = \left(\boxed{R^{-1}}\right) = \boxed{(R^{-1})^\circlearrowleft} = (R^{-1})^\circlearrowleft$$

のように計算される.また,同様に計算すると,次のタングル図式のオペレータ不変量は

$$\left[\;\vcenter{\hbox{\includegraphics{}}}\;\right] = \left((\mathrm{id}_V \otimes h) \cdot R \cdot (h^{-1} \otimes \mathrm{id}_V)\right)^\circlearrowleft$$

のようになることがわかる.上の 2 つの計算を合成することにより,次のタングル図式のオペレータ不変量は

$$\left[\;\vcenter{\hbox{\includegraphics{}}}\;\right] = (R^{-1})^\circlearrowleft \cdot \left((\mathrm{id}_V \otimes h) \cdot R \cdot (h^{-1} \otimes \mathrm{id}_V)\right)^\circlearrowleft \tag{3.11}$$

のようになる.

輪切り図式のオペレータ不変量は,次の定理により,タングルのオペレータ不変量を定める.

定理 3.6 ([144, 145, 37]) T を有向タングルとして,D をその輪切り図式とする.可逆な線型写像 $R \in \mathrm{End}(V \otimes V)$ と $h \in \mathrm{End}(V)$ が

$$R \cdot (h \otimes h) = (h \otimes h) \cdot R, \tag{3.12}$$

$$\mathrm{trace}_2\left((\mathrm{id}_V \otimes h) \cdot R^{\pm 1}\right) = \mathrm{id}_V, \tag{3.13}$$

$$(R^{-1})^\circlearrowleft \cdot \left((\mathrm{id}_V \otimes h) \cdot R \cdot (h^{-1} \otimes \mathrm{id}_V)\right)^\circlearrowleft = \mathrm{id}_V \otimes \mathrm{id}_{V^\star}, \tag{3.14}$$

$$(R \otimes \mathrm{id}_V)(\mathrm{id}_V \otimes R)(R \otimes \mathrm{id}_V) = (\mathrm{id}_V \otimes R)(R \otimes \mathrm{id}_V)(\mathrm{id}_V \otimes R) \tag{3.15}$$

をみたすとき，$[D]$ は T のイソトピー不変量になる．

定理の不変量を $[T]$ とかき，T の**オペレータ不変量** (operator invariant)[1] という．とくに，有向絡み目 L のオペレータ不変量 $[L]$ は $\text{End}(\mathbb{C}) = \mathbb{C}$ の元であるとみなす．

前章で述べたように，組みひも群の表現から絡み目不変量を構成するときに R と h に要請した性質は (3.12), (3.13), (3.15) であった．絡み目不変量をタングルの不変量に拡張するために追加条件 (3.14) が必要である，ということを定理 3.6 は意味している．

定理 3.6 の証明　定理 3.4 より，$[D]$ が (3.5), (3.6), (3.7), (3.8) の移動と $\overrightarrow{\text{RI}}$, $\overrightarrow{\text{RII}}$, $\overrightarrow{\text{RIII}}$ 移動で不変であることを言えばよい．

(3.5) と (3.6) での不変性は，オペレータ不変量の定義よりすぐにわかる．

(3.7) での不変性について，たとえば (3.7) の 2 番目の移動での不変性は

$$\left[\;\bigcup\;\right] = (\text{id}_V \otimes n')(u' \otimes \text{id}_V) = \text{id}_V = \left[\;\big|\;\right]$$

のようにしてわかる．ここで，2 番目の等号は

$$e_i \xmapsto{u' \otimes \text{id}_V} \sum_j e_j \otimes e_j^\star \otimes e_i \xmapsto{\text{id}_V \otimes n'} \sum_j \left(e_j^\star(e_i)\right) e_j = e_i$$

のようにしてわかる．$e_j^\star(e_i) = 1$ は $j = i$ のとき 1 で，$j \neq i$ のとき 0 であることに注意しよう．(3.7) の他の移動での不変性も同様にして示される．

(3.8) での不変性について，(3.8) の両辺のオペレータ不変量を図形的にかくと

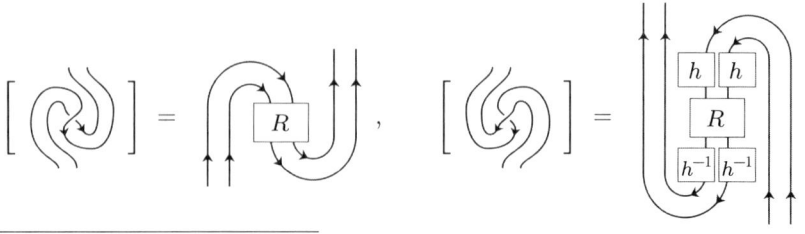

---

[1] 名前の意味は，オペレータ（線型写像）に値をもつ不変量，という意味である．

のようになる．(3.12) よりこれらは等しい（正確には，上記の (3.7) の場合のような計算をする必要がある）．よって，(3.8) での不変性がわかる．

ライデマイスター移動での不変性について，$\overrightarrow{\mathrm{RI}}$ 移動での不変性は (3.13) よりわかる．$\overrightarrow{\mathrm{RII}}$ 移動での不変性について，

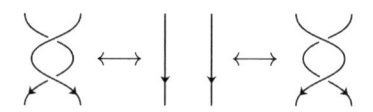

での不変性は $R \cdot R^{-1} = \mathrm{id}_V \otimes \mathrm{id}_V = R^{-1} \cdot R$ であることからわかり，

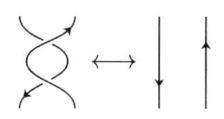

での不変性は (3.11) と (3.14) よりわかる．$\overrightarrow{\mathrm{RIII}}$ 移動での不変性は (3.15) よりわかる． ∎

定理 3.6 において，有向タングルのかわりに枠つき有向タングルを考えるときは，関係式 (3.13) のかわりに，あるスカラー c について次の関係式

$$\mathrm{trace}_2\Big((\mathrm{id}_V \otimes h) \cdot R^{\pm 1}\Big) = c^{\pm 1} \cdot \mathrm{id}_V \tag{3.16}$$

が成立することを考えればよい．すなわち，T を枠つき有向タングルとして，D をその輪切り図式とするとき，可逆な線型写像 $R \in \mathrm{End}(V \otimes V)$ と $h \in \mathrm{End}(V)$ が (3.12), (3.14), (3.15) をみたし，あるスカラー c について (3.16) をみたすとき，$[D]$ は T のイソトピー不変量になる．

オペレータ不変量としてジョーンズ多項式が再構成されることを見てみよう．V を 2 次元ベクトル空間として，前章のように $R \in \mathrm{End}(V \otimes V)$ と $h \in \mathrm{End}(V)$ を

$$R = \begin{pmatrix} -t^{1/2} & 0 & 0 & 0 \\ 0 & 0 & t & 0 \\ 0 & t & t^{3/2}-t^{1/2} & 0 \\ 0 & 0 & 0 & -t^{1/2} \end{pmatrix}, \quad h = \begin{pmatrix} -t^{-1/2} & 0 \\ 0 & -t^{1/2} \end{pmatrix}$$

とおく．前章で示したように，この R と h は (3.12), (3.13), (3.15) をみたす．さらに，具体的に計算することにより，

$$(R^{-1})^{\circlearrowleft} = \begin{pmatrix} -t^{-1/2} & 0 & 0 & 0 \\ 0 & 0 & t^{-1} & 0 \\ 0 & t^{-1} & 0 & 0 \\ t^{-3/2}-t^{-1/2} & 0 & 0 & -t^{-1/2} \end{pmatrix} \in \mathrm{Hom}(V^\star \otimes V, V \otimes V^\star),$$

$$\bigl((\mathrm{id}_V \otimes h) \cdot R \cdot (h^{-1} \otimes \mathrm{id}_V)\bigr)^{\circlearrowleft} = \begin{pmatrix} -t^{1/2} & 0 & 0 & 0 \\ 0 & 0 & t & 0 \\ 0 & t & 0 & 0 \\ t^{1/2}-t^{-1/2} & 0 & 0 & -t^{1/2} \end{pmatrix} \in \mathrm{Hom}(V \otimes V^\star, V^\star \otimes V)$$

のようになることがわかり，これらは互いに逆行列なので，R と h は (3.14) をみたすことがわかる．次の命題はオペレータ不変量としてのジョーンズ多項式の再構成を与える．

命題 3.7 L を有向絡み目とする．上述のように与えた R と h は定理 3.6 の仮定をみたし，よって，オペレータ不変量 $[L] \in \mathbb{C}$ は L のイソトピー不変量になる．さらに，この変量は L のジョーンズ多項式 $V_L(t)$ の $(-t^{1/2}-t^{-1/2})$ 倍に等しい．

証明 命題の主張の前半部分の証明は，すでに命題の前に述べた．命題の不変量がジョーンズ多項式の $(-t^{1/2}-t^{-1/2})$ 倍に等しいこと，すなわち，命題の不変量と命題 2.4 の不変量が等しいことを示す．

b を n 本のひもの組みひもでその閉包が L にイソトピックであるようなものとする．オペレータ不変量の定義と表現 ψ_n の定義を比較することにより，

$$[b] = \psi_n(b)$$

であることがわかる．b の閉包を輪切りにしてできる輪切り図式を D とする．オペレータ不変量の構成法より

$$[D] = \mathrm{trace}\bigl(h^{\otimes n} \cdot [b]\bigr) = \mathrm{trace}\bigl(h^{\otimes n} \cdot \psi_n(b)\bigr)$$

であることがわかる．よって，命題の不変量と命題 2.4 の不変量は等しい． ■

第4章 ◇ 量子群

空間の量子化について次のように考える．空間 X について X 上の関数環 $F(X)$ を考え，$F(X)$ こそが空間概念の本質であってもとの X はそれに付随した存在であるとおもうことにする．そして $F(X)$ を適切に非可換変形した環を「X の量子化」とみなす（そのような環を関数環としてもつような仮想的な空間を念頭においている）．

リー群の量子化について次のように考える．リー群 G について，そのリー環を $\mathfrak{g}$ とする．つまり，G の単位元における接空間が $\mathfrak{g}$ であり，言い換えると，多様体の接空間の定義より，単位元における方向微分の全体が $\mathfrak{g}$ である．$\mathfrak{g}$ の基底が生成する（適切な）環を普遍包絡環といい，$U(\mathfrak{g})$ とかく．$U(\mathfrak{g})$ には自然にホップ代数の構造がはいる．「G 上の関数の単位元におけるテーラー展開の全体」の双対空間（おおまかに言うと，$F(G)$ の双対空間）を $U(\mathfrak{g})$ とみなす．ホップ代数の構造を保ったまま，パラメータ q で，$U(\mathfrak{g})$ を（適切に）非余可換変形してできる環を量子群といい，$U_q(\mathfrak{g})$ とかく．「リー群の量子化」ということを念頭において「量子群」と命名しているが，その命名にもかかわらず，量子群は，群ではなく，ホップ代数であることに注意する．

歴史的には，量子群は 1980 年代半ばにドリンフェルト (Drinfel'd) と神保道夫によって独立に発見された．量子群の V_1 上の表現と V_2 上の表現があると，$V_1 \otimes V_2$ から $V_2 \otimes V_1$ への自然なインタートワイナー（量子群の作用と可換な線型写像）があり，この写像が R 行列になる，ということが量子群の顕著な効用である．第 2 章で述べたように，1970 年代以降に統計力学において大量の R 行列が発見されていたが，量子群によってそれらの R 行列を統一的に理解することができるようになった．さらに，単純リー環 $\mathfrak{g}$ とその表現を与えるごとに R 行列が得られること（すわなち，さらに大量の R 行列が組織的に大量生産されること）が明らかになった．それらの R 行列から構成される絡み目不変量は互いに独立な不変量であり，つまり，大量の絡み目不変量が発見されたことになる．これらの絡み目不変量は**量子不変量**とよばれる．

本章では，量子群や量子不変量とそれに関連する不変量について述べる．4.1 節では，リボンホップ代数を導入する．量子群が共通してもつ性質を抽出して定められる代数がリボンホップ代数である．4.2 節

では，リボンホップ代数 A に値をとる普遍 A 不変量を導入する．4.3 節では，リボンホップ代数とその表現から R 行列が得られ，よって，前章で述べたようにオペレータ不変量が構成されることを述べる．このオペレータ不変量は普遍 A 不変量に統一される．4.4 節では，リー環 $\mathfrak{sl}_2$ の量子群 $U_q(\mathfrak{sl}_2)$ とその表現を具体的に与える．量子群について [53, 62, 140] を，絡み目の量子不変量について [87, 104, 112, 146] も参照されたい．

4.1 リボンホップ代数

次節以降で絡み目不変量を構成する準備として，本節では，ホップ代数と準3角ホップ代数とリボンホップ代数を導入し，それらの基本的な性質を示す．本節の多くの結果はドリンフェルト [30] による．

ホップ代数

単位元 1 をもつ $\mathbb{C}$ 上の代数 A が，準同型写像 $\Delta : A \to A \otimes A$ と反準同型写像[1] $S : A \to A$ と準同型写像 $\varepsilon : A \to \mathbb{C}$ をもち，

$$(\Delta \otimes \mathrm{id}) \circ \Delta = (\mathrm{id} \otimes \Delta) \circ \Delta, \tag{4.1}$$

$$(\varepsilon \otimes \mathrm{id}) \circ \Delta = \mathrm{id}, \tag{4.2}$$

$$(\mathrm{id} \otimes \varepsilon) \circ \Delta = \mathrm{id}, \tag{4.3}$$

$$m \circ (S \otimes \mathrm{id}) \circ \Delta = i \circ \varepsilon, \tag{4.4}$$

$$m \circ (\mathrm{id} \otimes S) \circ \Delta = i \circ \varepsilon \tag{4.5}$$

をみたすとき，A を**ホップ代数** (Hopf algebra) という．ここで，$m : A \otimes A \to A$ は A の積であり，$i : \mathbb{C} \to A$ は $i(1) = 1$ で与えられる写像である．Δ を**余積** (comultiplication) といい，S を**対合射** (antipode) といい，ε を**余単位射** (counit) という．

---

[1] $f : A \to A$ が，線型写像であって，任意の $a, b \in A$ に対して $f(ab) = f(b)f(a)$ をみたすとき，**反準同型写像**という．

4.1 リボンホップ代数

ホップ代数の典型的な例は有限群 G 上の関数環 $F(G) = \{$写像 $G \to \mathbb{C}$ の全体$\}$ である．$\Delta : F(G) \to F(G) \otimes F(G) = F(G \times G)$ が $f \in F(G)$ に対して $(\Delta f)(g_1, g_2) = f(g_1 g_2)$ で定められ，$S : F(G) \to F(G)$ が $f \in F(G)$ に対して $(Sf)(g) = f(g^{-1})$ で定められ，$\varepsilon : F(G) \to \mathbb{C}$ が $f \in F(G)$ に対して $\varepsilon f = f(e)$ で定められる（e は G の単位元）．

練習問題 4.1 $F(G)$ がホップ代数になることを確かめてみよう．とくに，この例において，ホップ代数の定義関係式のそれぞれは群の定義関係式に対応していることに注意しよう．

写像 $\Delta^{(2)} : A \to A \otimes A \otimes A$ を $(\Delta \otimes \mathrm{id}) \circ \Delta$ で定める．ホップ代数の定義関係式 (4.1) より，これは $(\mathrm{id} \otimes \Delta) \circ \Delta$ に等しい．すなわち，$\Delta^{(2)}$ は A を3つの A にふやすが，どちら側からふやして $\Delta^{(2)}$ を定めても結果は同じであることを (4.1) は意味している．さらに，写像 $\Delta^{(n)} : A \to A^{\otimes(n+1)}$ を $\Delta^{(n)} = (\Delta^{(n-1)} \otimes \mathrm{id}) \circ \Delta$ により帰納的に定める．$\Delta^{(n)}$ は A を $(n+1)$ 個の A にふやすが，(4.1) より，どの位置の A から順にふやして $\Delta^{(n)}$ を定めても結果は同じであることがわかる．

以下でホップ代数の計算をするとき，その計算を図形的に表して計算すると便利である．たとえば，関係式 (4.4) と (4.5) を図形的に表すと，A の任意の元 x について，

$$\boxed{(S \otimes \mathrm{id})\Delta(x)} = \boxed{\varepsilon(x)} \quad , \quad \boxed{(\mathrm{id} \otimes S)\Delta(x)} = \boxed{\varepsilon(x)} \qquad (4.6)$$

のようになる．ここで，図の各ひもは A を表し，各ひもの向きにそってひもの上にかかれている A の元の積をとることを考えている．たとえば，上図の3番目の図は，$\Delta(x) = \sum_i x_{1,i} \otimes x_{2,i}$ とおいて，

$$\boxed{(\mathrm{id} \otimes S)\Delta(x)} = \sum_i \boxed{x_{1,i}} \boxed{S(x_{2,i})} = \sum_i x_{1,i} S(x_{2,i}) = (m \circ (\mathrm{id} \otimes S) \circ \Delta)(x)$$

を意味する．

準3角ホップ代数

ホップ代数 A について，次の性質をみたすような可逆元 $\mathcal{R} \in A \otimes A$ を考

える．

$$任意の x \in A について，\quad (P \circ \Delta)(x) = \mathcal{R}\,\Delta(x)\,\mathcal{R}^{-1}, \tag{4.7}$$

$$(\Delta \otimes \mathrm{id})(\mathcal{R}) = \mathcal{R}_{13}\mathcal{R}_{23}, \tag{4.8}$$

$$(\mathrm{id} \otimes \Delta)(\mathcal{R}) = \mathcal{R}_{13}\mathcal{R}_{12}. \tag{4.9}$$

ここで，P は $P(x \otimes y) = y \otimes x$ のように成分をいれかえる写像であり，$\mathcal{R}_{12} = \mathcal{R} \otimes 1$ と $\mathcal{R}_{23} = 1 \otimes \mathcal{R}$ のようにおく．また，$\mathcal{R} = \sum \alpha_i \otimes \beta_i$ とおいて，$\mathcal{R}_{13} = \sum \alpha_i \otimes 1 \otimes \beta_i$ とおく．このような対 $(A, \mathcal{R})$ を**準3角ホップ代数** (quasi-triangular Hopf algebra) といい，$\mathcal{R}$ を**普遍R行列** (universal R matrix) という．本章の以下では，$\mathcal{R} = \sum \alpha_i \otimes \beta_i$ とおく．

関係式 (4.7) は，図形的に表すと，任意の $x \in A$ について $\boxed{\Delta(x)}$ と $\boxed{\mathcal{R}}$ が可換であること，すなわち，

$$\tag{4.10}$$

であることを表している．関係式 (4.8) と (4.9) は $(\Delta \otimes \mathrm{id})(\mathcal{R})$ と $(\mathrm{id} \otimes \Delta)(\mathcal{R})$ が $\boxed{\mathcal{R}}$ の2つのコピーの合成で次のようにかけること

$$\tag{4.11}$$

を表している．

準3角ホップ代数 $(A, \mathcal{R})$ について，$\mathcal{R} = \sum \alpha_i \otimes \beta_i$ とおいて，元 $u \in A$ を $u = \sum S(\beta_i)\alpha_i \in A$ で定める．u の定義を図形的に表すと

$$\boxed{u} \;=\; \boxed{(\mathrm{id} \otimes S)\mathcal{R}} \tag{4.12}$$

のようになる．

4.1 リボンホップ代数

命題 4.2（[**30**]）　ホップ代数 A が，関係式 (4.7) をみたす可逆元 $\mathcal{R} \in A \otimes A$ をもつとき，$\mathcal{R}^{-1} = \sum \alpha_i' \otimes \beta_i'$ とおくと，

$$\text{任意の } x \in A \text{ について，} \quad S^2(x) = u\,x\,u^{-1}, \tag{4.13}$$

$$u^{-1} = \sum S^{-1}(\beta_i')\,\alpha_i' \tag{4.14}$$

が成り立つ．

証明　まず $S^2(x)u = ux$ であることを図形的な計算で示す．(4.10) より

$$\boxed{(S \otimes \mathrm{id} \otimes S^2)\Delta^{(2)}(x)} \atop \boxed{(\mathrm{id} \otimes S)\mathcal{R}} \quad = \quad \boxed{(\mathrm{id} \otimes S)\mathcal{R}} \atop \boxed{(\mathrm{id} \otimes S \otimes S^2)\Delta^{(2)}(x)} \tag{4.15}$$

が成り立つ．さらに，

$$\boxed{(S \otimes \mathrm{id} \otimes \mathrm{id})\Delta^{(2)}(x)} = \boxed{x}\,, \qquad \boxed{(\mathrm{id} \otimes \mathrm{id} \otimes S)\Delta^{(2)}(x)} = \boxed{x}$$

が成り立つ．ここで，これら 2 つの等式は，各式の左辺に (4.6) を適用して (4.2) と (4.3) を用いることにより，得られる．上の 2 式を (4.15) の左辺と右辺に適用することにより

$$((4.15) \text{ の左辺}) \;=\; \boxed{S^2(x)} \atop \boxed{(\mathrm{id} \otimes S)\mathcal{R}} \;=\; \boxed{S^2(x)} \atop \boxed{u}\,,$$

$$((4.15) \text{ の右辺}) \;=\; \boxed{(\mathrm{id} \otimes S)\mathcal{R}} \atop \boxed{x} \;=\; \boxed{u} \atop \boxed{x}$$

が得られる．ここで，各式の 2 番目の等号は u の定義 (4.12) から得られる．したがって，$S^2(x)u = ux$ が得られる．

(4.14) の証明を図形的な計算により与える．上述のように $S^2(x)u = ux$ であるので，

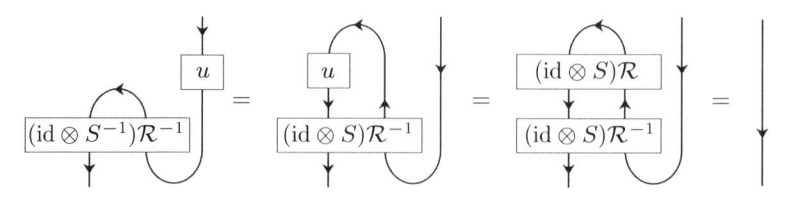

$$\begin{array}{c}\text{(図)}\end{array}$$

のようになる．ここで，2 番目の等号は u の定義 (4.12) から得られる．したがって，(4.14) が得られる．

(4.13) について，(4.14) より u^{-1} が存在することがわかるので，$S^2(x)u = ux$ であることより，(4.13) が得られる． ∎

次の命題は次節で絡み目の普遍 A 不変量を構成するときに用いられる．

命題 4.3 ([30])　準 3 角ホップ代数 $(A, \mathcal{R})$ は次の性質をみたす．

$$\mathcal{R}_{12}\mathcal{R}_{13}\mathcal{R}_{23} = \mathcal{R}_{23}\mathcal{R}_{13}\mathcal{R}_{12}, \tag{4.16}$$

$$(\varepsilon \otimes \mathrm{id})\mathcal{R} = 1 = (\mathrm{id} \otimes \varepsilon)\mathcal{R}, \tag{4.17}$$

$$(S \otimes \mathrm{id})\mathcal{R} = \mathcal{R}^{-1} = (\mathrm{id} \otimes S^{-1})\mathcal{R}, \tag{4.18}$$

$$(S \otimes S)\mathcal{R} = \mathcal{R}, \tag{4.19}$$

$$u \otimes u \cdot \mathcal{R} = \mathcal{R} \cdot u \otimes u. \tag{4.20}$$

ここで，前述のように，$\mathcal{R}_{12} = \mathcal{R} \otimes 1$，$\mathcal{R}_{23} = 1 \otimes \mathcal{R}$，$\mathcal{R}_{13} = \sum \alpha_i \otimes 1 \otimes \beta_i$ とおいている．

$\mathcal{R}$ が可逆であることは，準 3 角ホップ代数の定義において仮定していたが，このことを (4.18) から導くこともできることに注意する．関係式 (4.16) は**量子化されたヤン–バクスター方程式**とよばれる．これを図形的に表すと

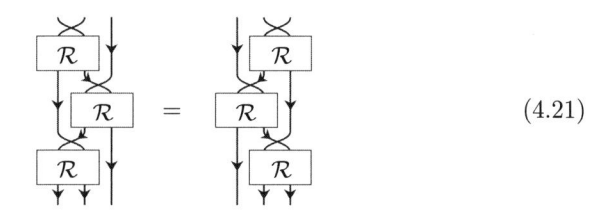

4.1 リボンホップ代数　　47

$$\text{(figure)} \qquad (4.21)$$

のようになる.

命題 4.3 の証明　(4.16) を示す．これを図形的に表した (4.21) を示せばよいが，それは

$$((4.21)\text{の左辺}) = \text{(figure with }(\Delta \otimes \mathrm{id})\mathcal{R}\text{)} = \sum_i \text{(figure with }\Delta(\alpha_i), \beta_i\text{)}$$

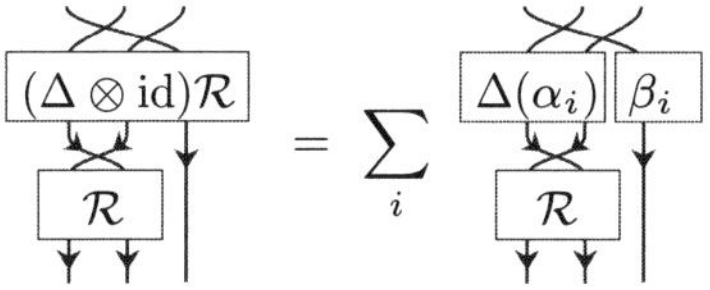

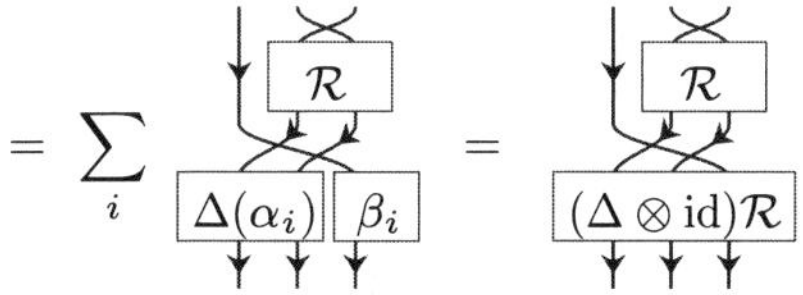

$$= \sum_i \text{(figure with }\Delta(\alpha_i), \beta_i\text{)} = \text{(figure with }(\Delta \otimes \mathrm{id})\mathcal{R}\text{)} = ((4.21)\text{の右辺})$$

のように示される．ここで，最初と最後の等号は準 3 角ホップ代数の定義関係式 (4.11) から得られ，2 番目と 4 番目の等号は $\mathcal{R} = \sum_i \alpha_i \otimes \beta_i$ とおいていることから得られ，3 番目の等号は (4.10) から得られる．よって，(4.16) が示された.

(4.17) を示す．(4.11) の第 1 式の左のひもに余単位射 ε を適用すると

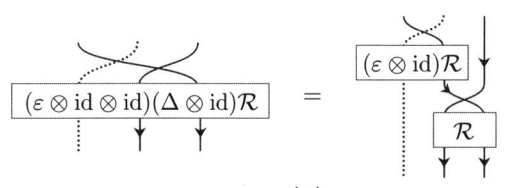

$$\text{(}\varepsilon \otimes \mathrm{id} \otimes \mathrm{id})(\Delta \otimes \mathrm{id})\mathcal{R} = (\varepsilon \otimes \mathrm{id})\mathcal{R}$$

のようになる．(4.2) より，上式の左辺は $\boxed{\mathcal{R}}$ に等しい．よって，(4.17) 式の 1 つ目の等号が得られる．同様に，(4.11) の第 2 式の右のひもに余単位射 ε を適用することにより，(4.17) の 2 つ目の等号が得られる.

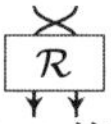

(4.18) を示す．(4.11) の第 1 式より

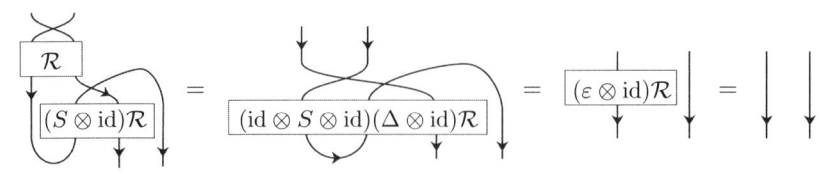

のようになる．ここで，2番目の等号は (4.6) から得られ，3番目の等号は (4.17) から得られる．よって，(4.18) 式の 1 つ目の等号が得られる．(4.11) の第 2 式から同様の計算をすることにより，(4.18) 式の 2 つ目の等号が得られる．

(4.19) は，(4.18) 式の左辺と右辺を比較することにより，直ちに得られる．

(4.20) は次のようにして得られる．

$$u \otimes u \cdot R = (S^2 \otimes S^2)\mathcal{R} \cdot u \otimes u = R \cdot u \otimes u$$

ここで，1 つ目の等号は (4.13) から得られ，2 つ目の等号は (4.19) を 2 回適用することにより得られる． ∎

次の命題は次節で絡み目の普遍 A 不変量の性質を示すときに用いられる．

命題 4.4 ([30] 参照)　準 3 角ホップ代数の元 u は次の性質をみたす．

$$\Delta(u) = (u \otimes u) \cdot (\mathcal{R}_{21}\mathcal{R})^{-1},$$

$$\Delta(S(u)) = (S(u) \otimes S(u)) \cdot (\mathcal{R}_{21}\mathcal{R})^{-1},$$

$$\varepsilon(u) = 1.$$

ここで，$\mathcal{R}_{21} = \sum_i \beta_i \otimes \alpha_i$ とおいている．

証明　命題の第 3 式は (4.17) から得られる．

命題の第 1 式は次のようにして得られる．(4.9) と (4.19) より，

$$\begin{aligned}(\mathrm{id} \otimes (\Delta \circ S))\mathcal{R} &= (S^{-1} \otimes \Delta)\mathcal{R} = (S^{-1} \otimes \mathrm{id} \otimes \mathrm{id})(\mathcal{R}_{13}\mathcal{R}_{12}) \\ &= (S^{-1} \otimes \mathrm{id} \otimes \mathrm{id})\mathcal{R}_{12} \cdot (S^{-1} \otimes \mathrm{id} \otimes \mathrm{id})\mathcal{R}_{13} \\ &= (\mathrm{id} \otimes S \otimes \mathrm{id})\mathcal{R}_{12} \cdot (\mathrm{id} \otimes \mathrm{id} \otimes S)\mathcal{R}_{13}\end{aligned}$$

のようになる．この第 1 成分に余積 Δ を適用すると

$$(\Delta \otimes (\Delta \circ S))\mathcal{R} = (\Delta \otimes S \otimes \mathrm{id})\mathcal{R}_{12} \cdot (\Delta \otimes \mathrm{id} \otimes S)\mathcal{R}_{13}$$

のようになる．これを図形的に表すと

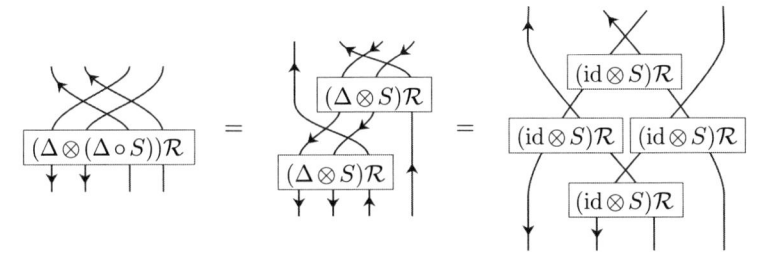

のようになる．よって，u の定義 (4.12) より，命題第 1 式を図形的にかくと

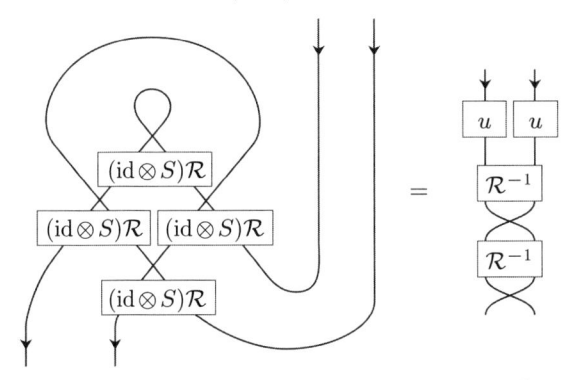

のように表される．次節で導入する普遍 A 不変量の言葉で言うと，上式は

を意味する．これら 2 つのタングルはイソトピックなので（次節において普遍 A 不変量のイソトピー不変性の証明には命題 4.4 は使われないことに注意すると）上式が成り立つことがわかる．よって，命題の第 1 式が示される．

命題の第 2 式は，上と同様の計算をすることにより，

に帰着されて，証明される． ∎

リボンホップ代数を定義する準備として，次の命題を示す．

命題 4.5 ([30] 参照)　準 3 角ホップ代数 $(A, \mathcal{R})$ の元 u について，$v_2 = S(u)u$ とおくと，v_2 は A の中心[2]の元になり，次の性質をみたす．

$$\Delta(v_2) = (v_2 \otimes v_2) \cdot (\mathcal{R}_{21}\mathcal{R})^{-2},$$

$$S(v_2) = v_2,$$

$$\varepsilon(v_2) = 1.$$

ここで，前述のように，$\mathcal{R}_{21} = \sum_i \beta_i \otimes \alpha_i$ とおいている．

証明　v_2 が A の中心の元であることは，任意の $x \in A$ について，

$$v_2 x = S(u)ux = S(u)S^2(x)u = S(S(x)u)u = S(uS^{-1}(x))u = xS(u)u = xv_2$$

となることがからわかる．ここで，上の計算で (4.13) を用いている．

命題の第 1 式は，

$$\Delta(v_2) = \Delta\bigl(S(u)\bigr)\Delta(u) = \bigl(S(u) \otimes S(u)\bigr) \cdot (\mathcal{R}_{21}\mathcal{R})^{-1} \cdot (u \otimes u) \cdot (\mathcal{R}_{21}\mathcal{R})^{-1}$$

$$= (v_2 \otimes v_2) \cdot (\mathcal{R}_{21}\mathcal{R})^{-2}$$

のようにして示される．ここで，2 番目の等号は命題 4.4 より得られ，3 番目の等号は (4.20) より得られる．

命題の第 2 式は

$$S(v_2) = S\bigl(S(u)u\bigr) = S(u)S^2(u) = S(u)u = v_2$$

のようにして示される．ここで，3 番目の等号は (4.13) より得られる．

命題の第 3 式は，命題 4.4 を用いて，

$$\varepsilon(v_2) = \varepsilon\bigl(S(u)\bigr)\varepsilon(u) = 1$$

のようにして示される．ここで，ホップ代数の定義より $\varepsilon \circ S = \varepsilon$ であることに注意する． ∎

---

[2] 任意の $x \in A$ について $cx = xc$ となるような A の元 c の全体を A の**中心** (center) という．

リボンホップ代数

準 3 角ホップ代数 $(A, \mathcal{R})$ が，次の性質をみたす元 $v \in A$ をもつ場合を考える．

$$v は A の中心の元である, \tag{4.22}$$

$$v^2 = S(u)\,u, \tag{4.23}$$

$$\Delta(v) = (v \otimes v) \cdot (\mathcal{R}_{21}\mathcal{R})^{-1}, \tag{4.24}$$

$$S(v) = v, \tag{4.25}$$

$$\varepsilon(v) = 1. \tag{4.26}$$

このような 3 つ組 $(A, \mathcal{R}, v)$ を**リボンホップ代数** (ribbon Hopf algebra) という．つまり，準 3 角ホップ代数において $S(u)u$ の平方根 v を選ぶことにより，リボンホップ代数が得られる．上の関係式から v^2 がみたすべき関係式が導出されるが，それらは命題 4.5 の関係式と同じであることに注意しよう．

枠つき絡み目の不変量を構成するために，準 3 角ホップ代数だけではなくてリボンホップ代数も必要である理由について，後述の注意 4.9 を参照されたい．

4.2 枠つき絡み目の普遍 A 不変量

本節では，リボンホップ代数 $(A, \mathcal{R}, v)$ に対して，枠つき有向絡み目 L の普遍 A 不変量 $Q^{A;\star}(L)$ を導入する．普遍 A 不変量は [83, 84] で導入された（[111] も参照）．次節で述べるオペレータ不変量に対して普遍的である，ということが「普遍」不変量の名前の由来である．

有向基本タングル図式に対する普遍 A 不変量 $Q^{A;\star}$ の値を

$$Q^{A;\star}\left(\;\downarrow\;\right) = \downarrow, \qquad Q^{A;\star}\left(\;\uparrow\;\right) = \uparrow,$$

$$Q^{A;\star}\left(\;\times\;\right) = \boxed{\mathcal{R}}, \qquad Q^{A;\star}\left(\;\times\;\right) = \boxed{\mathcal{R}^{-1}},$$

$$Q^{A;\star}\left(\;\frown\;\right) = \boxed{uv^{-1}}, \qquad Q^{A;\star}\left(\;\frown\;\right) = \frown,$$

$$Q^{A;\star}\left(\;\smile\;\right) = \boxed{vu^{-1}}, \qquad Q^{A;\star}\left(\;\smile\;\right) = \smile,$$

のように定める．さらに，枠つき有向絡み目の図式 D に対して，D を有向基本タングル図式に分解して，有向基本タングル図式の $Q^{A;\star}$ の値を貼りあわせることにより $Q^{A;\star}(D)$ を図形的に定める（下記の (4.27) の例を参照）．D が l 成分の枠つき絡み目の図式のとき，$Q^{A;\star}(D)$ は $(A/I)^{\otimes l}$ の元として以下のように定められる．ここで，I は $xy-yx$ $(x,y \in A)$ の形の元ではられる A の部分ベクトル空間である．D の各成分に A を対応させて，D の各成分のひものどこかに印をつけて，その印から出発してひもの向きにそってひもを一周して A の元の積をとることにより $(A/I)^{\otimes l}$ の元として $Q^{A;\star}(D)$ を定める．たとえば，次の結び目図式の左上の極大点の位置に印をつけたとき，その普遍 A 不変量は

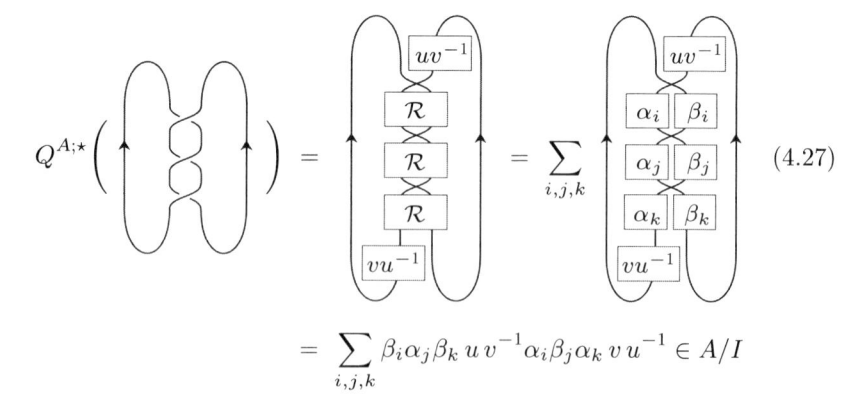

$$Q^{A;\star}\Big(\;\Big) = \;\cdots\; = \sum_{i,j,k} \;\cdots\; \quad (4.27)$$

$$= \sum_{i,j,k} \beta_i \alpha_j \beta_k \, u v^{-1} \alpha_i \beta_j \alpha_k \, v u^{-1} \in A/I$$

のように定められる．ここで，「I による商空間をとる」ということは，ひもに

4.2 枠つき絡み目の普遍 A 不変量　　　　　53

印をつける位置によらずに $Q^{A;\star}$ を定めるために，必要である．

定理 4.6　　l 成分の枠つき絡み目 L の図式 D に対して，$Q^{A;\star}(D) \in (A/I)^{\otimes l}$ は L のイソトピー不変量になる．

定理の不変量を L の**普遍 A 不変量** (universal A invariant) といい，$Q^{A;\star}(L)$ とかく．

定理 4.6 の証明　定理 3.4（とその後のコメント）より，$Q^{A;\star}$ が (3.5)–(3.8) の移動と $\overrightarrow{\text{RI}}, \overrightarrow{\text{RII}}, \overrightarrow{\text{RIII}}$ 移動で不変であることを示せばよい．

(3.5), (3.6), (3.7) の移動での不変性は，$Q^{A;\star}$ の定義より，すぐにわかる．

(3.8) の移動での不変性は，R と $uv^{-1} \otimes uv^{-1}$ が可換であることより導かれるが，それらが可換であることは，R と $u \otimes u$ の可換性 (4.20) と v が A の中心元であることより，わかる．

$\overrightarrow{\text{RI}}$ 移動での不変性は次のようにして導かれる．枠を 1 回転ねじったひもの普遍 A 不変量は

$$Q^{A;\star}\left(\vcenter{\hbox{\includegraphics{}}}\right) = \vcenter{\hbox{\includegraphics{}}} = \sum_i \beta_i\, u v^{-1} \alpha_i$$

$$= v^{-1} u \sum_i S^{-2}(\beta_i)\, \alpha_i \;=\; v^{-1}$$

のように計算される．ここで，最初の 2 つの等号は普遍 A 不変量の定義から導かれ，3 番目の等号は関係式 (4.13) と v が中心元であることより得られる．さらに，(4.14) と (4.18) より $u^{-1} = \sum_i S^{-2}(\beta_i) \alpha_i$ がわかり，これより上式の 4 番目の等号が得られる．同様にして，枠を (-1) 回転ねじったひも普遍 A 不変量は

$$Q^{A;\star}\left(\ \vcenter{\hbox{[diagram]}}\ \right) = \vcenter{\hbox{[diagram with uv^{-1} and $\mathcal{R}^{-1}$]}} = \sum_i \alpha'_i uv^{-1}\beta'_i = v^{-1}u\sum_i S^{-2}(\alpha'_i)\,\beta'_i$$

$$= v^{-1}u\sum_i S^{-1}(\alpha_i)\,\beta_i = v^{-1}uS(u) = v$$

のように計算される．ここで，3番目の等号は関係式 (4.13) と v が中心元であることより得られ，4番目の等号は (4.18) より得られる．さらに，u の定義に対して関係式 (4.19) を 2 回用いることにより $S(u) = \sum_i S(\alpha_i)S^2(\beta_i) = \sum_i S^{-1}(\alpha_i)\beta_i$ がわかり，これより上式の5番目の等号がわかる．したがって，上述の 2 式より $\overrightarrow{\mathrm{RI}}$ 移動で $Q^{A;\star}$ が不変であることがわかる．

$\overrightarrow{\mathrm{RII}}$ 移動での不変性は次のように示される．$\overrightarrow{\mathrm{RII}}$ 移動の前半の移動での不変性は

$$Q^{A;\star}\left(\ \vcenter{\hbox{[diagram]}}\ \right) = \vcenter{\hbox{[$\mathcal{R}$ over $\mathcal{R}^{-1}$]}} = \vcenter{\hbox{[parallel lines]}} = Q^{A;\star}\left(\ \vcenter{\hbox{[parallel lines]}}\ \right)$$

のようにして得られる（前半の移動はもう 1 つあるが，そちらも同様である）．さらに，$\overrightarrow{\mathrm{RII}}$ 移動の後半の移動での不変性は

$$Q^{A;\star}\left(\ \vcenter{\hbox{[diagram]}}\ \right) = \sum_{i,j}\beta'_j\beta_i \otimes uv^{-1}\alpha_i vu^{-1}\alpha'_j = \sum_{i,j}\beta'_j\beta_i \otimes S^2(\alpha_i)\alpha'_j$$

$$= \sum_{i,j}\beta'_j\beta_i \otimes S\bigl(S^{-1}(\alpha'_j)S(\alpha_i)\bigr)$$

$$= (\mathrm{id}\otimes S)\Bigl(\bigl((\mathrm{id}\otimes S^{-1})\mathcal{R}_{21}^{-1}\bigr)\cdot(\mathrm{id}\otimes S)\mathcal{R}_{21}\Bigr) = (\mathrm{id}\otimes S)(\mathcal{R}_{21}\cdot\mathcal{R}_{21}^{-1})$$

$$= (\mathrm{id}\otimes S)(1\otimes 1) = 1\otimes 1 = Q^{A;\star}\left(\ \vcenter{\hbox{[diagram]}}\ \right) \tag{4.28}$$

のようにして得られる．ここで，上の計算で (4.13) と (4.18) を用いている．

$\overrightarrow{\mathrm{RIII}}$ 移動での不変性は量子化されたヤン–バクスター方程式 (4.21) を用いて

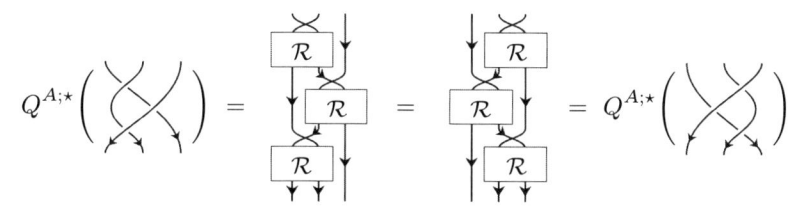

$$Q^{A;\star}\left(\vcenter{\hbox{⨯}}\right) = \vcenter{\hbox{[$\mathcal{R}$/$\mathcal{R}$/$\mathcal{R}$]}} = \vcenter{\hbox{[$\mathcal{R}$/$\mathcal{R}$/$\mathcal{R}$]}} = Q^{A;\star}\left(\vcenter{\hbox{⨯}}\right)$$

のようにして得られる. ∎

注意 4.7 枠つき有向絡み目の普遍 A 不変量と同様に, 枠つき有向タングルの普遍 A 不変量を定義することができる. タングルの開いた成分 (線分が埋め込まれた成分) に対しては, 普遍 A 不変量の定義において, ひもに印をつけるときにひもの出発点に印をつけることにすればよく, A を I でわる必要がない. よって, 開いた成分が m 個で閉じた成分が l 個の枠つき有向タングル T の普遍 A 不変量 $Q^{A;\star}(T)$ は $A^{\otimes m} \otimes (A/I)^{\otimes l}$ の元として定義される.

命題 4.8 $K \cup L$ を $(l+1)$ 成分の枠つき有向絡み目で, その 1 つの成分が K であるようなものとする. その普遍 A 不変量 $Q^{A;\star}(K \cup L) \in (A/I)^{\otimes(l+1)}$ を考える. Δ, S, ε を A/I に自然に作用させた写像も同じ記号でかくことにする.

(1) K の枠にそって K を平行な 2 つのひもに切り離したものを $K^{(2)}$ とかくことにすると, $K^{(2)} \cup L$ の普遍 A 不変量は

$$Q^{A;\star}(K^{(2)} \cup L) = (\Delta \otimes \mathrm{id}^{\otimes l})(Q^{A;\star}(K \cup L))$$

のように表される.

(2) K の向きを逆にしたものを $\overline{K}$ とかくことにすると, $\overline{K} \cup L$ の普遍 A 不変量は

$$Q^{A;\star}(\overline{K} \cup L) = (S \otimes \mathrm{id}^{\otimes l})(Q^{A;\star}(K \cup L))$$

のように表される.

(3) $K \cup L$ から K を取り除いた絡み目の普遍 A 不変量は

$$Q^{A;\star}(L) = (\varepsilon \otimes \mathrm{id}^{\otimes l})(Q^{A;\star}(K \cup L))$$

のように表される.

証明 各有向基本タングル図式に対して命題の主張をチェックすることにより，命題は示される．簡単のため，以下では (1) のみ示す．

正の交点に対する (1) の式は準 3 角ホップ代数の定義関係式 (4.8) と (4.9) より得られる．負の交点に対する (1) の式はそれらの関係式の両辺の逆元をとった式より得られる．極大点と極小点に対する (1) の式は

$$\Delta(uv^{-1}) = uv^{-1} \otimes uv^{-1}$$

から得られる．ここで，この式は命題 4.4 とリボンホップ代数の定義関係式 (4.24) より得られる．これらの場合のコピーを貼り合わせることにより，すべてのタングル（とくに，すべての絡み目）に対して (1) の式が得られる． ■

命題 4.8 の意味を図形的に表すと

$$\Delta\left(Q^{A;\star}\left(\,\big|\,\right)\right) = Q^{A;\star}\left(\,\big|\big|\,\right),$$

$$S\left(Q^{A;\star}\left(\,\big|\,\right)\right) = Q^{A;\star}\left(\,\smile\,\right),$$

$$\varepsilon\left(Q^{A;\star}\left(\,\big|\,\right)\right) = Q^{A;\star}\left(\,\vdots\,\right)$$

のようになる．ここで，破線は結ばったり絡まったりしているひもを表し，点線はそのひもが取り除かれていることを表す．対合射 S を作用させたとき，ひもの両端をまげているのは，S を 2 回適用したときに $S^2(x) = uxu^{-1}$ になるようにするためである．上記の式は，枠つき絡み目のある成分に Δ を作用させるとその成分を 2 重化し，S を作用させるとその成分の向きを逆にし，ε を作用させるとその成分を取り除く．

$$\big|\ \xrightarrow{\Delta}\ \big|\big|\ ,\quad \big|\ \xrightarrow{S}\ \smile\ ,\quad \big|\ \xrightarrow{\varepsilon}\ \vdots$$

4.2 枠つき絡み目の普遍 A 不変量

とみなすことができることを示唆している．ホップ代数と枠つき絡み目の相性がよいのは，普遍 A 不変量を通じて，このような整合性があるためである．

注意 4.9 枠つき絡み目の不変量を構成するために，なぜリボンホップ代数が必要なのか，すなわち，準3角ホップ代数だけしか与えられていないとどのような問題がおきるのか，考えてみよう．

作業仮説として，普遍 A 不変量の（部分的な）定義として

$$Q^{A;\star}\left(\diagup\!\!\!\diagdown\right) = \boxed{\mathcal{R}}, \quad Q^{A;\star}\left(\diagdown\!\!\!\diagup\right) = \boxed{\mathcal{R}^{-1}},$$
$$Q^{A;\star}\left(\frown\right) = \frown, \quad Q^{A;\star}\left(\smile\right) = \smile, \tag{4.29}$$

のようにおく．また「S がひもの向きを逆にすること」

$$Q^{A;\star}\left(\updownarrow\right) = S\left(Q^{A;\star}\left(\updownarrow\right)\right)$$

を仮定する．すると，次のタングル図式の普遍 A 不変量は

$$Q^{A;\star}\left(\;\mathcal{Q}\;\right) \;=\; \boxed{(\mathrm{id}\otimes S)\mathcal{R}} \;=\; \sum_i \boxed{\alpha_i}\,\boxed{S(\beta_i)} \;=\; \sum_i S(\beta_i)\,\alpha_i \;=\; u$$

のように計算される．同様に，次のタングル図式の普遍 A 不変量は

$$Q^{A;\star}\left(\;\mathcal{Q}\;\right) \;=\; \boxed{(\mathrm{id}\otimes S)\mathcal{R}} \;=\; \sum_i \boxed{\alpha_i}\,\boxed{S(\beta_i)}$$

$$=\; \sum_i \alpha_i S(\beta_i) \;=\; \sum_i S(\alpha_i)\,S^2(\beta_i) \;=\; \sum_i S(S(\beta_i)\,\alpha_i) \;=\; S(u)$$

のように計算される．それら2つを合成すると

$$Q^{A;\star}\left(\;\mathcal{Q}\;\right) \;=\; S(u)\,u$$

のようになり，すなわち，ひもの枠を (-2) 回転ねじったものの値は $S(u)u$ になることがわかる．ここまでの計算は準3角ホップ代数だけをつかって与えられている．

すべての枠つき絡み目に対して普遍 A 不変量を定めるためには，ひもの枠を (-1) 回転ねじったものの値を定める必要があり，そのために $S(u)u$ の平行根の v を導入してリボンホップ代数を定義したのであった．これが，枠つき絡み目の不変量を構成するために，準3角ホップ代数だけではなく，リボンホップ代数が必要な理由である．

4.3　リボンホップ代数に由来するタングルのオペレータ不変量

リボンホップ代数 A の表現が与えられたとき，タングルのオペレータ不変量が構成される．そのようなオペレータ不変量は普遍 A 不変量から導出され，また，そのようなオペレータ不変量の値は A の作用に関してインタートワイナーになっている．本節では，それらのことについて述べる．

A をリボンホップ代数とする．ベクトル空間 V に対して，準同型写像 $\rho : A \to \mathrm{End}(V)$ を A の V 上の**表現** (representation) という．A の V 上の表現 ρ があったとき，ρ によって A は V に**作用する**といい，V を A **加群** (A module) という．A の V 上の表現 ρ に対して，その**双対表現** $\rho^\star : A \to \mathrm{End}(V^\star)$ が，$a \in A$ について

$$\rho^\star(a) = \rho(S(a))^T \in \mathrm{End}(V^\star)$$

で定められる．ここで，行列 $M \in \mathrm{End}(V)$ の転置行列を $M^T \in \mathrm{End}(V^\star)$ とかいている．A の V 上の表現 ρ について，ρ が保存する V の部分ベクトル空間が V 自身と $\{0\}$ だけであるとき，ρ を**既約** (irreducible) であるという．シュアーの補題 (Schur's lemma) により，既約表現 ρ と A の中心元 a について，$\rho(a)$ は id_V のスカラー倍である．

A の V 上の既約表現 ρ について，線型写像 $R \in \mathrm{End}(V \otimes V)$ と $h \in \mathrm{End}(V)$ を

$$R = P \circ ((\rho \otimes \rho)(\mathcal{R})), \qquad h = \rho(uv^{-1}) \tag{4.30}$$

で定める．ここで，P は成分をいれかえる写像 $P(x \otimes y) = y \otimes x$ である．$\mathcal{R} = \sum_i \alpha_i \otimes \beta_i$ とおいたとき，R の定義は

$$R(x \otimes y) = \sum_i \rho(\beta_i)y \otimes \rho(\alpha_i)x$$

4.3 リボンホップ代数に由来するタングルのオペレータ不変量

のようにかくこともできる. R と h を図形的に表すと

$$R = \boxed{(\rho\otimes\rho)(\mathcal{R})} \quad \begin{matrix} V \otimes V \\ \uparrow \\ V \otimes V \end{matrix} \qquad h = \boxed{\rho(uv^{-1})} \quad \begin{matrix} V \\ \uparrow \\ V \end{matrix}$$

のようになる. ここで, 図の各ひもは V を表し, 箱は線型写像を表している.

たとえば, 次のタングルのオペレータ不変量を上記の R と h を用いて計算すると

$$\left[\;\right] = \cdots = \sum_i \rho(\beta_i)\,\rho(uv^{-1})\,\rho(\alpha_i) = \rho\Bigl(\sum_i \beta_i uv^{-1} \alpha_i\Bigr)$$

$$= \rho\Bigl(Q^{A;\star}\bigl(\;\bigr)\Bigr) = \rho(v^{-1}) \qquad (4.31)$$

のようになる. 同様にして計算することにより

$$\left[\;\right] = \rho\Bigl(Q^{A;\star}\bigl(\;\bigr)\Bigr) = \rho(v), \qquad (4.32)$$

$$\left[\;\right] = (\rho \otimes \rho^\star)\Bigl(Q^{A;\star}\bigl(\;\bigr)\Bigr) \qquad (4.33)$$

であることがわかる. さらに,

$$\left[\;\right] = P_{13} \circ (\rho \otimes \rho \otimes \rho)(\mathcal{R}_{23}\mathcal{R}_{13}\mathcal{R}_{12})$$

$$= P_{13} \circ (\rho \otimes \rho \otimes \rho)(\mathcal{R}_{12}\mathcal{R}_{13}\mathcal{R}_{23}) = \left[\;\right] \qquad (4.34)$$

であることもわかる. ここで, P_{13} は第 1 成分と第 3 成分をいれかえる写像で, 2 番目の等号は量子化されたヤン–バクスター方程式から得られる.

定理 4.10 (4.30) で与えた準同型写像 R と h は定理 3.6 (の (3.16) による変更版) の仮定をみたす．よって，定理 3.6 (の (3.16) による変更版) より，これらの R と h から枠つき有向タングルのオペレータ不変量が構成される．

枠つきタングル T について，定理のオペレータ不変量を $Q^{A;V}(T)$ とかき，リボンホップ代数 A の V 上の表現から得られる**オペレータ不変量**という．

定理 4.10 の証明 $\mathcal{R}$ と uv^{-1} は可逆なので，(4.30) で定められた線型写像 R と h も可逆である．よって，R と h が関係式 (3.12), (3.14), (3.15), (3.16) をみたすことを示せばよい．

関係式 (3.12) が成り立つことは，関係式 (4.20) と v が中心元であることより，わかる．

関係式 (3.14) は，上述の (4.33) に (4.28) を適用することにより，得られる．

ヤン–バクスター方程式 (3.15) は，上述の (4.34) より，得られる．

関係式 (3.16) は次のようにして得られる．上述の計算 (4.31) と (4.32) により，(3.16) の左辺は $\rho(v^{\pm 1})$ に等しいことがわかる．$v^{\pm 1}$ は A の中心元なので，シュアーの補題により，$\rho(v^{\pm 1})$ は id_V のスカラー倍に等しい．そのスカラーを $c^{\pm 1}$ とおくことにより，(3.16) が成り立つことがわかる． ∎

オペレータ不変量 $Q^{A;V}$ に対して普遍 A 不変量 $Q^{A;\star}$ が普遍的であること

リボンホップ代数 A の V 上の表現 ρ について，線型写像 $\mathrm{trace}_V : A \to \mathbb{C}$ を，$a \in A$ について，$\mathrm{trace}_V(a) = \mathrm{trace}\,\rho(a)$ で定め，これを V 上の**トレース**という．前述のように，$ab - ba$ $(a, b \in A)$ がはる A の部分ベクトル空間を I とおく．トレースがみたす一般的な性質 $\mathrm{trace}(AB) = \mathrm{trace}(BA)$ より，V 上のトレースは自然に線型写像 $A/I \to \mathbb{C}$ を定め，この写像も trace_V とかくことにする．

定理 4.11 L を l 成分の枠つき有向絡み目とする．L のオペレータ不変量 $Q^{A;V}(L)$ は L の普遍 A 不変量 $Q^{A;\star}(L) \in (A/I)^{\otimes l}$ から

4.3 リボンホップ代数に由来するタングルのオペレータ不変量

$$Q^{A;V}(L) = (\text{trace}_V)^{\otimes l}\left(Q^{A;\star}(L)\right)$$

のように導出される.

定理は，与えられたリボンホップ代数 A に対して，すべての $Q^{A;V}(L)$ を $Q^{A;\star}(L)$ が統一していること，すなわち，すべての $Q^{A;V}(L)$ に対して $Q^{A;\star}(L)$ が普遍的であることを意味している.

定理の証明を述べるために，記号を用意する. $\{e_i\}_{i=1,2,\ldots,N}$ を V の基底とする. $V^{\otimes n}$ の基底 $\{e_{i_1}\otimes\cdots\otimes e_{i_n}\}$ と $V^{\otimes m}$ の基底 $\{e_{j_1}\otimes\cdots\otimes e_{j_m}\}$ に関して，線型写像 $M \in \text{Hom}(V^{\otimes n}, V^{\otimes m})$ を行列表示したときの行列成分を $M^{j_1,\ldots,j_m}_{i_1,\ldots,i_n}$ とかくことにする. つまり，基底を与えることにより $V^{\otimes n}$ と $\mathbb{C}^{nN}$, $V^{\otimes m}$ と $\mathbb{C}^{mN}$ を同一視して M を $\mathbb{C}^{nN}$ から $\mathbb{C}^{mN}$ への線型写像とみなすことにより，M が行列表示される. その行列成分の表示方法について，注意2.2や(3.9)で述べた表示方法と同様である.

定理4.11の証明 以下では，絡み目図式に対してある種の「状態和」を定義して，定理の式の左辺と右辺のそれぞれがその状態和に等しいことを示すことによって，定理を証明する.

「状態和」の定義について述べる. L の図式を有向基本タングル図式に分解する. この分解において，交点や極大点や極小点同士をつないでいるひもを**辺**とよぶことにする. 各辺に $\{1,2,\ldots,N\}$ の元を対応させて，その元をその辺のラベルとよぶ. すべての辺にラベルを付けることを**状態**という. 状態が与えられた基本タングル図式に

$$W\begin{pmatrix} i & & j \\ & \times & \\ k & & l \end{pmatrix} = R^{ij}_{kl}, \quad W\begin{pmatrix} i & & j \\ & \times & \\ k & & l \end{pmatrix} = (R^{-1})^{ij}_{kl},$$

$$W\begin{pmatrix} & \frown & \\ i & & j \end{pmatrix} = n_{ij}, \quad W\begin{pmatrix} & \frown & \\ i & & j \end{pmatrix} = n'_{ij},$$

$$W\begin{pmatrix} i & \smile & j \end{pmatrix} = u^{ij}, \quad W\begin{pmatrix} i & \smile & j \end{pmatrix} = u'^{ij}$$

のように**重み**を定める. ここで，右辺の線型写像 R, n, n', u, u' は3.2節でオ

ペレータ不変量を定義したときに用いた線型写像である．定義より，n, n', u, u' の行列成分は

$$n_{ij} = h_i^j, \qquad n'_{ij} = \delta_{ij}, \qquad u^{ij} = (h^{-1})_i^j, \qquad u'^{ij} = \delta_{ij} \qquad (4.35)$$

のように表される．ここで，δ_{ij} は，$i = j$ のとき 1 で，$i \neq j$ のとき 0 であるものとする．L の図式の**状態和**を

$$\sum_\sigma \prod_E W(E; \sigma)$$

で定める．ここで，和の σ はすべての状態をわたり，積の E はこの絡み目図式を構成するすべての基本タングル図式をわたるものとする．

たとえば，次のホップ絡み目の図式を考えてみよう．

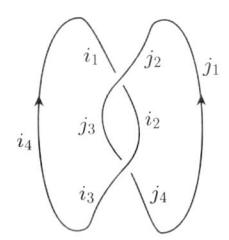

この絡み目図式の状態和は

$$\sum n'_{i_4 i_1} n_{j_2 j_1} R^{i_1 j_2}_{j_3 i_2} R^{j_3 i_2}_{i_3 j_4} u^{i_4 i_3} u'^{j_4 j_1} \qquad (4.36)$$

のように表される．以下では，この例を用いて，定理の式の左辺と右辺がこの状態和に等しいことを説明する．

定理の式の右辺が状態和 (4.36) に等しいことは以下のように示される．(4.35) より，問題の状態和は

$$(4.36) = \sum h_{j_2}^{j_1} R^{i_1 j_2}_{j_3 i_2} R^{j_3 i_2}_{i_3 j_1} (h^{-1})_{i_1}^{i_3}$$

のように表される．さらに，リボンホップ代数の表現 ρ から定められる R と h の定義より，それらの行列成分は

$$R_{kl}^{ij} = \sum_m \rho(\alpha_m)_k^j \, \rho(\beta_m)_l^i, \qquad h_j^i = \rho(uv^{-1})_j^i$$

のように表される．したがって，問題の状態和は

$$
\begin{aligned}
(4.36) &= \sum \rho(\beta_k)^{i_1}_{i_2} \rho(\alpha_l)^{i_2}_{i_3} \rho(vu^{-1})^{i_3}_{i_1} \rho(uv^{-1})^{j_1}_{j_2} \rho(\alpha_k)^{j_2}_{j_3} \rho(\beta_l)^{j_3}_{j_1} \\
&= \sum_{k,l} \mathrm{trace}\Big(\rho(\beta_k)\rho(\alpha_l)\rho(vu^{-1})\Big) \mathrm{trace}\Big(\rho(uv^{-1})\rho(\alpha_k)\rho(\beta_l)\Big) \\
&= \sum_{k,l} \mathrm{trace}_V(\beta_k \alpha_l vu^{-1}) \mathrm{trace}_V(uv^{-1}\alpha_k \beta_l)
\end{aligned}
$$

のように表される．さらに，普遍 A 不変量の定義より，

$$
Q^{A;\star}(L) = \sum_{k,l} \begin{pmatrix} \text{diagram} \end{pmatrix} = \sum_{k,l} \beta_k \alpha_l vu^{-1} \otimes uv^{-1}\alpha_k \beta_l
$$

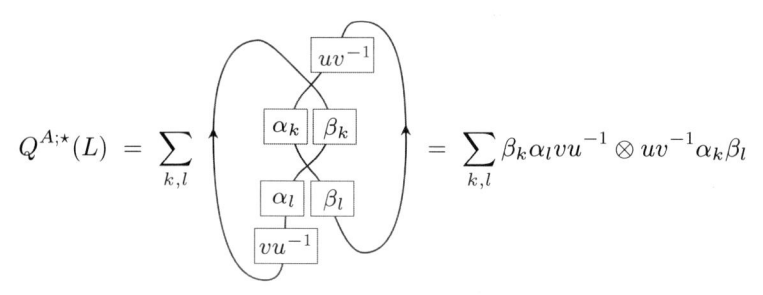

であるので，上述の状態和は定理の式の右辺に等しいことがわかる．

定理の式の左辺が状態和 (4.36) に等しいことは次のようにして示される．定義より，オペレータ不変量は次の線型写像の合成で与えられる．

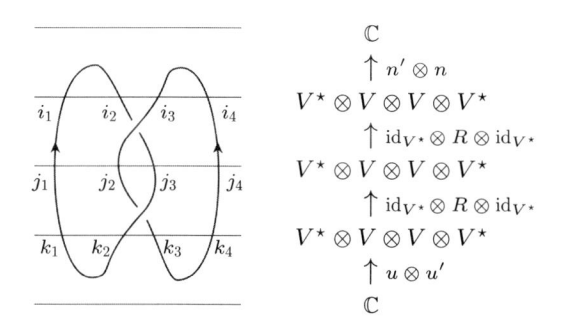

$$
\begin{array}{c}
\mathbb{C} \\
\uparrow n' \otimes n \\
V^\star \otimes V \otimes V \otimes V^\star \\
\uparrow \mathrm{id}_{V^\star} \otimes R \otimes \mathrm{id}_{V^\star} \\
V^\star \otimes V \otimes V \otimes V^\star \\
\uparrow \mathrm{id}_{V^\star} \otimes R \otimes \mathrm{id}_{V^\star} \\
V^\star \otimes V \otimes V \otimes V^\star \\
\uparrow u \otimes u' \\
\mathbb{C}
\end{array}
$$

この線型写像の合成を行列成分を用いて表示すると

$$\begin{aligned}
Q^{A;V}(L) &= (n' \otimes n)(\mathrm{id}_{V^\star} \otimes R \otimes \mathrm{id}_{V^\star})(\mathrm{id}_{V^\star} \otimes R \otimes \mathrm{id}_{V^\star})(u \otimes u') \\
&= \sum (n' \otimes n)_{i_1 i_2 i_3 i_4} (\mathrm{id}_{V^\star} \otimes R \otimes \mathrm{id}_{V^\star})^{i_1 i_2 i_3 i_4}_{j_1 j_2 j_3 j_4} \\
&\qquad \times (\mathrm{id}_{V^\star} \otimes R \otimes \mathrm{id}_{V^\star})^{j_1 j_2 j_3 j_4}_{k_1 k_2 k_3 k_4} (u \otimes u')^{k_1 k_2 k_3 k_4} \\
&= \sum n'_{i_1 i_2}\, n_{i_3 i_4}\, R^{i_2 i_3}_{j_2 j_3}\, R^{j_2 j_3}_{k_2 k_3}\, u^{i_1 k_2}\, u'^{k_3 i_4}
\end{aligned}$$

のようになる．これは状態和 (4.36) に等しい．したがって，問題の状態和は定理の式の左辺に等しいことがわかる．

一般の場合も，上の例の場合と同様にして，定理を示すことができる．すなわち，上述のように状態和を定め，その状態和をひもに沿って集計することによって定理の式の右辺が得られ，その状態和を図式の輪切りにそって集計することによって定理の式の左辺が得られ，したがって，定理の式が成り立つことがわかる． ∎

オペレータ不変量 $Q^{A;V}$ の値がインタートワイナーであること

A の表現 ρ_1, ρ_2 に対して，そのテンソル表現 $\rho_1 \otimes \rho_2$ が

$$A \xrightarrow{\Delta} A \otimes A \xrightarrow{\rho_1 \otimes \rho_2} \mathrm{End}(V) \otimes \mathrm{End}(V) = \mathrm{End}(V \otimes V)$$

で定められる．A の $\mathbb{C}$ 上の表現 $\rho_{\mathbb{C}}$ を $\rho_{\mathbb{C}} : A \xrightarrow{\varepsilon} \mathbb{C} = \mathrm{End}(\mathbb{C})$ で定め，これを**単位表現**という．リボンホップ代数 A の W_1 上の表現 ρ_{W_1} と W_2 上の表現 ρ_{W_2} があったとき，A の作用と可換であるような線型写像 $f : W_1 \to W_2$ のことを**インタートワイナー** (intertwiner) とよぶ．つまり，任意の $a \in A$ について，次の図式

$$\begin{array}{ccc} W_2 & \xrightarrow{\rho_{W_2}(a)} & W_2 \\ f \uparrow & & \uparrow f \\ W_1 & \xrightarrow{\rho_{W_1}(a)} & W_1 \end{array}$$

が可換であるような線型写像 f がインタートワイナーである．

リボンホップ代数 A とその表現から構成されるオペレータ不変量の顕著な性質は，その値が A の作用に関してインタートワイナーである，ということで

ある．簡単な例で，これを確認してみよう．A の V 上の表現 ρ_V について，たとえば，次のタングルのオペレータ不変量は

$$Q^{A;V}\left(\vcenter{\hbox{✕}} \right) \;=\; R \;\in\; \mathrm{End}(V \otimes V)$$

のように表される．ここで，R は，定義より，$R = P \circ ((\rho_V \otimes \rho_V)(\mathcal{R}))$ で与えられる．この R は，(4.7) より，任意の $a \in A$ について，$(P \circ \Delta)(a)\mathcal{R} = \mathcal{R}\Delta(a)$ をみたす．その両辺を $\rho_V \otimes \rho_V$ でうつすと

$$((\rho_V \otimes \rho_V) \circ P \circ \Delta)(a) \cdot (\rho_V \otimes \rho_V)(\mathcal{R}) = (\rho_V \otimes \rho_V)(\mathcal{R}) \cdot ((\rho_V \otimes \rho_V) \circ \Delta)(a)$$

のようになる．さらに，その左から P を適用すると，

$$((\rho_V \otimes \rho_V) \circ \Delta)(a) \cdot R = R \cdot ((\rho_V \otimes \rho_V) \circ \Delta)(a)$$

のようになる．さらに，ρ_V と ρ_V のテンソル表現を $\rho_{V \otimes V}$ とかくと，テンソル表現の定義より，上式は

$$\rho_{V \otimes V}(a) \cdot R = R \cdot \rho_{V \otimes V}(a)$$

のように書き直される．この式は次の図式

$$\begin{array}{ccc} V \otimes V & \xrightarrow{\rho_{V \otimes V}(a)} & V \otimes V \\ {\scriptstyle R}\uparrow & & \uparrow {\scriptstyle R} \\ V \otimes V & \xrightarrow{\rho_{V \otimes V}(a)} & V \otimes V \end{array}$$

が可換であることを意味する．したがって，線型写像 R は A の $V \otimes V$ への作用に関してインタートワイナーである．

練習問題 4.12 他の基本有向タングル図式 E についてもそのオペレータ不変量 $Q^{A;V}(E)$ がインタートワイナーであることを確かめてみよう．

基本タングル図式の場合を合成することによって，一般のタングルのオペレータ不変量の値もインタートワイナーであること，すなわち，次の命題がわかる．

命題 4.13　T を枠つき有向タングルとする．リボンホップ代数 A の V 上の表現から構成されるオペレータ不変量 $Q^{A;V}(T)$ の値は A の作用に関してインタートワイナーである．

L を l 成分の枠つき有向絡み目とする．上では L のすべての成分に A 加群 V を付随させたが，一般に A 加群 $V_1, \ldots, V_l$ を L の各成分に付随させて上と同様にしてオペレータ不変量を構成することができて，これを $Q^{A;V_1,\ldots,V_l}(L)$ とかく．定理 4.11 と同様にして

$$Q^{A;V_1,\ldots,V_l}(L) = (\mathrm{trace}_{V_1} \otimes \cdots \otimes \mathrm{trace}_{V_l})\Big(Q^{A;\star}(L)\Big)$$

が成り立つことがわかる．

練習問題 4.14　命題 4.8 と同じ記号のもとで，

$$Q^{A;V_0,V_0',V_1,\ldots,V_l}(C^{(2)} \cup L) = Q^{A;V_0 \otimes V_0', V_1,\ldots,V_l}(C \cup L),$$
$$Q^{A;V_0,V_1,\ldots,V_l}(\overline{C} \cup L) = Q^{A;V_0^\star, V_1,\ldots,V_l}(C \cup L),$$
$$Q^{A;V_1,\ldots,V_l}(L) = Q^{A;\mathbb{C}, V_1,\ldots,V_l}(C \cup L)$$

が成り立つことを示してみよう．

4.4　量子群 $U_q(\mathfrak{sl}_2)$

本節では，リボンホップ代数の典型的な例として，量子群 $U_q(\mathfrak{sl}_2)$ を導入する．$U_q(\mathfrak{sl}_2)$ の n 次元既約加群 V_n から得られるオペレータ不変量は量子 $(\mathfrak{sl}_2, V_n)$ 不変量とよばれ，これを正規化したものは色つきジョーンズ多項式とよばれる．とくに，その特別な場合として，ジョーンズ多項式が再構成される．

リー環 $\mathfrak{sl}_2$ とは，

$$\mathfrak{sl}_2 = \{\,\text{複素}\,2{\times}2\,\text{行列でトレースが}\,0\,\text{であるもの全体}\,\}$$
$$= \left\{ \begin{pmatrix} a & b \\ c & -a \end{pmatrix} \,\middle|\, a,b,c \in \mathbb{C} \right\}$$

4.4 量子群 $U_q(\mathfrak{sl}_2)$

に $[X,Y] = XY - YX$ で括弧積を与えることにより定まるリー環であった．$\mathfrak{sl}_2$ は次の基底

$$E = \begin{pmatrix} 0 & 1 \\ 0 & 0 \end{pmatrix}, \quad F = \begin{pmatrix} 0 & 0 \\ 1 & 0 \end{pmatrix}, \quad H = \begin{pmatrix} 1 & 0 \\ 0 & -1 \end{pmatrix}$$

をもつ．E,F,H の上記の行列表示を一旦忘れて E,F,H を不定元とみなし，E,F,H を基底とする $\mathbb{C}$ 上のベクトル空間に

$$[H,E] = 2E, \quad [H,F] = -2F, \quad [E,F] = H$$

で括弧積を与えることによって定まるリー環として $\mathfrak{sl}_2$ を再定義する．これを普遍的に拡大することにより普遍包絡環が得られる．すなわち，$\mathfrak{sl}_2$ の**普遍包絡環** (universal enveloping algebra) $U(\mathfrak{sl}_2)$ とは，E,F,H で生成され，

$$HE - EH = 2E, \quad HF - FH = -2F, \quad EF - FE = H$$

を関係式とするような，単位元 1 をもつ，$\mathbb{C}$ 上の環である．さらに，これを複素パラメータ q で変形することにより量子群が得られる．すなわち，$\mathfrak{sl}_2$ の**量子群** (quantum group) $U_q(\mathfrak{sl}_2)$ とは，K, K^{-1}, E, F で生成され，

$$K \cdot K^{-1} = K^{-1} \cdot K = 1,$$

$$KE = qEK, \quad KF = q^{-1}FK, \quad EF - FE = \frac{K - K^{-1}}{q^{1/2} - q^{-1/2}}$$

を関係式とするような，単位元 1 をもつ，$\mathbb{C}$ 上の環である．

$q = e^{\hbar}$ とおいて $U_q(\mathfrak{sl}_2)$ に $\hbar$ のべき級数位相をいれておき，

$$K = q^{H/2} = e^{\hbar H/2} = 1 + \frac{\hbar H}{2} + \frac{\hbar^2 H^2}{8} + \cdots$$

とみなして，極限 $\hbar \to 0$ で $U_q(\mathfrak{sl}_2)$ から $U(\mathfrak{sl}_2)$ が復元することに注意する．つまり，まず，$U(\mathfrak{sl}_2)$ の定義関係式 $HE = E(H+2)$ から

$$KE = e^{\hbar H/2} E = E e^{\hbar(H+2)/2} = qEK$$

のようにして $U_q(\mathfrak{sl}_2)$ の定義関係式が導かれる．同様に，$HF = F(H-2)$ から $KF = q^{-1}FK$ が導かれる．3番目の関係式 $EF - FE = \cdots$ は $U(\mathfrak{sl}_2)$ と $U_q(\mathfrak{sl}_2)$ で異なる．$U_q(\mathfrak{sl}_2)$ におけるこの関係式は，「量子化された H」を

$$[H] = \frac{q^{H/2} - q^{-H/2}}{q^{1/2} - q^{-1/2}} = H + \frac{\hbar^2}{24}(H^3 - H) + \frac{\hbar^4}{5760}(H^3 - H)(3H^2 - 7) + \cdots$$

とおいて，$EF - FE = [H]$ とみなされる．この $[H]$ から極限 $\hbar \to 0$ で H が復元する．このような意味で，極限 $\hbar \to 0$ で $U_q(\mathfrak{sl}_2)$ から $U(\mathfrak{sl}_2)$ が復元する．言い換えると，$U(\mathfrak{sl}_2)$ を変形することによって $U_q(\mathfrak{sl}_2)$ が定義されている．

$U(\mathfrak{sl}_2)$ の余積 $\Delta: U(\mathfrak{sl}_2) \to U(\mathfrak{sl}_2) \otimes U(\mathfrak{sl}_2)$ と対合射 $S: U(\mathfrak{sl}_2) \to U(\mathfrak{sl}_2)$ と余単位射 $\varepsilon: U(\mathfrak{sl}_2) \to \mathbb{C}$ を，$X \in \mathfrak{sl}_2$ に対して，

$$\Delta(X) = X \otimes 1 + 1 \otimes X, \qquad S(X) = -X, \qquad \varepsilon(X) = 0$$

で定める．Δ, S, ε が（反）準同型写像であることより上の値を $U(\mathfrak{sl}_2)$ 全体に自然に拡張する．これらの Δ, S, ε によって $U(\mathfrak{sl}_2)$ はホップ代数になる．さらに，これらの写像を変形することにより，$U_q(\mathfrak{sl}_2)$ の余積 $\Delta: U_q(\mathfrak{sl}_2) \to U_q(\mathfrak{sl}_2) \otimes U_q(\mathfrak{sl}_2)$ と対合射 $S: U_q(\mathfrak{sl}_2) \to U_q(\mathfrak{sl}_2)$ と余単位射 $\varepsilon: U_q(\mathfrak{sl}_2) \to \mathbb{C}$ を

$$\begin{aligned}
\Delta(K^{\pm 1}) &= K^{\pm 1} \otimes K^{\pm 1}, & S(K^{\pm 1}) &= K^{\mp 1}, & \varepsilon(K^{\pm 1}) &= 1, \\
\Delta(E) &= E \otimes K + 1 \otimes E, & S(E) &= -EK^{-1}, & \varepsilon(E) &= 0, \\
\Delta(F) &= F \otimes 1 + K^{-1} \otimes F, & S(F) &= -KF, & \varepsilon(F) &= 0
\end{aligned}$$

で定める．これらの Δ, S, ε によって $U_q(\mathfrak{sl}_2)$ はホップ代数になる．$P \circ \Delta = \Delta$ をみたすようなホップ代数を**余可換**であるという（P は成分をいれかえる写像）．$U(\mathfrak{sl}_2)$ は余可換であるが，$U_q(\mathfrak{sl}_2)$ は余可換ではないことに注意しよう．すなわち，$U(\mathfrak{sl}_2)$ を，ホップ代数の構造を保ったまま，非余可換変形してできるホップ代数が $U_q(\mathfrak{sl}_2)$ である．

$U_q(\mathfrak{sl}_2) \otimes U_q(\mathfrak{sl}_2)$ （の適切な完備化）の元として $U_q(\mathfrak{sl}_2)$ の**普遍 R 行列** が

$$\mathcal{R} = q^{H \otimes H/4} \exp_q\left((q^{1/2} - q^{-1/2}) E \otimes F\right) \tag{4.37}$$

で与えられる．ここで，n の**量子整数** $[n]$ を $[n] = (q^{n/2} - q^{-n/2})/(q^{1/2} - q^{-1/2})$ で定めて，q 指数関数を

$$\exp_q(x) = \sum_{n=0}^{\infty} \frac{q^{n(n-1)/4}}{[n]!} x^n, \qquad [n]! = [n][n-1]\cdots[1]$$

のように定める．たとえば，

$$[1] = 1, \quad [2] = q^{1/2} + q^{-1/2}, \quad [3] = q + 1 + q^{-1}, \quad \ldots$$

であり，極限 $q \to 1$ で量子整数から通常の整数が復元する．上記の $q^{H \otimes H/4}$ は，正確には，$U_q(\mathfrak{sl}_2) \otimes U_q(\mathfrak{sl}_2)$ の元ではなく，$\hbar$ のべき級数位相で $U_q(\mathfrak{sl}_2) \otimes U_q(\mathfrak{sl}_2)$ を完備化したものの元である．また，q 指数関数も無限和であるため正確には $\exp_q(\cdots)$ の部分も $U_q(\mathfrak{sl}_2) \otimes U_q(\mathfrak{sl}_2)$ の元ではないが，後述する有限次元加群に作用させたとき有限項を除いて 0 になるので，その意味で有限和であるとみなすことができる．上記の普遍 R 行列の逆元は

$$\mathcal{R}^{-1} = \exp_{q^{-1}}\left((q^{-1/2} - q^{1/2}) E \otimes F\right) q^{-H \otimes H/4}$$

のように表される．これが上述の $\mathcal{R}$ の逆元であることは，q 指数関数の一般的な性質

$$\exp_q(x) \exp_{q^{-1}}(-x) = 1$$

よりわかる（[112] 参照）．

命題 4.15 上述の $\mathcal{R}$ によって，$(U_q(\mathfrak{sl}_2), \mathcal{R})$ は準 3 角ホップ代数になる．

以下に命題の証明の概略を述べるが，詳しい証明について [62, 104, 112] を参照されたい．

証明の概略 準 3 角ホップ代数の定義関係式 (4.7), (4.8), (4.9) を示せばよい．
(4.8) は次のようにして示される．q 指数関数の一般的な性質として，$xy = qyx$ をみたす非可換な不定元 x, y について

$$\exp_q(x + y) = \exp_q(x) \exp_q(y)$$

が成り立つことが知られている．これより，

$$\begin{aligned}
\mathcal{R}_{13}\mathcal{R}_{23} &= q^{(H\otimes 1\otimes H)/4}\exp_q\left((q^{1/2}-q^{-1/2})\,E\otimes 1\otimes F\right)\\
&\quad \times q^{(1\otimes H\otimes H)/4}\exp_q\left((q^{1/2}-q^{-1/2})\,1\otimes E\otimes F\right)\\
&= q^{(H\otimes 1\otimes H)/4}q^{(1\otimes H\otimes H)/4}\exp_q\left((q^{1/2}-q^{-1/2})\,E\otimes K\otimes F\right)\\
&\quad \times \exp_q\left((q^{1/2}-q^{-1/2})\,1\otimes E\otimes F\right)\\
&= q^{(H\otimes 1+1\otimes H)\otimes H/4}\exp_q\left((q^{1/2}-q^{-1/2})(E\otimes K+1\otimes E)\otimes F\right)\\
&= (\Delta\otimes\mathrm{id})(\mathcal{R})
\end{aligned}$$

のようになり，よって，(4.8) が成り立つことがわかる．

(4.9) が成り立つことも同様にして示される．

(4.7) が成り立つことは，x を $U_q(\mathfrak{sl}_2)$ の生成元 $K^{\pm 1}, E, F$ のそれぞれにおいて具体的に計算することにより，示される．$x = K^{\pm 1}$ のときは直接計算すれば示される．$x = E, F$ のときは，E^n と F を交換したり F^n と E を交換する必要があるが，それは

$$E^n F = FE^n + [n][H-n+1]E^{n-1},$$
$$F^n E = EF^n - [n][H+n-1]F^{n-1}$$

を用いて計算される．ここで，$K = q^{H/2}$ とみなして，$[H+m]$ を $(q^{m/2}K - q^{-m/2}K^{-1})/(q^{1/2}-q^{-1/2})$ で定めている．上式が成り立つことや詳しい証明について [112] を参照されたい． ∎

準 3 角ホップ代数の一般論でやったように，$\mathcal{R} = \sum_i \alpha_i \otimes \beta_i$ とおいて，$u = \sum_i S(\beta_i)\alpha_i$ とおく．

補題 4.16 上述の u と，その u に対する $S(u)$ は

$$u = q^{-H^2/4}\sum_{n=0}^{\infty} q^{3n(n-1)/4}\frac{(q^{-1/2}-q^{1/2})^n}{[n]!}F^n K^{-n}E^n,$$

$$S(u) = uK^{-2}$$

のように表される.

証明の概略 補題の第1式は次のようにして示される. $q = e^\hbar$ とおいて, $q^{H \otimes H/4}$ を

$$q^{H \otimes H/4} = 1 + \frac{\hbar}{4}(H \otimes H) + \frac{\hbar^2}{32}(H^2 \otimes H^2) + \cdots = \sum_i a_i(H) \otimes b_i(H)$$

のように展開する. ここで, $a_i(H)$ と $b_i(H)$ は H のある多項式である. すると, 上述の $\mathcal{R}$ は

$$\mathcal{R} = \sum_{i,n} \frac{q^{n(n-1)/4}}{[n]!}(q^{1/2} - q^{-1/2})^n a_i(H) E^n \otimes b_i(H) F^n$$

のように表される. よって, u は, 定義より,

$$u = \sum_{i,n} \frac{q^{n(n-1)/4}}{[n]!}(q^{1/2} - q^{-1/2})^n S(F)^n S(b_i(H)) a_i(H) E^n$$

$$= \sum_{i,n} \frac{q^{n(n-1)/4}}{[n]!}(q^{1/2} - q^{-1/2})^n (-KF)^n q^{-H^2/4} E^n$$

のように表される. ここで, 2番目の等号は

$$\sum_i S(b_i(H)) a_i(H) = \sum_i b_i(-H) a_i(H) = 1 - \frac{\hbar}{4}H^2 + \frac{\hbar^2}{32}H^4 - \cdots = q^{-H^2/4}$$

のようにして得られる. さらに,

$$KFq^{-H^2/4} = q^{H/2}Fq^{-H^2/4} = q^{-H^2/4}Fq^{-H/2} = q^{-H^2/4}FK^{-1}$$

であることより, u は

$$u = q^{-H^2/4} \sum_{n=0}^\infty \frac{q^{n(n-1)/4}}{[n]!}(q^{-1/2} - q^{1/2})^n (FK^{-1})^n E^n$$

のように表される．さらに，$(FK^{-1})^n = q^{n(n-1)/2}F^nK^{-n}$ であることより，補題の第1式が得られる．

補題の第2式は次のような方針で示される．補題の第1式に S を適用することにより $S(u)$ を計算する．この計算では E^n と F^n を交換する必要があるが，それは

$$E^n F^n = \sum_{i=0}^n \begin{bmatrix} n \\ i \end{bmatrix}^2 [i]!^2 \begin{bmatrix} H \\ i \end{bmatrix} F^{n-i} E^{n-i}$$

を用いて計算される．ここで，2項係数の量子化 $\begin{bmatrix} n \\ i \end{bmatrix}$ と $\begin{bmatrix} H \\ i \end{bmatrix}$ を

$$\begin{bmatrix} n \\ i \end{bmatrix} = \frac{[n][n-1]\cdots[n-i+1]}{[i]!}, \qquad \begin{bmatrix} H \\ i \end{bmatrix} = \frac{[H][H-1]\cdots[H-i+1]}{[i]!}$$

で定める．上述の式が成り立つことや詳しい証明について [112] を参照されたい． ∎

さらに，

$$v = K^{-1}u = q^{-H^2/4} \sum_{n=0}^\infty q^{n(3n+1)/4} \frac{(q^{-1/2} - q^{1/2})^n}{[n]!} F^n K^{-n-1} E^n$$

とおく．

命題 4.17 上述の $\mathcal{R}$ と v によって，$(U_q(\mathfrak{sl}_2), \mathcal{R}, v)$ はリボンホップ代数になる．

証明 命題 4.15 より $(U_q(\mathfrak{sl}_2), \mathcal{R})$ は準3角ホップ代数である．よって，リボンホップ代数の定義関係式 (4.22)–(4.26) を示せばよい．

(4.22) について，v が中心元であることは次のように示される．まず，任意の $x \in U_q(\mathfrak{sl}_2)$ について，$S^2(x) = KxK^{-1}$ であることが，x を各生成元 $K^{\pm 1}$, E, F において計算することにより，示される．一方，(4.13) より，$S^2(x) = uxu^{-1}$ である．したがって，任意の $x \in U_q(\mathfrak{sl}_2)$ について，$KxK^{-1} = uxu^{-1}$ が成り

4.4 量子群 $U_q(\mathfrak{sl}_2)$

立つ. これは, $v = K^{-1}u$ が $U_q(\mathfrak{sl}_2)$ の中心元であることを意味する. よって, (4.22) が成り立つ.

関係式 (4.23) は次のように示される. v と K は可換なので, u と K も可換である. よって, 補題 4.16 より, $S(u)u = uK^{-2}u = v^2$ となり, (4.23) が成り立つ.

関係式 (4.24) は,

$$\Delta(v) = \Delta(K)^{-1}\Delta(u) = (K^{-1} \otimes K^{-1}) \cdot (u \otimes u) \cdot (\mathcal{R}_{21}\mathcal{R})^{-1} = v \otimes v \cdot (\mathcal{R}_{21}\mathcal{R})^{-1}$$

のようにして得られる. ここで, 2番目の等号は命題 4.4 と $\Delta(K)$ の定義から得られる.

関係式 (4.25) は,

$$S(v) = S(K^{-1}u) = S(u)S(K)^{-1} = uK^{-2} \cdot K = K^{-1}u = v$$

のようにして得られる. ここで, 3番目の等号は補題 4.16 より得られる.

関係式 (4.26) は,

$$\varepsilon(v) = \varepsilon(K^{-1}u) = \varepsilon(K)^{-1}\varepsilon(u) = 1$$

のようにして得られる. ここで, 2番目の等号は命題 4.4 と $\varepsilon(K)$ の定義より得られる.

したがって, $(U_q(\mathfrak{sl}_2), \mathcal{R}, v)$ はリボンホップ代数になる. ∎

4.2 節で述べたことより, リボンホップ代数 $(U_q(\mathfrak{sl}_2), \mathcal{R}, v)$ に対して, l 成分の枠つき有向絡み目 L の普遍 $U_q(\mathfrak{sl}_2)$ 不変量 $Q^{\mathfrak{sl}_2;\star}(L) \in (U_q(\mathfrak{sl}_2)/I)^{\otimes l}$ が定義される.

$V_n = \mathbb{C}^n$ において, $\mathfrak{sl}_2$ の n 次元既約表現 $\rho_{V_n} : \mathfrak{sl}_2 \to \mathrm{End}(V_n)$ と $U(\mathfrak{sl}_2)$ の n 次元既約表現 $\rho_{V_n} : U(\mathfrak{sl}_2) \to \mathrm{End}(V_n)$ が

$$\rho_{V_n}(E) = \begin{pmatrix} 0 & n-1 & & & 0 \\ & 0 & n-2 & & \\ & & \ddots & \ddots & \\ & & & 0 & 1 \\ 0 & & & & 0 \end{pmatrix}, \quad \rho_{V_n}(F) = \begin{pmatrix} 0 & & & & 0 \\ 1 & 0 & & & \\ & 2 & 0 & & \\ & & \ddots & \ddots & \\ 0 & & & n-1 & 0 \end{pmatrix},$$

$$\rho_{V_n}(H) = \begin{pmatrix} n-1 & & & & 0 \\ & n-3 & & & \\ & & n-5 & & \\ & & & \ddots & \\ 0 & & & & -(n-1) \end{pmatrix}$$

のように定められる．これを変形することにより，$U_q(\mathfrak{sl}_2)$ の n 次元既約表現 $\rho_{V_n}: U_q(\mathfrak{sl}_2) \to \mathrm{End}(V_n)$ が

$$\rho_{V_n}(E) = \begin{pmatrix} 0 & [n-1] & & & 0 \\ & 0 & [n-2] & & \\ & & \ddots & \ddots & \\ & & & 0 & [1] \\ 0 & & & & 0 \end{pmatrix}, \quad \rho_{V_n}(F) = \begin{pmatrix} 0 & & & & 0 \\ [1] & 0 & & & \\ & [2] & 0 & & \\ & & \ddots & \ddots & \\ 0 & & & [n-1] & 0 \end{pmatrix},$$

$$\rho_{V_n}(K) = \begin{pmatrix} q^{(n-1)/2} & & & & 0 \\ & q^{(n-3)/2} & & & \\ & & q^{(n-5)/2} & & \\ & & & \ddots & \\ 0 & & & & q^{-(n-1)/2} \end{pmatrix}$$

のように定められる．q が一般的な値のとき（1のべき根ではないとき），$\mathfrak{sl}_2$ や $U(\mathfrak{sl}_2)$ の表現と同様に，$U_q(\mathfrak{sl}_2)$ の既約表現は ρ_{V_n} ($n = 1, 2, 3, \ldots$) のみであり，$U_q(\mathfrak{sl}_2)$ の任意の表現は既約表現に直和分解することが知られている．とくに，テンソル表現は

$$V_n \otimes V_m = \bigoplus_{\substack{|n-m|+1 \leq k \leq n+m-1 \\ n+m+k \text{ は奇数}}} V_k \tag{4.38}$$

のように直和分解することが知られている．

　$U_q(\mathfrak{sl}_2)$ と ρ_{V_n} から，4.3節で述べたように，オペレータ不変量が構成される．この不変量を枠つき絡み目の**量子** $(\mathfrak{sl}_2; V_n)$ **不変量** (quantum $(\mathfrak{sl}_2; V_n)$ invariant) といい，$Q^{\mathfrak{sl}_2; V_n}(L)$ とかく．

4.4 量子群 $U_q(\mathfrak{sl}_2)$

練習問題 4.18 $Q^{\mathfrak{sl}_2;V_n}(L)$ の値は枠つき絡み目 L の各成分の向きによらないことを示してみよう.（$U_q(\mathfrak{sl}_2)$ の n 次元既約加群 V_n の双対加群は V_n に同型であることが知られているが，これを用いるとよい.）

練習問題 4.19 量子 $(\mathfrak{sl}_2;V_n)$ 不変量において，ひもの枠を 1 回転したときの値は

$$\rho_{V_n}(v^{-1}) = q^{(n^2-1)/4}\operatorname{id}_{V_n}$$

であることを示してみよう.

練習問題 4.20 $Q^{\mathfrak{sl}_2;V_n}(L)$ の値は $\mathbb{Z}[q^{\pm 1/2}]$ の元であることを示してみよう. さらに, $Q^{\mathfrak{sl}_2;V_n}(L)$ の値は, $\mathbb{Z}[q^{\pm 1/2}]$ において, 自明結び目の値 $[n]$ でわりきれることを示してみよう.

結び目 K に 0 枠をつけてできる枠つき結び目を $\mathcal{K}$ とする. $Q^{\mathfrak{sl}_2;V_n}(\mathcal{K})$ を自明結び目の値が 1 になるように正規化したもの

$$J_n(K) = \frac{1}{[n]} Q^{\mathfrak{sl}_2;V_n}(\mathcal{K}) \in \mathbb{Z}[q^{\pm 1/2}]$$

は K の**色つきジョーンズ多項式** (colored Jones polynomial) とよばれる.

一般に，単純リー環 $\mathfrak{g}$ とその V 上の表現について，$\mathfrak{g}$ の量子群 $U_q(\mathfrak{g})$ の普遍 R 行列と表現から R 行列が定まり，これを用いてオペレータ不変量が構成されるが，この不変量を枠つき有向絡み目の**量子 $(\mathfrak{g};V)$ 不変量** という．単純リー環は多数あり，各単純リー環は多数の表現をもつので，大量の絡み目不変量が定義されることになる.

ジョーンズ多項式の再構成

$U_q(\mathfrak{sl}_2)$ の 2 次元既約表現 $\rho_{V_2}: U_q(\mathfrak{sl}_2) \to \operatorname{End}(V_2)$ から得られる R 行列を用いてジョーンズ多項式が再構成されることをみてみよう.

前述のように ρ_{V_2} は

$$\rho_{V_2}(E) = \begin{pmatrix} 0 & 1 \\ 0 & 0 \end{pmatrix}, \quad \rho_{V_2}(F) = \begin{pmatrix} 0 & 0 \\ 1 & 0 \end{pmatrix}, \quad \rho_{V_2}(K) = \begin{pmatrix} q^{1/2} & 0 \\ 0 & q^{-1/2} \end{pmatrix}$$

で定められていた．とくに，$\rho_{V_2}(E^2) = \rho_{V_2}(F^2) = 0$ であることに注意する. よって，$\mathcal{R}$ の表示 (4.37) の後半部分の $\rho_{V_2} \otimes \rho_{V_2}$ による像は

$$(\rho_{V_2}\otimes\rho_{V_2})\Big(\exp_q\big((q^{1/2}-q^{-1/2})\,E\otimes F\big)\Big)$$
$$=\ \rho_{V_2}(1)\otimes\rho_{V_2}(1)+(q^{1/2}-q^{-1/2})\,\rho_{V_2}(E)\otimes\rho_{V_2}(F)$$
$$=\ \begin{pmatrix}1&0\\0&1\end{pmatrix}\otimes\begin{pmatrix}1&0\\0&1\end{pmatrix}+(q^{1/2}-q^{-1/2})\begin{pmatrix}0&1\\0&0\end{pmatrix}\otimes\begin{pmatrix}0&0\\1&0\end{pmatrix}$$
$$=\ \begin{pmatrix}1&0&0&0\\0&1&q^{1/2}-q^{-1/2}&0\\0&0&1&0\\0&0&0&1\end{pmatrix}$$

のようになる．さらに，$\mathcal{R}$ の表示の前半部分の $\rho_{V_2}\otimes\rho_{V_2}$ による像は

$$(\rho_{V_2}\otimes\rho_{V_2})(q^{H\otimes H/4})\ =\ (\rho_{V_2}\otimes\rho_{V_2})\Big(\exp(\frac{\hbar}{4}H\otimes H)\Big)$$
$$=\ \exp\Big(\frac{\hbar}{4}\,\rho_{V_2}(H)\otimes\rho_{V_2}(H)\Big)$$
$$=\ \exp\Big(\frac{\hbar}{4}\begin{pmatrix}1&0\\0&-1\end{pmatrix}\otimes\begin{pmatrix}1&0\\0&-1\end{pmatrix}\Big)\ =\ \begin{pmatrix}q^{1/4}&0&0&0\\0&q^{-1/4}&0&0\\0&0&q^{-1/4}&0\\0&0&0&q^{1/4}\end{pmatrix}$$

のようになる．よって，線型写像 R と h が

$$\begin{aligned}R\ &=\ P\circ(\rho_{V_2}\otimes\rho_{V_2})(\mathcal{R})\ =\ \begin{pmatrix}q^{1/4}&0&0&0\\0&0&q^{-1/4}&0\\0&q^{-1/4}&q^{1/4}-q^{-3/4}&0\\0&0&0&q^{1/4}\end{pmatrix},\\ h\ &=\ \rho_{V_2}(uv^{-1})\ =\ \rho_{V_2}(K)\ =\ \begin{pmatrix}q^{1/2}&0\\0&q^{-1/2}\end{pmatrix}\end{aligned} \quad (4.39)$$

のように定められ，これらの R と h から 4.3 節で述べたようにオペレータ不変量が構成される．この不変量が，枠つき絡み目の量子 $(\mathfrak{sl}_2;V_2)$ 不変量であった．

この不変量において，ひもの枠を (-1) 回転させたものの値は

$$\rho_{V_2}(v)\ =\ \rho_{V_2}(q^{-H^2/4})\,\rho_{V_2}\big(K^{-1}+q\,(q^{-1/2}-q^{1/2})\,FK^{-2}E\big)$$

$$= \begin{pmatrix} q^{-1/4} & 0 \\ 0 & q^{-1/4} \end{pmatrix} \begin{pmatrix} q^{-1/2} & 0 \\ 0 & q^{-1/2} \end{pmatrix} = q^{-3/4} \cdot \mathrm{id}_{V_2}$$

のように計算される．この値で上述の R 行列を補正すると

$$\hat{R} = q^{-3/4} R \Big|_{q^{1/2} = -t^{-1/2}} = \begin{pmatrix} -t^{1/2} & 0 & 0 & 0 \\ 0 & 0 & t & 0 \\ 0 & t & t^{3/2} - t^{1/2} & 0 \\ 0 & 0 & 0 & -t^{1/2} \end{pmatrix}$$

のようになる．また，h を同様に変数変換したものは

$$\hat{h} = h \Big|_{q^{1/2} = -t^{-1/2}} = \begin{pmatrix} -t^{-1/2} & 0 \\ 0 & -t^{1/2} \end{pmatrix}$$

のようになる．これらの線型写像 $\hat{R}$ と $\hat{h}$ を用いることにより，3.2 節で述べたようにジョーンズ多項式が再構成される．言い換えると，結び目 K に 0 枠をつけてできる枠つき結び目を $\mathcal{K}$ とするとき，

$$V_K(t) = \frac{1}{[2]} Q^{\mathfrak{sl}_2; V}(\mathcal{K}) \Big|_{q = t^{-1}}$$

のように K のジョーンズ多項式が再構成される．

注意 4.21 有向絡み目 L の多項式不変量 $P_L(a, z) \in \mathbb{Z}[a^{\pm 1}, z^{\pm 1}]$ で，次のスケイン関係式（問題 1.8 参照）

$$a^{-1} P_{L_+}(a, z) - a P_{L_-}(a, z) = z P_{L_0}(a, z)$$

をみたし，自明結び目 K_0 の値が $P_{K_0}(a, z) = 1$ であるようなものが存在することが知られており，この多項式不変量を **HOMFLY 多項式**[3]) という（[66, 87] を参照されたい）．HOMFLY 多項式は上記の性質によって一意的に定まる．

　HOMFLY 多項式は，量子不変量の観点からは，次のように理解することができる．リー環 $\mathfrak{sl}_N$ を考え，これをベクトル表現により $V = \mathbb{C}^N$ に作用させる．（すなわち，

---

[3]) "HOMFLY" の名前の由来は，発見者たちの名前の頭文字を並べた文字列である．

$\mathfrak{sl}_N$ の元を $N \times N$ 行列として通常の積で $\mathbb{C}^N$ に作用させる.) 枠つき絡み目の量子 $(\mathfrak{sl}_N; V)$ 不変量は次のスケイン関係式

$$q^{1/2N} Q^{\mathfrak{sl}_N;V}(L_+) - q^{-1/2N} Q^{\mathfrak{sl}_N;V}(L_-) = (q^{1/2} - q^{-1/2}) Q^{\mathfrak{sl}_N;V}(L_0)$$

をみたし,ひもの枠を 1 回転したときの値は $q^{(N-1/N)/2}$ 倍になることが知られている ([112] を参照されたい).さらに,量子 $(\mathfrak{sl}_N; V)$ 不変量を,上述のように,枠つき絡み目の枠によらないように補正することにより,(枠なしの)絡み目の不変量が得られる.この不変量は,上述の HOMFLY 多項式のスケイン関係式において $a = q^{-N/2}$, $z = q^{1/2} - q^{-1/2}$ とおいた関係式をみたす.よって,この不変量を,自明結び目の値が 1 になるように正規化したものは $P_L(q^{-N/2}, q^{1/2} - q^{-1/2})$ に等しい.このようにして,量子 $(\mathfrak{sl}_N; V)$ 不変量から HOMFLY 多項式を再定義することができる.($P_L(q^{-N/2}, q^{1/2} - q^{-1/2})$ のスケイン関係式より,$P_L(q^{-N/2}, q^{1/2} - q^{-1/2})$ の値は $q^{\pm N/2}$ と $q^{\pm 1/2}$ の多項式になることがわかるので,$q^{-N/2}$ を新たな変数だとみなす,ということがポイントである.)

注意 4.22 量子群の作用に関するインタートワイナーとして R 行列が構成される,ということが,本章のテーマの 1 つであった.このことについて,$U_q(\mathfrak{sl}_2)$ の 2 次元既約表現 $\rho_{V_2} : U_q(\mathfrak{sl}_2) \to \mathrm{End}(V_2)$ の場合に,具体的に再確認してみよう.

(4.38) で述べたようにテンソル加群 $V_2 \otimes V_2$ は $V_1 \oplus V_3$ のように直和分解する.次の枠つきタングルの不変量を考える.

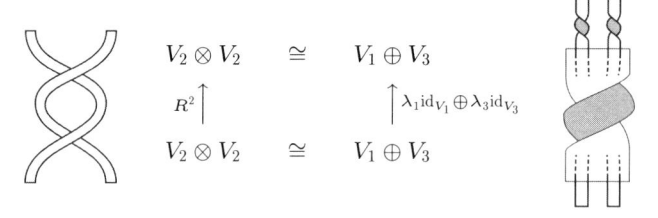

$$\begin{array}{ccc} V_2 \otimes V_2 & \cong & V_1 \oplus V_3 \\ R^2 \uparrow & & \uparrow \lambda_1 \mathrm{id}_{V_1} \oplus \lambda_3 \mathrm{id}_{V_3} \\ V_2 \otimes V_2 & \cong & V_1 \oplus V_3 \end{array}$$

左の枠つきタングルのオペレータ不変量は $R^2 \in \mathrm{End}(V_2 \otimes V_2)$ である.この線型写像はインタートワイナーなので,$\mathrm{End}(V_1 \oplus V_3)$ の線型写像とみたとき id_{V_1} と id_{V_3} の線型和 $\lambda_1 \mathrm{id}_{V_1} \oplus \lambda_3 \mathrm{id}_{V_3}$ の形をしている.λ_1 と λ_3 の値は次のように計算される.右の枠つきタングルは,2 本のひもをまとめて 1 回転して,各ひもを (-1) 回転したものであり,左の枠つきタングルにイソトピックである.$U(\mathfrak{sl}_2)$ の中心には**カシミール元** (Casimir element) とよばれる特別な次の元

$$C = EF + FE + \frac{1}{2} H^2 \in U(\mathfrak{sl}_2)$$

がある.$U(\mathfrak{sl}_2)$ の n 次元既約加群 V_n 上のカシミール元の固有値は

4.4 量子群 $U_q(\mathfrak{sl}_2)$

$$\rho_{V_n}(C) = \frac{n^2-1}{2}\operatorname{id}_{V_n}$$

で与えられ，これを $C_{V_n} = \frac{n^2-1}{2}$ とおく．第 6 章で後述するように，V_n を付随した
ひもの枠を 1 回転したときの値は $q^{C_{V_n}/2}$ に等しい．よって，上記の λ_1 と λ_3 は

$$\lambda_1 = \left(q^{-C_{V_2}/2}\right)^2 q^{C_{V_1}/2} = q^{-3/2},$$
$$\lambda_3 = \left(q^{-C_{V_2}/2}\right)^2 q^{C_{V_3}/2} = q^{1/2}$$

のように求められる．よって，$R^2 \in \operatorname{End}(V_2 \otimes V_2)$ を $\operatorname{End}(V_1 \otimes V_3)$ に基底変換した
線型写像は

$$q^{-3/2}\operatorname{id}_{V_1} \oplus q^{1/2}\operatorname{id}_{V_3}$$

のようになる．この平方根として，$R \in \operatorname{End}(V_2 \otimes V_2)$ を $\operatorname{End}(V_1 \otimes V_3)$ に基底変換し
た線型写像は

$$(-q^{-3/4})\operatorname{id}_{V_1} \oplus q^{1/4}\operatorname{id}_{V_3} \tag{4.40}$$

のようになることがわかる．ここで，平方根をとった係数の符号が上記のようになる
ことは，$q=1$ とおいて R と (4.40) のトレースを計算すると

$$\operatorname{trace}(R)\big|_{q=1} = \bigcirc\!\!\!\bigcirc = \operatorname{trace}\operatorname{id}_{V_2} = 2,$$
$$\operatorname{trace}((4.40)\text{式})\big|_{q=1} = \pm\operatorname{trace}\operatorname{id}_{V_1} \pm \operatorname{trace}\operatorname{id}_{V_3} = \pm 1 \pm 3$$

のようになるので，これらが等しくなるために，複合の 1 つ目の符号は $-$ で 2 つ目の
符号は $+$ になることより，わかる．ここで，上式にでてくる絵は，$V_2 \otimes V_2$ の成分を
いれかえる写像のトレースを図形的に表している．(4.40) は，R が固有値 $(-q^{-3/4})$
を 1 つと固有値 $q^{1/4}$ を 3 つもつことを意味しており，実際，(4.39) の R の固有値はそ
うなっていることを確認されたい．$V_2 \otimes V_2$ と $V_1 \oplus V_3$ の基底変換を具体的に書き下
すことにより，(4.40) より (4.39) の R 行列を求めることができる．実際にはこの基底
変換を具体的に実行するのは面倒な作業なので，この方法で R 行列を求めるのはあ
まり効率的ではないが，そもそも，普遍 R 行列がなくても，量子群のインタートワイ
ナーとして R 行列が定まる，というのがここで言いたかったことである．（実用上は
普遍 R 行列から R 行列を求めるのが効率的な計算方法である．）

注意 4.23 なぜ「量子群には普遍 R 行列というものがある」ことが期待されるのか，
上記の観点から，再考してみよう．第 5, 6 章で後述するように，一般に，単純リー
環 $\mathfrak{g}$ の普遍包絡環 $U(\mathfrak{g})$ の中心にはカシミール元 C という特別な元があり，既約 $\mathfrak{g}$ 加
群 V 上の C の固有値を C_V とするとき，量子 $(\mathfrak{g}; V)$ 不変量において V を付随させ
たひもの枠を 1 回転させたものの値は $q^{C_V/2}$ であることが知られている．そこで，

$q^{C/2} \in U(\mathfrak{g})[[\hbar]]$ という元を考える．第5章で後述するように，準3角準ホップ代数として $U(\mathfrak{g})[[\hbar]]$ と $U_q(\mathfrak{g})$ (の完備化) は同型であり，この同型写像で $q^{C/2}$ をうつしたものが v^{-1} である．「ひもの枠を1回転させたときの値」は各 V でばらばらの値をとるが，それらの値を統一するような普遍的な元が $U_q(\mathfrak{g})$ の中にある，ということがポイントである．さらに，注意 4.22 の図は（リボンホップ代数の定義関係式の）

$$\mathcal{R}_{21}\mathcal{R} = v \otimes v \cdot \Delta(v^{-1})$$

を意味しており，右辺の「平方根」として普遍 R 行列 $\mathcal{R}$ が $U_q(\mathfrak{g}) \otimes U_q(\mathfrak{g})$ の元としてとれる，ということが期待される．

実際，一般の単純リー環 $\mathfrak{g}$ の量子群 $U_q(\mathfrak{g})$ が普遍 R 行列をもつことは，「量子2重構成法」(quantum double construction) や「量子逆散乱法」(quantum inverse scattering method) により示される．詳しくは [62] を参照されたい．

1980 年代に大量に発見された絡み目不変量は，一時はそれらの膨大なばらばらの不変量をどのように扱って研究すればよいのか収拾がつかなくなるようにおもわれたが，その後に発見された量子群を用いて，量子 $(\mathfrak{g}; V)$ 不変量として再定義されて交通整理され，各 $\mathfrak{g}$ ごとに普遍 $U_q(\mathfrak{g})$ 不変量として統一される，ということが 1980 年代後半に明らかになった．絡み目不変量の観点からも，普遍 R 行列の効用は大きい．それが本章のテーマの1つであった．

第5章 ◇ KZ 方程式

　KZ 方程式は，共形場理論の WZW 模型 (Wess–Zumino–Witten model) における相関関数がみたす微分方程式として，クニズニク (Knizhnik) とザモロチコフ (Zamolodchikov) によって導入された ([73])．$\mathfrak{g}$ を単純リー環として，その V 上の表現を考える．平面の異なる n 点の配置の全体からなる空間を配置空間という．KZ 方程式はこの配置空間上の $V^{\otimes n}$ 値関数の微分方程式でその係数に $\mathfrak{g}$ のキリング形式の双対元を含むようなものとして定式化される．組みひもを配置空間の道とみなして，この道にそった KZ 方程式の解のモノドロミーを考えることにより，組みひも群のモノドロミー表現が得られる．

　河野 [76, 77] は，このモノドロミー表現と前章で述べた量子群による組みひも群の表現が共役であることを，ある種のリー環と表現に対してスケイン関係式を用いて，示した．さらに，ドリンフェルト [31, 32] は，これを拡張し，準3角ホップ代数の変形理論を構築することにより，一般の単純リー環とその表現に対して，それらの組みひも群表現が共役であることを示した（定理 5.10）．これにより，KZ 方程式の解にそった組みひも群のモノドロミー表現から量子 $(\mathfrak{g}; V)$ 不変量が再構成されることがわかる．この事実は，次章で量子 $(\mathfrak{g}; V)$ 不変量をコンセビッチ (Kontsevich) 不変量に統一するときに用いられる．

　本章では，KZ 方程式の解にそったモノドロミーを用いて組みひも群の表現を構成する．5.1 節では，KZ 方程式を導入し，その解のモノドロミーから組みひも群の表現を構成する．5.2 節では，比較的簡単な場合について，そのモノドロミー表現がどのようなものであるのか具体的に計算する．このモノドロミーの計算を離散化するために，5.3 節で配置空間のコンパクト化を導入し，これにもとづいて 5.4 節で組みひも群のモノドロミー表現を組合せ的に再構成する．本章の内容について [112] を，KZ 方程式について [35] を，量子群から得られる表現との関係について [62] を参照されたい．

5.1 KZ方程式から得られる組みひも群の表現

KZ 方程式は配置空間上の全微分方程式である．組みひもを配置空間の道とみなすことにより，KZ 方程式の解にそったモノドロミーとして組みひも群の表現が得られる．本節では，KZ 方程式を導入し，KZ 方程式から組みひも群の表現が得られることを解説する．

$\mathfrak{g}$ を $\mathbb{C}$ 上の単純リー環とする．その典型的な例は

$$\mathfrak{sl}_N = \{\,\text{複素 } N \times N \text{ 行列でトレースが } 0 \text{ であるもの全体}\,\}$$

に $[X, Y] = XY - YX$ で括弧積を定めることによってできるリー環である．$\mathfrak{g}$ の**随伴表現** (adjoint representation) $\mathrm{ad} : \mathfrak{g} \to \mathrm{End}(\mathfrak{g})$ を $(\mathrm{ad}(X))(Y) = [X, Y]$ で定める．$\mathfrak{g}$ のヤコビ恒等式より $\mathrm{ad}([X, Y]) = \mathrm{ad}(X)\mathrm{ad}(Y) - \mathrm{ad}(Y)\mathrm{ad}(X)$ であることがわかるので，よって，ad が表現であることがわかる．さらに，$\mathfrak{g}$ の**キリング形式** (Killing form) $B : \mathfrak{g} \otimes \mathfrak{g} \to \mathbb{C}$ を $B(X, Y) = \mathrm{trace}(\mathrm{ad}(X)\mathrm{ad}(Y))$ で定める．これは，$\mathfrak{g}$ 上の対称双 1 次形式である．単純リー環のキリング形式は非退化であることが知られている ([50] 参照)．$\{I_\mu\}$ をキリング形式に関する $\mathfrak{g}$ の正規直交基底とする．すなわち，$B(I_\mu, I_\nu)$ は，$\mu \neq \nu$ のとき 0 で，$\mu = \nu$ のとき 1 である．$\mathfrak{g}$ の双対ベクトル空間を $\mathfrak{g}^\star$ として，$\mathfrak{g}^\star$ における $\{I_\mu\}$ の双対基底を $\{I_\mu^\star\}$ とする．このときキリング形式は $B = \sum_\mu I_\mu^\star \otimes I_\mu^\star \in \mathfrak{g}^\star \otimes \mathfrak{g}^\star$ のように表される．この双対基底を用いると

$$\sum_\mu B(X, I_\mu)\, I_\mu \;=\; \sum_\mu I_\mu^\star(X) \cdot I_\mu \;=\; X \tag{5.1}$$

であることがわかる．また，キリング形式の定義より

$$\begin{aligned}
B\bigl([X, Y], Z\bigr) &= \mathrm{trace}\Bigl(\mathrm{ad}([X, Y])\,\mathrm{ad}(Z)\Bigr) \\
&= \mathrm{trace}\Bigl(\mathrm{ad}(X)\,\mathrm{ad}(Y)\,\mathrm{ad}(Z) - \mathrm{ad}(Y)\,\mathrm{ad}(X)\,\mathrm{ad}(Z)\Bigr), \\
B\bigl(X, [Y, Z]\bigr) &= \mathrm{trace}\Bigl(\mathrm{ad}(X)\,\mathrm{ad}([Y, Z])\Bigr) \\
&= \mathrm{trace}\Bigl(\mathrm{ad}(X)\,\mathrm{ad}(Y)\,\mathrm{ad}(Z) - \mathrm{ad}(X)\,\mathrm{ad}(Z)\,\mathrm{ad}(Y)\Bigr)
\end{aligned}$$

であり，トレースの性質 trace$(AB) = $ trace(BA) より上記の両者は等しいこと，すなわち

$$B([X,Y],Z) = B(X,[Y,Z]) \tag{5.2}$$

であることがわかる．

キリング形式をもちいて $\mathfrak{g}$ と $\mathfrak{g}^\star$ を同一視して $B \in \mathfrak{g}^\star \otimes \mathfrak{g}^\star$ と双対な元を $\tau \in \mathfrak{g} \otimes \mathfrak{g}$ とおく．正規直交基底 $\{I_\mu\}$ を用いると $\tau = \sum_\mu I_\mu \otimes I_\mu$ のように表される．(5.1) と (5.2) より

$$\begin{aligned}\sum_\mu [X, I_\mu] \otimes I_\mu &= \sum_{\mu,\nu} B\big(I_\nu, [X, I_\mu]\big) I_\nu \otimes I_\mu \\ &= \sum_{\mu,\nu} B\big([I_\nu, X], I_\mu\big) I_\nu \otimes I_\mu = \sum_\nu I_\nu \otimes [I_\nu, X]\end{aligned} \tag{5.3}$$

であることがわかり，これより任意の $X \in \mathfrak{g}$ について τ と $X \otimes 1 + 1 \otimes X$ が可換であることがわかる．よって，$\mathfrak{g}$ の $\mathfrak{g} \otimes \mathfrak{g}$ 上の作用（随伴表現のテンソル表現による作用）に関して τ は不変であることがわかる．

$U(\mathfrak{g})$ を $\mathfrak{g}$ の普遍包絡環とする．すなわち，$\mathfrak{g}$ の基底を $\{X_i\}$ とするとき，$U(\mathfrak{g})$ は単位元 1 をもち $\{X_i\}$ で生成され関係式 $X_i X_j - X_j X_i = [X_i, X_j]$ をみたすような $\mathbb{C}$ 上の代数である．（$\mathfrak{g}$ が $\mathfrak{sl}_2$ のとき $U(\mathfrak{sl}_2)$ は 4.4 節で定義していた．）ベクトル空間として $\mathfrak{g}$ は自然に $U(\mathfrak{g})$ の部分ベクトル空間であることに注意する．

カシミール元 (Casimir element) $C \in U(\mathfrak{g})$ を積 $U(\mathfrak{g}) \otimes U(\mathfrak{g}) \to U(\mathfrak{g})$ による τ の像として定義する．$\mathfrak{g}$ の正規直交基底 $\{I_\mu\}$ を用いると，カシミール元は $C = \sum_\mu I_\mu I_\mu$ のように表される．(5.3) の両辺を $U(\mathfrak{g})$ の積でうつすことにより $\sum_\mu [X, I_\mu] I_\mu = \sum_\mu I_\mu [I_\mu, X]$ であることがわかり，これより C は $U(\mathfrak{g})$ の中心元であることがわかる．

$U(\mathfrak{g})$ の**余積** $\Delta : U(\mathfrak{g}) \to U(\mathfrak{g}) \otimes U(\mathfrak{g})$ を，任意の $X \in \mathfrak{g}$ について $\Delta(X) = X \otimes 1 + 1 \otimes X$ であるような準同型写像として定める．すると，$\Delta(I_\mu) = I_\mu \otimes 1 + 1 \otimes I_\mu$ であるので，τ は C を用いて $\tau = \frac{1}{2}(\Delta(C) - C \otimes 1 - 1 \otimes C)$ のように表される．

異なる i, j $(1 \leq i, j \leq n)$ について，$U(\mathfrak{g})^{\otimes n}$ の i 番目と j 番目の成分に τ をいれたものを τ_{ij} とおく．すなわち，

$$\tau_{ij} = \sum_\mu 1 \otimes \cdots \otimes 1 \otimes \underset{i\,\text{番目}}{I_\mu} \otimes 1 \otimes \cdots \otimes 1 \otimes \underset{j\,\text{番目}}{I_\mu} \otimes 1 \otimes \cdots \otimes 1 \in U(\mathfrak{g})^{\otimes n}$$

である．

補題 5.1 異なる i, j, k, l について
$$[\tau_{ij}, \tau_{kl}] = 0,$$
$$[\tau_{ij}, \tau_{ik} + \tau_{jk}] = 0$$
が成り立つ．

証明 補題の第 1 式について，定義より異なる i, j, k, l について τ_{ij} と τ_{kl} は可換なので，第 1 式が成り立つ．

補題の第 2 式は以下のように示される．カシミール元 C は中心元なので，$(\Delta \otimes \mathrm{id})\tau$ は $\Delta(C) \otimes 1$, $C \otimes 1 \otimes 1$, $1 \otimes C \otimes 1$ の各々と可換である．さらに，$\tau_{13} + \tau_{23}$ と τ_{12} は

$$(\Delta \otimes \mathrm{id})\tau = \sum_\mu \Delta(I_\mu) \otimes I_\mu = \sum_\mu (I_\mu \otimes 1 + 1 \otimes I_\mu) \otimes I_\mu = \tau_{13} + \tau_{23},$$

$$\frac{1}{2}\bigl(\Delta(C) \otimes 1 - C \otimes 1 \otimes 1 - 1 \otimes C \otimes 1\bigr) = \tau_{12}$$

のように表される．上の 2 式が可換であることより，$(i, j, k) = (1, 2, 3)$ のとき補題の第 2 式が成り立つことがわかる．さらに，添字をいれかえることにより，他の (i, j, k) についても補題の第 2 式が成り立つことがわかる． ∎

リー環 $\mathfrak{sl}_2$ について，4.4 節で述べたように，$\mathfrak{sl}_2$ の基底 $\{E, H, F\}$ について，$\mathfrak{sl}_2$ の括弧積は

$$[H, E] = 2E, \qquad [H, F] = -2F, \qquad [E, F] = H$$

で与えられる．よって，この基底に関して，$\mathfrak{sl}_2$ の随伴表現は

$$\mathrm{ad}(E) = \begin{pmatrix} 0 & -2 & 0 \\ 0 & 0 & 1 \\ 0 & 0 & 0 \end{pmatrix}, \quad \mathrm{ad}(F) = \begin{pmatrix} 0 & 0 & 0 \\ -1 & 0 & 0 \\ 0 & 2 & 0 \end{pmatrix}, \quad \mathrm{ad}(H) = \begin{pmatrix} 2 & 0 & 0 \\ 0 & 0 & 0 \\ 0 & 0 & -2 \end{pmatrix}$$

5.1 KZ方程式から得られる組みひも群の表現

で与えられる．したがって，この基底に関して，$\mathfrak{sl}_2$ のキリング形式 B は対称行列

$$\begin{pmatrix} 0 & 0 & 4 \\ 0 & 8 & 0 \\ 4 & 0 & 0 \end{pmatrix}$$

で与えられる双 1 次形式である．よって，$B \in (\mathfrak{sl}_2)^\star \otimes (\mathfrak{sl}_2)^\star$ の双対元は

$$\begin{pmatrix} E & H & F \end{pmatrix} \otimes \begin{pmatrix} 0 & 0 & 4 \\ 0 & 8 & 0 \\ 4 & 0 & 0 \end{pmatrix}^{-1} \begin{pmatrix} E \\ H \\ F \end{pmatrix} = \frac{1}{4} E \otimes F + \frac{1}{8} H \otimes H + \frac{1}{4} F \otimes E$$

で与えられる．定義よりこの元が本来の τ であるが，慣例により，そのスカラー倍を

$$\tau = E \otimes F + F \otimes E + \frac{1}{2} H \otimes H$$

とおく．このとき，カシミール元は

$$C = EF + FE + \frac{1}{2} H^2$$

のようになる．とくに，$\tau = \frac{1}{2}(\Delta(C) - C \otimes 1 - 1 \otimes C)$ である．

注意 5.2 リー環 $\mathfrak{sl}_2$ の場合，

$$\mathfrak{sl}_2 = \{\, 複素 2 \times 2 行列でトレースが 0 であるもの全体 \,\}$$

とみなして $B'(X, Y) = \mathrm{trace}(XY)$ で双 1 次形式 B' を定めると，これはキリング形式のスカラー倍になる．この双 1 次形式の方が計算が簡単なので，慣例により，この双 1 次形式をキリング形式のかわりに用いることが多く，この場合，τ や C は上述のように定められる．

複素平面 $\mathbb{C}$ の異なる n 点の配置の全体からなる空間を**配置空間** (configuration space) といい，

$$X_n = \{\, (z_1, z_2, \ldots, z_n) \in \mathbb{C}^n \mid 任意の i \neq j について z_i \neq z_j \,\}$$

とおく．1点 $x_0 = (1, 2, \ldots, n) \in X_n$ を固定する．$\gamma(0) = \gamma(1) = x_0$ であるような道 $\gamma : [0,1] \to X_n$ は，次のようにして，n 本のひもの純な組みひもとみなすことができる．ここで，**純な組みひも** (pure braid) とは，各 i について i 番目の上端からでるひもは i 番目の下端につながるような組みひもである．

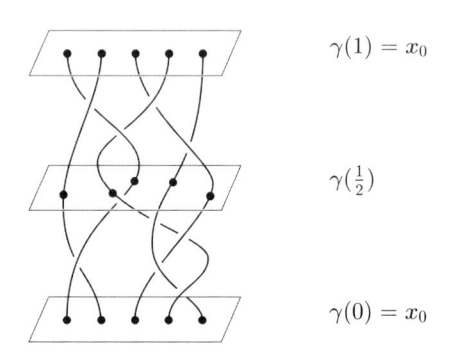

$\gamma(1) = x_0$

$\gamma(\frac{1}{2})$

$\gamma(0) = x_0$

上図では，各 $t \in [0,1]$ について $\gamma(t) = (z_1(t), \ldots, z_n(t)) \in X_n$ とおいて，$\mathbb{C} \times [0,1]$ における $(z_1(t), t), \ldots, (z_n(t), t)$ の軌跡を考えており，この対応により道 γ を純な組みひもとみなすことができる[1]．純な組みひもからなる B_n の部分群を**純な組みひも群** (pure braid group) といい，P_n とかく．X_n の道のホモトピーと組みひものイソトピーが対応するので，群の同型 $\pi_1(X_n) \cong P_n$ を得る．また，n 次対称群 $\mathfrak{S}_n$ を n 点のいれかえで X_n に作用させて商空間 $X_n/\mathfrak{S}_n$ を考えると，群の同型 $\pi_1(X_n/\mathfrak{S}_n) \cong B_n$ を得る．

V を $U(\mathfrak{g})$ が作用する $\mathbb{C}$ 上のベクトル空間とする．$\tau_{ij} \in U(\mathfrak{g})^{\otimes n}$ は $V^{\otimes n}$ に作用する．$(z_1, \ldots, z_n)$ を $W(z_1, \ldots, z_n)$ にうつす可微分ベクトル値関数 $W : X_n \to V^{\otimes n}$ に関する微分方程式系

$$\frac{\partial W}{\partial z_i} = \frac{\hbar}{2\pi\sqrt{-1}} \sum_{\substack{1 \leq j \leq n \\ j \neq i}} \frac{\tau_{ij}}{z_i - z_j} W \quad (i = 1, 2, \cdots, n)$$

---

[1] 我々は組みひもには下向きの向きをいれていたが，今の場合の X_n の「道の向き」はこれとは逆向きであることに注意しよう．これは「道の向き」と後述するモノドロミー表現の「写像の向き」を対応させるためであり，2.2 節において「ひもの向き」と「写像の向き」が逆であることを注意したことと同じ理由である．

を考える．ここで，$\hbar$ は複素パラメータで，量子群のパラメータとの関係は $q = e^\hbar$ である．この偏微分方程式系は次の全微分方程式

$$dW = \frac{\hbar}{2\pi\sqrt{-1}} \sum_{1 \leq i < j \leq n} \tau_{ij} \frac{dz_i - dz_j}{z_i - z_j} W \tag{5.4}$$

の形にかくこともできる．この方程式を **KZ方程式** (Knizhnik–Zamolodchikov equation) という．X_n 上の $U(\mathfrak{g})^{\otimes n}$ 値 1 形式 τ_n を

$$\tau_n = \frac{\hbar}{2\pi\sqrt{-1}} \sum_{1 \leq i < j \leq n} \tau_{ij} \frac{dz_i - dz_j}{z_i - z_j} \tag{5.5}$$

で定めると，KZ 方程式は $dW = \tau_n W$ のように表される．

命題 5.3　非可換代数 A がベクトル空間 V' に作用しているとし，α を X 上の A 値 1 形式とする．可微分関数 $W : X \to V'$ に対する全微分方程式 $(d - \alpha)W = 0$ を考える．次の条件

$$d\alpha - \alpha \wedge \alpha = 0 \tag{5.6}$$

がみたされるとき，任意の点 $x_0 \in X$ と x_0 における任意の初期値 $v = W(x_0) \in V'$ に対して，x_0 の近傍でこの全微分方程式の局所的な解が一意に存在する．

微分幾何の言葉では，$d - \alpha$ を **接続** (connection) という．X 上の 1 形式 α に対して，条件 (5.6) を **可積分条件** (integrability condition) といい，可積分条件をみたす接続を **平坦** (flat) であるという．可積分条件を図で表すと次のようになる．

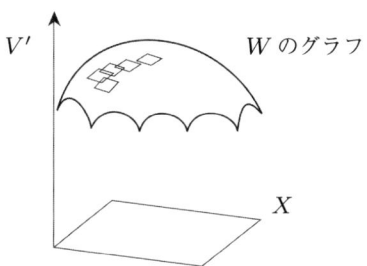

この図において，問題の全微分方程式は「W のグラフの各点での接空間がどのようであるべきか」ということを規定している．この「接空間の族」が各々ば

らばらの方向をむいていたのではそれらを共通の接空間としてもつような「W のグラフ」は存在することができない．「W のグラフ」が存在することができるためには「接空間の族」が魚のうろこのように整合性をもって整列している必要がある．その条件を数学的に書き表しているのが可積分条件である．

命題 5.3 の証明に可積分条件が必要であることの説明　x_0 の近傍の任意の点 x について，$\gamma(0) = x_0$ で $\gamma(1) = x$ であるような道 $\gamma : [0,1] \to X$ を考える．α を γ で引き戻した $\gamma^\star \alpha$ は $[0,1]$ 上の A 値 1 形式であるので，関数 $w : [0,1] \to A$ を用いて $\gamma^\star \alpha = w(t)dt$ とおく．関数 $f : [0,1] \to V'$ に関する常微分方程式

$$\frac{df(t)}{dt} = w(t)f(t), \qquad f(0) = v$$

を考える．この解を $f_\gamma(t)$ とかき，ベクトル $f_\gamma(1)$ を $W(x)$ とおく．x_0 の近傍の各点 x について，もし $W(x)$ の値が γ によらずに定まったとすると，$f_\gamma(t)$ は $(d - \gamma^\star \alpha)f = 0$ の解なので，$W(x)$ は $(d - \alpha)W = 0$ の解になる．よって，命題を証明するためには，$f_\gamma(1)$ が γ のとり方によらずに定まることを示せばよい．

　x_0 の近傍における x_0 から x への 2 つの道 γ_0, γ_1 を考える．これらの 2 つの道は x_0 の近傍の中にあるので，互いにホモトピックである．よって，写像 $\psi : [0,1] \times [0,1] \to X$ で，$\gamma_0([0,1]) = \psi\big((\{0\} \times [0,1]) \cup ([0,1] \times \{1\})\big)$ で $\gamma_1([0,1]) = \psi\big(([0,1] \times \{0\}) \cup (\{1\} \times [0,1])\big)$ であるようなものが存在する．α を ψ で引き戻した $\psi^\star \alpha$ は $[0,1] \times [0,1]$ 上の A 値 1 形式である．座標 $(x,y) \in [0,1] \times [0,1]$ に関して $\psi^\star \alpha = p(x,y)dx + q(x,y)dy$ とおく．すると，可積分条件 (5.6) は

$$\begin{aligned}&\psi^\star(d\alpha - \alpha \wedge \alpha) \\&= \Big(-\frac{\partial p}{\partial y}(x,y) + \frac{\partial q}{\partial x}(x,y) - p(x,y)\,q(x,y) + q(x,y)\,p(x,y)\Big)\,dx\,dy = 0\end{aligned} \tag{5.7}$$

のように書き直される．関数 $g : [0,1] \times [0,1] \to V'$ に対する全微分方程式

$$(d - \psi^\star \alpha)\,g \;=\; 0, \qquad g(0,0) \;=\; v$$

を考える. $(0,0)$ から $(1,1)$ への道を与えると，その道にそってこの全微分方程式の解が定まるが，その道のとり方によらずに $g(1,1)$ の値が定まることを言えばよい．言い換えると，α のかわりに $\psi^\star \alpha$ を考えることによって，X が $[0,1] \times [0,1]$ の場合に命題の証明が帰着されている．

以下，$g(0,0)$ の値から $g(x,y)$ の値が，$(0,0)$ から (x,y) への道のとり方によらずに定まるために，可積分条件 (5.7) が必要である理由について説明する．$g(x,y)$ は次の全微分方程式

$$dg(x,y) = (p(x,y)\,dx + q(x,y)\,dy)\,g(x,y), \qquad g(0,0) = v \tag{5.8}$$

をみたす．$g(x_0, y_0)$ の値 v_0 がすでに定まっていたとして，微小な δ と ε について $g(x_0+\delta, y_0+\varepsilon)$ の値が，(x_0, y_0) から $(x_0+\delta, y_0+\varepsilon)$ への次の 2 つの道 ($(x_0+\delta, y_0)$ を経由する道と $(x_0, y_0+\varepsilon)$ を経由する道) のとり方によらずに定まるかどうかを考えてみる．

$$\tag{5.9}$$

$(x_0+\delta, y_0)$ を経由する道にそって考えると，$g(x_0+\delta, y_0)$ の値は，δ^2 のオーダーの誤差を無視すると

$$g(x_0+\delta, y_0) = (1 + \delta\, p(x_0, y_0))v_0 + O(\delta^2)$$

のように表され，さらに $g(x_0+\delta, y_0+\varepsilon)$ の値は，

$$g(x_0+\delta, y_0+\varepsilon) = (1 + \varepsilon\, q(x_0+\delta, y_0))(1 + \delta\, p(x_0, y_0))v_0 + O(\delta^2) + O(\varepsilon^2)$$
$$= (1 + \delta\, p(x_0, y_0) + \varepsilon\, q(x_0, y_0) + \delta\varepsilon\, \frac{\partial q}{\partial x}(x_0, y_0) + \delta\varepsilon\, q(x_0, y_0)\, p(x_0, y_0))v_0$$
$$\quad + O(\delta^2) + O(\varepsilon^2)$$

のように表される．$(x_0, y_0+\varepsilon)$ を経由する道にそって，同様の計算をすると，$g(x_0+\delta, y_0+\varepsilon)$ の値は

$$g(x_0+\delta, y_0+\varepsilon) = \bigl(1 + \delta\, p(x_0,y_0) + \varepsilon\, q(x_0,y_0)$$
$$+ \delta\,\varepsilon\, \frac{\partial p}{\partial y}(x_0,y_0) + \delta\,\varepsilon\, p(x_0,y_0)\, q(x_0,y_0)\bigr)v_0 \; + O(\delta^2) + O(\varepsilon^2)$$

のように表されることがわかる．全微分方程式 (5.8) が解をもつためには，上記の 2 つの値が等しくなる必要があり，両者の $\delta\varepsilon$ の係数を比較すると，そのための条件が可積分条件 (5.7) であることがわかる．よって，命題の全微分方程式が局所解をもつためには可積分条件 (5.6) が必要である． ∎

注意 5.4 命題 5.3 の証明について，上述の「説明」で述べたように，X が $[0,1]\times[0,1]$ の場合に帰着することにより証明される．おおまかに言うと，α が可積分条件をみたすとき，微小領域 (5.9) において整合性をもって問題の全微分方程式の局所解が定まるのでそれを寄せ集めて $[0,1]\times[0,1]$ 全体で一意に解が定まることを示すことによって，命題が証明される．具体的には，各 $T\in[0,1]$ について $([0,T]\times\{0\})\cup(\{T\}\times[0,1])\cup([T,1]\times\{1\})$ にそって (5.8) の解 $g(x,y)$ を構成して $g(1,1)$ の値が T によらないことを示せばよい．詳しくは [112] を参照されたい．

KZ 方程式が局所解をもつことを，可積分条件 (5.6) をチェックすることによって，確認してみよう．(5.5) の 1 形式 τ_n について可積分条件 (5.6) をチェックすればよい．τ_n の定義より $d\tau_n$ が 0 であることはすぐにわかる．$\tau_n\wedge\tau_n=0$ であることは以下のようにしてわかる．u_{ij} を

$$u_{ij} = \frac{dz_i - dz_j}{z_i - z_j} \tag{5.10}$$

のように定めると，$\tau_n\wedge\tau_n$ は

$$\tau_n\wedge\tau_n = \Bigl(\frac{\hbar}{2\pi\sqrt{-1}}\Bigr)^2 \sum_{i<j,\ k<l} \tau_{ij}\,\tau_{kl}\, u_{ij}\wedge u_{kl}$$

のように表される．添字の集合 $\{i,j,k,l\}$ の大きさが $2,3,4$ のときに場合分けして，上の和を 3 つの部分和に分けて考える．添字の集合の大きさが 2 のとき，$u_{ij}\wedge u_{ij}=0$ であることより，該当の部分和は 0 になる．添字の集合の大きさが 4 のとき，$u_{ij}\wedge u_{kl}=-u_{kl}\wedge u_{ij}$ であることと補題 5.1 の第 1 式より，該当の部分和は 0 になることがわかる．添字の集合の大きさが 3 のとき，該当の部

分和は

$$\sum_{\substack{i<j,\ k<l \\ |\{i,j,k,l\}|=3}} \tau_{ij}\,\tau_{kl}\,u_{ij}\wedge u_{kl}$$

$$= \sum_{\substack{i<j,\ i<k \\ j\neq k}} \tau_{ij}\,\tau_{ik}\,u_{ij}\wedge u_{ik} + \sum_{\substack{i<k,\ j<k \\ i\neq j}} \tau_{ik}\,\tau_{jk}\,u_{ik}\wedge u_{jk}$$

$$+ \sum_{i<j<k}\left(\tau_{ij}\,\tau_{jk}\,u_{ij}\wedge u_{jk} + \tau_{jk}\,\tau_{ij}\,u_{jk}\wedge u_{ij}\right)$$

$$= \sum_{i<j<k}\left([\tau_{ij},\tau_{ik}]\,u_{ij}\wedge u_{ik} + [\tau_{ik},\tau_{jk}]\,u_{ik}\wedge u_{jk} + [\tau_{ij},\tau_{jk}]\,u_{ij}\wedge u_{jk}\right)$$

のようになる．補題 5.1 の第 2 式より，

$$[\tau_{ij},\tau_{ik}] \;=\; [\tau_{ik},\tau_{jk}] \;=\; -[\tau_{ij},\tau_{jk}]$$

のようになるので，上記の和は

$$[\tau_{ij},\tau_{ik}]\,(u_{ij}\wedge u_{ik} + u_{ik}\wedge u_{jk} - u_{ij}\wedge u_{jk})$$

のようになり，さらに，次の補題よりこれは 0 になることがわかる．よって，問題の 1 形式 τ_n は可積分条件 (5.6) をみたすことがわかる．

補題 5.5（アーノルドの補題 [2]）　(5.10) で定められた 1 形式 u_{ij} は

$$u_{ij}\wedge u_{jk} + u_{jk}\wedge u_{ki} + u_{ki}\wedge u_{ij} \;=\; 0$$

をみたす．

アーノルド (Arnol'd) [2] は，配置空間 X_n のコホモロジー環が 1 形式 u_{ij} で生成され補題の関係式をみたす環であることを示した．

補題 5.5 の証明　補題の式の左辺は

$$u_{ij}\wedge u_{jk} + (i,j,k\text{ の巡回置換で得られる項})$$

$$= \frac{dz_i\wedge dz_j + dz_j\wedge dz_k + dz_k\wedge dz_i}{(z_i - z_j)(z_j - z_k)} + (\text{その巡回置換})$$

$$= \left((z_k - z_i) + (\text{その巡回置換})\right) \frac{dz_i \wedge dz_j + dz_j \wedge dz_k + dz_k \wedge dz_i}{(z_i - z_j)(z_j - z_k)(z_k - z_i)} = 0$$

のように計算され，よって，補題が成立する． ∎

配置空間 X_n の基点を x_0 として，$\gamma(0) = \gamma(1) = x_0$ であるような道 $\gamma :$ $[0,1] \to X_n$ を考える．与えられた $v \in V^{\otimes n}$ に対して，初期値 $W(\gamma(0)) = v$ をもつ KZ 方程式の局所解 W を考え，$f_\gamma(t) = W(\gamma(t))$ により $V^{\otimes n}$ の道 f_γ を $t = 0$ の近傍で定める．さらに道 γ にそって各 $\gamma(t)$ の近傍で局所解 W を次々にとることを繰り返すことによりこれを $t \in [0,1]$ の全体に拡張し，初期値 $f_\gamma(0) = v$ をもつ道 $f_\gamma : [0,1] \to V^{\otimes n}$ が得られる．γ を局所的に摂動しても局所解 W はかわらないので，$f_\gamma(1)$ は γ のホモトピーによらずに定まることがわかる．

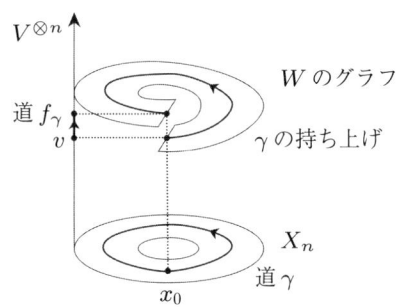

$v = f_\gamma(0)$ を $f_\gamma(1)$ にうつす写像 $V^{\otimes n} \to V^{\otimes n}$ は KZ 方程式の線型性より線型写像になる．前述の同型 $P_n \cong \pi_1(X_n)$ に注意して，γ にこの線型写像を対応させることにより，表現

$$\rho_{\text{KZ}} : P_n \longrightarrow \text{End}(V^{\otimes n})$$

が得られる．

さらに，この表現を次のようにして組みひも群 B_n の表現に拡張する．n 次対称群 $\mathfrak{S}_n$ を成分のいれかえで $V^{\otimes n}$ に作用させる．また，前述のように，$\mathfrak{S}_n$ は n 点のいれかえで X_n に作用し，B_n は $\pi_1(X_n/\mathfrak{S}_n)$ に同型であった．$X_n/\mathfrak{S}_n$ の閉じた道 γ に対して，γ は n 点のいれかえを定めるので，自然に $\sigma \in \mathfrak{S}_n$ が定まる．X_n へ γ を持ち上げて，x_0 から σx_0 への X_n の道 $\tilde{\gamma}$ を考え

る．ベクトル $v \in V^{\otimes n}$ に対して，上述のようにベクトル $f_{\tilde{\gamma}}(1) \in V^{\otimes n}$ を考える．$v = f_{\tilde{\gamma}}(0)$ を $\sigma(f_{\tilde{\gamma}}(1))$ にうつす写像 $V^{\otimes n} \to V^{\otimes n}$ は線型写像になり，γ にこの線型写像を対応させることにより，表現

$$\rho_{\mathrm{KZ}} : B_n \longrightarrow \mathrm{End}(V^{\otimes n})$$

が得られる．これを，KZ 方程式の解にそった B_n のモノドロミー表現 (monodromy representation) という．

5.2　KZ 方程式のモノドロミーの計算

前節では，KZ 方程式に解にそって，組みひも群 B_n のモノドロミー表現が構成されることを述べた．本節では，$n = 2, 3, 4$ のときに，そのモノドロミー表現がどのような表現であるか具体的に計算してみよう．

$n = 2$ の場合

$n = 2$ のとき，座標 $(z_1, z_2) \in X_2$ と関数 $W : X_2 \to V \otimes V$ に対して，KZ 方程式は次の微分方程式

$$dW = \frac{\hbar\tau}{2\pi\sqrt{-1}} \frac{dz_1 - dz_2}{z_1 - z_2} W$$

になる．その局所解は，あるベクトル $v \in V \otimes V$ を用いて

$$W(z_1, z_2) = (z_2 - z_1)^{\hbar\tau/2\pi\sqrt{-1}} v$$

のように表されることが簡単に確かめられる．ここで，上式の右辺において，z^A を $\exp(A \log z)$ とみなしている．log は多価関数なので，上記の局所解は，たとえば $\{(z_1, z_2) \in \mathbb{C}^2 \mid z_2 - z_1 \in \mathbb{C} - (-\infty, 0]\}$ のような領域で定められていると考えることにする．

$\gamma : [0, 1] \to X_2$ を $\gamma(t) = (0, e^{2\pi\sqrt{-1}t})$ で定められる X_2 の道とする．γ にそった KZ 方程式の局所解は $W(0, e^{2\pi\sqrt{-1}t}) = e^{\hbar\tau t}v$ のように表される．変数 t を 0 から 1 まで動かすと，ベクトル v は $e^{\hbar\tau}v$ にうつされる．よって，モノド

ロミー表現 $\rho_{\mathrm{KZ}} : P_2 \to \mathrm{End}(V \otimes V)$ は

$$\rho_{\mathrm{KZ}}(\sigma^2) \;=\; e^{\hbar \tau}$$

で与えられる．ここで，σ^2 は P_2 の生成元である．さらに，γ のかわりに，$(0, e^{\pi\sqrt{-1}t})$ で与えられる $X_2/\mathfrak{S}_2$ の道を考えると，モノドロミー表現 $\rho_{\mathrm{KZ}} : B_2 \to \mathrm{End}(V \otimes V)$ は

$$\rho_{\mathrm{KZ}}(\sigma) \;=\; P \circ e^{\hbar \tau/2}$$

で与えられることがわかる．ここで，P は $V \otimes V$ の成分をいれかえる写像である．

$n = 3$ の場合

$n = 3$ のとき，KZ 方程式は次の微分方程式

$$dW = \frac{\hbar}{2\pi\sqrt{-1}} \Big(\tau_{12}\, d\log(z_1 - z_2) + \tau_{13}\, d\log(z_1 - z_3) + \tau_{23}\, d\log(z_2 - z_3) \Big) W \tag{5.11}$$

になる．関数 W を

$$W(z_1, z_2, z_3) \;=\; (z_3 - z_1)^{\hbar(\tau_{12} + \tau_{13} + \tau_{23})/2\pi\sqrt{-1}} \tilde{G}(z_1, z_2, z_3)$$

のようにおくことにより，上記の微分方程式は

$$d\tilde{G} \;=\; \frac{\hbar}{2\pi\sqrt{-1}} \Big(\tau_{12}\, d\log \frac{z_2 - z_1}{z_3 - z_1} + \tau_{23}\, d\log(\frac{z_2 - z_1}{z_3 - z_1} - 1) \Big) \tilde{G} \tag{5.12}$$

のように書き直される．さらに一般に，関数 $G(z) \in \mathbb{C}\langle\!\langle A, B \rangle\!\rangle$ に対する次の微分方程式

$$dG \;=\; \frac{1}{2\pi\sqrt{-1}} \Big(A\, d\log z + B\, d\log(z - 1) \Big) G \tag{5.13}$$

を考えてみよう．ここで，$\mathbb{C}\langle\!\langle A, B \rangle\!\rangle$ は非可換な変数 A, B で生成される $\mathbb{C}$ 上の形式的べき級数環である．(5.12) の任意の解 $\tilde{G}$ は，(5.13) の解 G から，$\tilde{G}(z_1, z_2, z_3) = G\big((z_2 - z_1)/(z_3 - z_1)\big)$，$A = \hbar \tau_{12}$，$B = \hbar \tau_{23}$ とおくことにより得られることに注意する．

5.2 KZ方程式のモノドロミーの計算

補題 5.6 微分方程式 (5.13) の解で次の形のもの

$$G_{(\bullet\bullet)\bullet}(z) = f(z) z^{A/2\pi\sqrt{-1}}$$

$$G_{\bullet(\bullet\bullet)}(z) = g(1-z)(1-z)^{B/2\pi\sqrt{-1}}$$

が一意に存在する．ここで，$f(z)$ と $g(z)$ は，$0 \in \mathbb{C}$ の近傍で定義され $f(0) = g(0) = 1 \in \mathbb{C}\langle\langle A, B \rangle\rangle$ であるような解析関数である．

証明 補題の第1式について考える．変数 A, B を $\overline{A} = A/2\pi\sqrt{-1}$, $\overline{B} = B/2\pi\sqrt{-1}$ のようにおき直す．関数 f が

$$\frac{df}{dz} - \frac{1}{z}[\overline{A}, f] = -\frac{\overline{B}}{1-z} f$$

をみたすとき，$G_{(\bullet\bullet)\bullet}$ は微分方程式 (5.13) の解になる．この微分方程式を，逐次近似法により，次のように解くことを考える．関数 f を $f(z) = 1 + \sum_{k=1}^{\infty} f_k z^k$ ($f_k \in \mathbb{C}\langle\langle A, B \rangle\rangle$) のようにおくと，$f_k$ は

$$k f_k - [\overline{A}, f_k] = -\overline{B}(1 + f_1 + \cdots + f_{k-1})$$

により逐次的に規定される．$(\mathrm{ad}(\overline{A}))(f_k) = [\overline{A}, f_k]$ とおいて，作用素 $k - \mathrm{ad}(\overline{A})$ を考えると，その逆作用素は $\sum_{i=0}^{\infty} \mathrm{ad}(\overline{A})^i / k^{i+1}$ で与えられるので，よって f_k は

$$f_k = \sum_{i=0}^{\infty} \frac{1}{k^{i+1}} \mathrm{ad}(\overline{A})^i \Big(-\overline{B}(1 + f_1 + \cdots + f_{k-1}) \Big)$$

により帰納的に定められる．たとえば，f_1 は $f_1 = -\overline{B} - [\overline{A}, \overline{B}] - [\overline{A}, [\overline{A}, \overline{B}]] - \cdots$ のように表される．さらに，微分方程式のべき級数解は解析関数になるので，補題の第1式が得られることがわかる．

補題の第2式も同様にして示すことができる． ∎

$G_{(\bullet\bullet)\bullet}$ と $G_{\bullet(\bullet\bullet)}$ は線型微分方程式 (5.13) の非自明な解なので，両者は $\mathbb{C}\langle\langle A, B \rangle\rangle$ の定数倍の関係になっていなければならない．そこで，形式的べき級数 $\varphi_{\mathrm{KZ}}(A, B) \in \mathbb{C}\langle\langle A, B \rangle\rangle$ を

$$G_{(\bullet\bullet)\bullet} = G_{\bullet(\bullet\bullet)} \varphi_{\mathrm{KZ}}(A, B) \tag{5.14}$$

で定義する．この形式的べき級数は最初の方の項を具体的に計算すると

$$\varphi_{\mathrm{KZ}}(A,B) \;=\; 1 + \frac{1}{24}[A,B] - \frac{\zeta(3)}{(2\pi\sqrt{-1})^3}([A,[A,B]] + [B,[A,B]]) + \cdots$$

のように表されることがわかる．ここで，$\zeta(3)$ はゼータ関数 $\zeta(s) = \sum_{k=1}^{\infty} k^{-s}$ の特殊値であり，$\varphi_{\mathrm{KZ}}(A,B)$ の一般項は多重ゼータ値を用いて表示されることが知られている．詳しくは [112] を参照されたい．

$G_{(\bullet\bullet)\bullet}$ と $G_{\bullet(\bullet\bullet)}$ は微分方程式 (5.13) の解であるが，(5.13) の解から KZ 方程式 (5.11) の解 W が導出されることを思い出そう．すなわち，$G_{(\bullet\bullet)\bullet}$ と $G_{\bullet(\bullet\bullet)}$ から，$A = \hbar\tau_{12}$, $B = \hbar\tau_{23}$ とおくことにより，KZ 方程式の次の 2 つの解

$$\begin{aligned}
W_{(\bullet\bullet)\bullet}(z_1, z_2, z_3) &= G_{(\bullet\bullet)\bullet}\Big(\frac{z_2 - z_1}{z_3 - z_1}\Big)(z_3 - z_1)^{\hbar(\tau_{12}+\tau_{13}+\tau_{23})/2\pi\sqrt{-1}} \\
&= f\Big(\frac{z_2 - z_1}{z_3 - z_1}\Big)(z_2 - z_1)^{\hbar\tau_{12}/2\pi\sqrt{-1}}(z_3 - z_1)^{\hbar(\tau_{13}+\tau_{23})/2\pi\sqrt{-1}},
\end{aligned} \tag{5.15}$$

$$\begin{aligned}
W_{\bullet(\bullet\bullet)}(z_1, z_2, z_3) &= G_{\bullet(\bullet\bullet)}\Big(\frac{z_3 - z_2}{z_3 - z_1}\Big)(z_3 - z_1)^{\hbar(\tau_{12}+\tau_{13}+\tau_{23})/2\pi\sqrt{-1}} \\
&= g\Big(\frac{z_3 - z_2}{z_3 - z_1}\Big)(z_3 - z_2)^{\hbar\tau_{23}/2\pi\sqrt{-1}}(z_3 - z_1)^{\hbar(\tau_{12}+\tau_{13})/2\pi\sqrt{-1}}
\end{aligned} \tag{5.16}$$

が導出される[2]．τ_{12} と τ_{23} の各々と $\tau_{12} + \tau_{13} + \tau_{23}$ は可換なので，(5.14) より $W_{(\bullet\bullet)\bullet}$ と $W_{\bullet(\bullet\bullet)}$ は

$$W_{(\bullet\bullet)\bullet} \;=\; W_{\bullet(\bullet\bullet)}\, \varphi_{\mathrm{KZ}}(\hbar\tau_{12}, \hbar\tau_{23}) \tag{5.17}$$

のように関係づけられることがわかる．$\varphi_{\mathrm{KZ}}(\hbar\tau_{12}, \hbar\tau_{23})$ を $U(\mathfrak{g})^{\otimes 3}[[\hbar]]$ のドリンフェルト結合子 (Drinfel'd associator) という．

5.1 節で述べた表現 $\rho_{\mathrm{KZ}} : P_3 \to \mathrm{End}(V^{\otimes 3})$ を，$\varepsilon > 0$ を微小な定数として基点 $(0, \varepsilon, 1) \in X_3$ に対して，計算してみよう．$\gamma = \gamma(t) = (0, \varepsilon e^{2\pi\sqrt{-1}t}, 1) \in X_3$ で与えられる X_3 の道とする．(5.15) より，γ にそった KZ 方程式の局所解は

$$W_{(\bullet\bullet)\bullet}(0, \varepsilon e^{2\pi\sqrt{-1}t}, 1) \;=\; f(\varepsilon e^{2\pi\sqrt{-1}t})\, \varepsilon^{\hbar\tau_{12}/2\pi\sqrt{-1}} e^{\hbar\tau_{12}t}$$

---
[2] 括弧つき点列 $(\bullet\bullet)\bullet$ と $\bullet(\bullet\bullet)$ の意味について，前者は「z_1 と z_2 が近く，z_3 は離れていること」を意味し，後者は「z_2 と z_3 が近く，z_1 は離れていること」を意味する．後述するように，括弧つき点列は配置空間のコンパクト化の 0 胞体を表しており，$W_{(\bullet\bullet)\bullet}$ や $W_{\bullet(\bullet\bullet)}$ はその 0 胞体の近傍における KZ 方程式の局所解を与えている．

5.2 KZ方程式のモノドロミーの計算

で与えられる．よって，変数 t を 0 から 1 まで動かして，γ にそったモノドロミーを考えると，ベクトル $f(\varepsilon)\varepsilon^{\hbar\tau_{12}/2\pi\sqrt{-1}}v$ は $f(\varepsilon)\varepsilon^{\hbar\tau_{12}/2\pi\sqrt{-1}}e^{\hbar\tau_{12}}v$ にうつされる．したがって，$\rho_{\mathrm{KZ}}(\sigma_1^2)$ は

$$\rho_{\mathrm{KZ}}(\sigma_1^2) \;=\; f(\varepsilon)\,\varepsilon^{\hbar\tau_{12}/2\pi\sqrt{-1}}e^{\hbar\tau_{12}}\varepsilon^{-\hbar\tau_{12}/2\pi\sqrt{-1}}f(\varepsilon)^{-1} \tag{5.18}$$

のように表される．さらに，γ_1 を実軸にそって $(0,\varepsilon,1)$ から $(0,1-\varepsilon,1)$ にいく道として，γ_2 を $\gamma_2(t)=(0,1-\varepsilon e^{2\pi\sqrt{-1}},1)$ で与えられる道として，γ_3 を実軸にそって $(0,1-\varepsilon,1)$ から $(0,\varepsilon,1)$ にもどる道とする．(5.15) より γ_1 にそったモノドロミーはベクトル $f(\varepsilon)\varepsilon^{\hbar\tau_{12}/2\pi\sqrt{-1}}v$ を $f(1-\varepsilon)(1-\varepsilon)^{\hbar\tau_{12}/2\pi\sqrt{-1}}v$ にうつし，(5.17) よりそれは $g(\varepsilon)\varepsilon^{\hbar\tau_{23}/2\pi\sqrt{-1}}\varphi_{\mathrm{KZ}}(\hbar\tau_{12},\hbar\tau_{23})v$ に等しい．よって，$\Phi_{\mathrm{KZ}}=\varphi_{\mathrm{KZ}}(\hbar\tau_{12},\hbar\tau_{23})$ とおくと，γ_1 にそったモノドロミーは

$$g(\varepsilon)\,\varepsilon^{\hbar\tau_{23}/2\pi\sqrt{-1}}\,\Phi_{\mathrm{KZ}}\,\varepsilon^{-\hbar\tau_{12}/2\pi\sqrt{-1}}f(\varepsilon)^{-1} \tag{5.19}$$

のように表される．さらに，上記の γ の場合と同様にして，γ_2 にそったモノドロミーは

$$g(\varepsilon)\,\varepsilon^{\hbar\tau_{23}/2\pi\sqrt{-1}}e^{\hbar\tau_{23}}\varepsilon^{-\hbar\tau_{23}/2\pi\sqrt{-1}}g(\varepsilon)^{-1}$$

で与えられることがわかる．さらに，γ_3 にそったモノドロミーは γ_1 にそったモノドロミーの逆元である．したがって，$\gamma_1,\gamma_2,\gamma_3$ にそったモノドロミーの積として，$\rho_{\mathrm{KZ}}(\sigma_2^2)$ は

$$\rho_{\mathrm{KZ}}(\sigma_2^2) \;=\; f(\varepsilon)\,\varepsilon^{\hbar\tau_{12}/2\pi\sqrt{-1}}\Phi_{\mathrm{KZ}}^{-1}\,e^{\hbar\tau_{23}}\,\Phi_{\mathrm{KZ}}\,\varepsilon^{-\hbar\tau_{12}/2\pi\sqrt{-1}}f(\varepsilon)^{-1} \tag{5.20}$$

のように表される．(5.18) と (5.20) の適切な共役をとることにより，表現 $\rho_{\mathrm{KZ}}:P_3\to\mathrm{End}(V^{\otimes 3})$ を

$$\rho_{\mathrm{KZ}}(\sigma_1^2) \;=\; e^{\hbar\tau_{12}},$$

$$\rho_{\mathrm{KZ}}(\sigma_2^2) \;=\; \Phi_{\mathrm{KZ}}^{-1}\,e^{\hbar\tau_{23}}\,\Phi_{\mathrm{KZ}}$$

で再定義する．

さらに，上記の構成において γ と γ_2 のかわりに γ と γ_2 の半分の道を考えることにより，組みひも群 B_3 のモノドロミー表現 $\rho_{\mathrm{KZ}}:B_3\to\mathrm{End}(V^{\otimes 3})$ が

$$\rho_{\mathrm{KZ}}(\sigma_1) \;=\; P_{12} \circ e^{\hbar \tau_{12}/2},$$
$$\rho_{\mathrm{KZ}}(\sigma_2) \;=\; \Phi_{\mathrm{KZ}}^{-1} \left(P_{23} \circ e^{\hbar \tau_{23}/2} \right) \Phi_{\mathrm{KZ}}$$

で与えられることがわかる．ここで，$P_{ij}: V^{\otimes 3} \to V^{\otimes 3}$ は $V^{\otimes 3}$ の i 番目の成分と j 番目の成分をいれかえる写像である．後述する括弧つき組みひもを用いると，このモノドロミー表現は

$$\rho_{\mathrm{KZ}}\!\left(\;\vcenter{\hbox{[braid]}}\; \right) = (P \circ e^{\hbar \tau/2}) \otimes 1,$$

$$\rho_{\mathrm{KZ}}\!\left(\;\vcenter{\hbox{[braid]}}\; \right) = 1 \otimes (P \circ e^{\hbar \tau/2}),$$

$$\rho_{\mathrm{KZ}}\!\left(\;\vcenter{\hbox{[braid]}}\; \right) = \Phi_{\mathrm{KZ}}$$

のように表示される．

$n = 4$ の場合

$n=4$ のときのモノドロミー表現について概略を述べる（詳しくは [62, 112] を参照されたい）．

$n=4$ のとき，KZ 方程式は次の微分方程式

$$dW \;=\; \bar{\hbar} \sum_{1 \leq i < j \leq 4} \tau_{ij} \, d\log(z_i - z_j) \, W$$

になる．$n=3$ の場合の議論を拡張することにより，次の 5 つの形の解

5.2 KZ方程式のモノドロミーの計算

$$W_{((\bullet\bullet)\bullet)\bullet} = f_1(\frac{z_2-z_1}{z_3-z_1}, \frac{z_3-z_1}{z_4-z_1})(z_2-z_1)^{\overline{\hbar}\tau_{12}}(z_3-z_1)^{\overline{\hbar}(\tau_{13}+\tau_{23})}(z_4-z_1)^{\overline{\hbar}(\tau_{14}+\tau_{24}+\tau_{34})},$$

$$W_{(\bullet(\bullet\bullet))\bullet} = f_2(\frac{z_3-z_2}{z_3-z_1}, \frac{z_3-z_1}{z_4-z_1})(z_3-z_2)^{\overline{\hbar}\tau_{23}}(z_3-z_1)^{\overline{\hbar}(\tau_{12}+\tau_{13})}(z_4-z_1)^{\overline{\hbar}(\tau_{14}+\tau_{24}+\tau_{34})},$$

$$W_{\bullet((\bullet\bullet)\bullet)} = f_3(\frac{z_3-z_2}{z_4-z_2}, \frac{z_4-z_2}{z_4-z_1})(z_3-z_2)^{\overline{\hbar}\tau_{23}}(z_4-z_2)^{\overline{\hbar}(\tau_{24}+\tau_{34})}(z_4-z_1)^{\overline{\hbar}(\tau_{12}+\tau_{13}+\tau_{14})},$$

$$W_{\bullet(\bullet(\bullet\bullet))} = f_4(\frac{z_4-z_3}{z_4-z_2}, \frac{z_4-z_2}{z_4-z_1})(z_4-z_3)^{\overline{\hbar}\tau_{34}}(z_4-z_2)^{\overline{\hbar}(\tau_{23}+\tau_{24})}(z_4-z_1)^{\overline{\hbar}(\tau_{12}+\tau_{13}+\tau_{14})},$$

$$W_{(\bullet\bullet)(\bullet\bullet)} = f_5(\frac{z_2-z_1}{z_4-z_1}, \frac{z_4-z_3}{z_4-z_1})(z_2-z_1)^{\overline{\hbar}\tau_{12}}(z_4-z_3)^{\overline{\hbar}\tau_{34}}(z_4-z_1)^{\overline{\hbar}(\tau_{13}+\tau_{14}+\tau_{23}+\tau_{24})}$$

があることがわかる[3]．ここで，$f_i(u,v)$ は，$(0,0) \in \mathbb{C}^2$ の近傍で定義され $f_i(0,0) = 1$ であるような解析関数である．$n=3$ の場合の議論を拡張することにより，これらの解は次の関係式

$$W_{((\bullet\bullet)\bullet)\bullet} = W_{(\bullet(\bullet\bullet))\bullet}\, \varphi_{\mathrm{KZ}}(\hbar\tau_{12}, \hbar\tau_{23}),$$

$$W_{(\bullet(\bullet\bullet))\bullet} = W_{\bullet((\bullet\bullet)\bullet)}\, \varphi_{\mathrm{KZ}}\bigl(\hbar(\tau_{12}+\tau_{13}), \hbar(\tau_{24}+\tau_{34})\bigr),$$

$$W_{\bullet((\bullet\bullet)\bullet)} = W_{\bullet(\bullet(\bullet\bullet))}\, \varphi_{\mathrm{KZ}}(\hbar\tau_{23}, \hbar\tau_{34}),$$

$$W_{((\bullet\bullet)\bullet)\bullet} = W_{(\bullet\bullet)(\bullet\bullet)}\, \varphi_{\mathrm{KZ}}\bigl(\hbar(\tau_{13}+\tau_{23}), \hbar\tau_{34}\bigr),$$

$$W_{(\bullet\bullet)(\bullet\bullet)} = W_{\bullet(\bullet(\bullet\bullet))}\, \varphi_{\mathrm{KZ}}\bigl(\hbar\tau_{12}, \hbar(\tau_{23}+\tau_{24})\bigr)$$

をみたすことがわかる．

よって，$n=2,3$ のときと同様にして，モノドロミー表現 $\rho_{\mathrm{KZ}} : B_4 \to \mathrm{End}(V^{\otimes 4})$ が

$$\rho_{\mathrm{KZ}}(\sigma_1) = P_{12} \circ e^{\hbar\tau_{12}/2},$$

$$\rho_{\mathrm{KZ}}(\sigma_2) = (\Phi_{\mathrm{KZ}}^{-1} \otimes 1)(P_{23} \circ e^{\hbar\tau_{23}/2})(\Phi_{\mathrm{KZ}} \otimes 1),$$

$$\rho_{\mathrm{KZ}}(\sigma_3) = (\Delta \otimes 1 \otimes 1)\Phi_{\mathrm{KZ}}^{-1} \cdot (P_{34} \circ e^{\hbar\tau_{34}/2}) \cdot (\Delta \otimes 1 \otimes 1)\Phi_{\mathrm{KZ}}$$

---

[3] W の添字の括弧つき点列の意味について，たとえば，$((\bullet\bullet)\bullet)\bullet$ は，「z_1 と z_2 がとても近く，z_3 がそれらにやや近く，z_4 は離れていること」，すなわち，微小な ε について $(0, \varepsilon^2, \varepsilon, 1)$ のような点を意味する．

で与えられることがわかる．後述する括弧つき組みひもを用いると，このモノドロミー表現は

$$\rho_{\mathrm{KZ}}\left(\begin{array}{c}\text{((••)•)•}\\\diagram\\\text{((••)•)•}\end{array}\right) = (P \circ e^{\hbar\tau/2}) \otimes 1 \otimes 1,$$

$$\rho_{\mathrm{KZ}}\left(\begin{array}{c}\text{•((••))•}\\\diagram\\\text{•((••))•}\end{array}\right) = 1 \otimes (P \circ e^{\hbar\tau/2}) \otimes 1,$$

$$\rho_{\mathrm{KZ}}\left(\begin{array}{c}\text{((••)•)•}\\\diagram\\\text{((••)•)•}\end{array}\right) = 1 \otimes 1 \otimes (P \circ e^{\hbar\tau/2}),$$

$$\rho_{\mathrm{KZ}}\left(\begin{array}{c}\text{•((••))•}\\\diagram\\\text{((••)•)•}\end{array}\right) = \Phi_{\mathrm{KZ}} \otimes 1,$$

$$\rho_{\mathrm{KZ}}\left(\begin{array}{c}\text{(••)(••)}\\\diagram\\\text{((••)•)•}\end{array}\right) = (\Delta \otimes \mathrm{id} \otimes \mathrm{id})\Phi_{\mathrm{KZ}}$$

のように表示される．$e^{\hbar\tau/2}$ は $n=2$ のときの KZ 方程式の解から導かれ，Φ_{KZ} は $n=3$ のときの KZ 方程式の解から導かれたのであった．$n=4$ のときのモノドロミー表現はこれらのデータに余積 Δ を適用したものから構成されること（新しいデータは必要ないこと）に注意しよう．5.4 節で述べるように，一般の n の B_n のモノドロミー表現もこれらのデータに余積 Δ を適用したものから構成される．

5.3 配置空間のコンパクト化

前節で $W_{((••)•)•}$ や $W_{•((••))•}$ のような形の KZ 方程式の解を考えた．これらは，微小な ε について $(0, \varepsilon^2, \varepsilon, 1)$ や $(0, \varepsilon-\varepsilon^2, \varepsilon, 1)$ のような点における解である．これらの点の $\varepsilon \to 0$ における極限を考えたい．$\mathbb{R}^4$ において通常の極限を考えるとこれらの極限は同じになってしまうが，関数 $W_{((••)•)•}$ や $W_{•((••))•}$ はそれらの極限で異なる値をとるので，それらの関数をその極限に拡張するため

5.3 配置空間のコンパクト化

に，それらの極限を区別するように「適切な極限」を定式化したい．このために，本節では，配置空間のコンパクト化のブローアップを導入する．$((\bullet\bullet)\bullet)\bullet$ や $(\bullet(\bullet\bullet))\bullet$ はそのブローアップの胞体分割の 0 胞体として再定式化される．

実軸 $\mathbb{R}$ の異なる n 点の配置の全体からなる配置空間を

$$Y_n = \{(t_1, t_2, \ldots, t_n) \in \mathbb{R}^n \mid \text{任意の } i \neq j \text{ について } t_i \neq t_j\}$$

とおく．n 次対称群 $\mathfrak{S}_n$ は n 点のいれかえにより Y_n に作用する．この作用による商空間を

$$Y_n/\mathfrak{S}_n = \{(t_1, t_2, \ldots, t_n) \in \mathbb{R}^n \mid t_1 < t_2 < \cdots < t_n\}$$

とおく．さらに，空間 $Y_n/\mathfrak{S}_n$ 上のアフィン変換 $t \mapsto at+b$ の作用を考える．この作用による商空間を Y_n' とすると，これは

$$Y_n' = \{(t_2, \ldots, t_{n-1}) \in \mathbb{R}^{n-2} \mid 0 < t_2 < \cdots < t_{n-1} < 1\}$$

のようにおくことができる．

$n = 3$ のときは，

$$Y_3' = \{t_2 \in \mathbb{R} \mid 0 < t_2 < 1\}$$

のようになる．そのコンパクト化を

$$\overline{Y_3'} = \{t_2 \in \mathbb{R} \mid 0 \leq t_2 \leq 1\}$$

のように定める．$t = 0$ と $t = 1$ に対応する $\overline{Y_3'}$ の 2 つの 0 胞体をそれぞれ $(\bullet\bullet)\bullet$ と $\bullet(\bullet\bullet)$ とかくことにして，これらを 3 点の**括弧つき点列**ということにする．さらに，$\bullet(\bullet\bullet)$ から $(\bullet\bullet)\bullet$ の方向に向きづけられた $\overline{Y_3'}$ の 1 胞体を とかくことにする．この 1 胞体に逆の向きをいれたものは のように表される．$\overline{Y_3'}$ の道は と のコピーの積で表すことができることに注意しよう．

$n = 4$ のときは，

$$Y_4' = \{(t_2, t_3) \in \mathbb{R}^2 \mid 0 < t_2 < t_3 < 1\}$$

のようになる．Y_4' を

$$\{(t_2, t_3; s_1, s_2) \in \mathbb{R}^2 \times \mathbb{R}^2 \mid 0 < t_2 < t_3 < 1, \quad s_1 = \frac{t_2}{t_3}, \quad s_2 = \frac{t_3 - t_2}{1 - t_2}\}$$

のように $\mathbb{R}^2 \times \mathbb{R}^2$ に埋め込んで閉包をとったものを $\overline{Y_4'}$ とする．Y_4' を $\mathbb{R}^2$ において閉包をとると

$$\{(t_2, t_3) \in \mathbb{R}^2 \mid 0 \leq t_2 \leq t_3 \leq 1\}$$

のように3角形（下の左図）になるが，$\overline{Y_4'}$ は位相的には5角形（下の右図）になる．

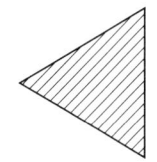

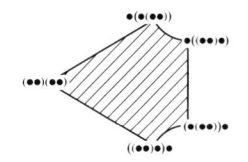

この両者の違いは何であるのか，$(t_2, t_3) = (0, 0)$ の近傍に注目して，見てみよう．この場合，パラメータ s_1 を追加してから閉包をとったことが，その違いを生じさせている．パラメータ s_1 を追加する前は問題の領域は次の左図のグレーの領域であった．

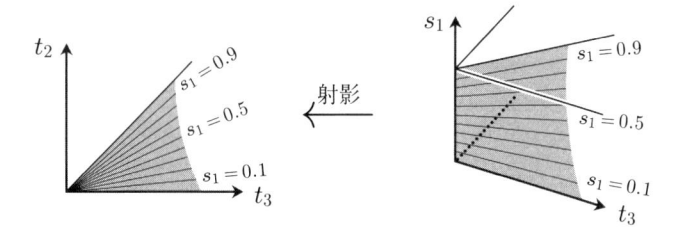

左図のグレーの領域について，s_1 を定数とみなして半直線 $t_2 = s_1 t_3$ の族を考えて，それらを合併したものであるとみなすことにする．上の右図は，s_1 を高さ方向の新たな座標軸として設定し，それらの半直線の族を s_1 方向に広げて配置したものである．大まかなイメージとして，扇子の留め金の部分をこわしてビローンと広げた状態を想像してもらうとよいかもしれない．グレーの領域を，左図の $\mathbb{R}^2$ で閉包をとったコンパクト化と，右図の $\mathbb{R}^3$ で閉包をとったコンパクト化は，どのように異なるのか考えてみよう．右図のコンパクト

化から左図のコンパクト化へ自然な射影がある．この射影は，$(t_2, t_3) = (0, 0)$ 以外のところでは1対1写像である．しかし，$(t_2, t_3) = (0, 0)$ のところでは，この射影は線分を1点につぶしている．このような状況であるとき，右図のコンパクト化を左図のコンパクト化の**ブローアップ**であるという[4]．$(0, t_2, t_3)$ の $(t_2, t_3) \to (0, 0)$ における極限を考えたとき，ブローアップする前は (••)• と •(••) が同じ極限であるが，ブローアップした後は (••)• と •(••) は区別されていることに注意しよう．グレーの領域において $(t_2, t_3) = (0, 0)$ にどちらの方向から近づいたのかという情報を（左図では無視されてしまうが）右図では覚えている，ということが今の場合のブローアップの意義である．このようにブローアップを考えることにより，Y_4' 上の KZ 方程式の解を $\overline{Y_4'}$ に拡張することができる．

上述のように $\overline{Y_4'}$ の5つの0胞体を •(•(••)), (••)(••), ((••)•)•, •((••)•), (•(••))• とおき，これらを4点の**括弧つき点列**ということにする．これらは Y_4' の点 $(t_2, t_3) = (1-\varepsilon, 1-\varepsilon^2), (\varepsilon, 1-\varepsilon), (\varepsilon^2, \varepsilon), (1-\varepsilon, 1-\varepsilon+\varepsilon^2), (\varepsilon, \varepsilon+\varepsilon^2)$ の $\varepsilon \to 0$ の極限として得られる $\overline{Y_4'}$ の点である．$\overline{Y_4'}$ の5つの1胞体を

$$\tag{5.21}$$

とかく．$\overline{Y_4'}$ の2胞体は後述する5角関係式 (5.23) に対応している．$\overline{Y_4'}$ の1骨格[5]の道は (5.21) の1胞体とその逆元のコピーの積で表されることに注意しよう．$\overline{Y_4'}$ の1骨格の2つの道がホモトピックになるのは，それらが5角関係式 (5.23)（すなわち，2胞体）で関係づけられるときである．

$n = 5$ のときは

$$Y_5' = \{(t_2, t_3, t_4) \in \mathbb{R}^3 \mid 0 < t_2 < t_3 < t_4 < 1\}$$

のようになる．$\mathbb{R}^3$ においてその閉包をとると

---

[4] 代数幾何で現れる「ブローアップ」とは，たとえば，複素代数曲面 X から複素代数曲面 Y への写像で，ある場所では $\overline{\mathbb{C}P^1}$ を1点につぶして，それ以外の場所では1対1写像であるとき，X を Y のブローアップであるという．これに対して，本文のように実多様体で考えるブローアップは**実ブローアップ**とよばれる．

[5] すべての0胞体と1胞体の和集合を **1骨格** (1-skeleton) という．

$$\{(t_2, t_3, t_4) \in \mathbb{R}^3 \mid 0 \leq t_2 \leq t_3 \leq t_4 \leq 1\}$$

のようになり，これは次の左図のような4面体である．

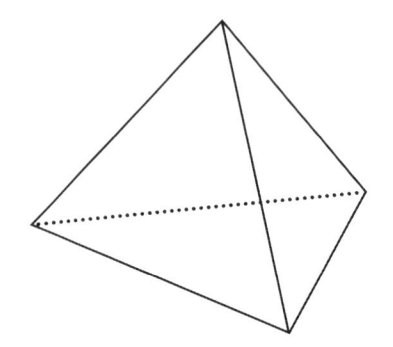

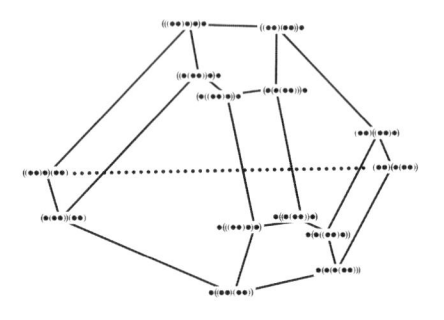

左図の4面体に対して適切にブローアップを繰り返すと（適切なパラメータを追加してから Y_5' の閉包をとると）上の右図のようになり，これを $\overline{Y_5'}$ とする．$\overline{Y_5'}$ の5角形の2胞体は5角関係式 (5.23) に対応する．ここで，(5.23) における │ は │ か ││ を意味する．$\overline{Y_5'}$ の4角形の2胞体は後述する関係式 (5.24) に対応する．ここで，(5.24) における T_1, T_2, T_3 のいずれかが │╱│ である．

一般の n について，Y_n' のコンパクト化 $\overline{Y_n'}$ は以下のように与えられる．$\overline{Y_n'}$ の0胞体は n 点の括弧つき点列で与えられる．ここで，n 点の**括弧つき点列**とは，n 点を2項結合する順序を括弧で指定したもののことである．括弧つき点列と鉛直線分の直積を**括弧つき自明タングル図式**ということにする．たとえば，

のようなものが括弧つき自明タングル図式である．│╱│ か │╲│ のいずれかの各 │ に括弧つき自明タングル図式をいれて，その左右に括弧つき自明タングル図式を付け加えたものを**括弧つき自明タングルの基本図式**ということにする．たとえば，

のようなものが括弧つき自明タングルの基本図式である．$\overline{Y'_n}$ の 1 胞体は括弧つき自明タングルの基本図式で与えられる．（以下では，括弧つき自明タングル図式も括弧つき自明タングルの基本図式に含めて考えることにする．）さらに，$\overline{Y'_n}$ の 2 胞体は下記に述べる関係式 (5.23), (5.24) と関係式 (5.25) の右の式に対応する．ここで，これらの関係式において各 $\big|$ は括弧つき自明タングル図式を意味する．さらに，関係式 (5.24), (5.25) の各々において，T_i のうちのいずれかや T は括弧つき自明タングルの基本図式である．

$\overline{Y'_n}$ の 1 骨格の道は 1 胞体 (括弧つき自明タングルの基本図式) の合成で表されることに注意しよう．

命題 5.7 括弧つき自明タングルの基本図式の合成が 2 つあって，それらの上端と下端の括弧つき点列がそれぞれ等しいとき，それらの合成は次の関係式 (5.22)–(5.25) を有限回適用してうつりあうことができる．

$$\tag{5.22}$$

$$\tag{5.23}$$

$$\tag{5.24}$$

$$\tag{5.25}$$

関係式 (5.23) は **5 角関係式** (pentagon relation) と呼ばれる．

命題 5.7 はモノイド圏 (monoidal category) のコヒーレンス定理 (coherence theorem)[6] ([90] 参照) と同値である．これは，後述する定理 5.8 で，組みひも

---
[6] 5 角関係式などの関係式によってモノイド圏が整合性をもって定義されていることを保証する

テンソル圏 (braided tensor category) のコヒーレンス定理 ([95] や [62, 6] を参照) に拡張される.

命題 5.7 の証明　命題で与えた 2 つの合成は，$\overline{Y'_n}$ の 1 骨格の 2 つの道で始点と終点がそれぞれ等しいものを与える．よって，それらの合併として，$\overline{Y'_n}$ の 1 骨格の閉じた道が得られる．$\overline{Y'_n}$ は $(n-2)$ 次元球面と同相なので単連結であり，よって，$\overline{Y'_n}$ の 2 骨格も単連結である．したがって，上述の閉じた道は，1 点にホモトピックであり，$\overline{Y'_n}$ の 2 胞体に対応する関係式を有限回適用することにより 1 点につぶすことができる．よって，命題の 2 つの合成は命題の関係式を有限回適用することによりうつりあうことができる．∎

括弧つき組みひも

上端と下端が括弧つき点列であるような組みひもを**括弧つき組みひも**ということにする．次の括弧つき組みひも

を**基本括弧つき組みひも**ということにする．ここで，各 │ は括弧つき自明タングル図式を意味する．任意の括弧つき組みひもは，基本括弧つき組みひもと括弧つき自明タングル図式のテンソル積[7]を合成してつくることができる．括弧つき組みひもについて，そのように基本括弧つき組みひもに分解する分解方法を指定したものを**括弧つき輪切り組みひも**ということにする．

定理 5.8　括弧つき点列を 1 つ固定する．2 つの括弧つき輪切り組みひもで上端と下端がその括弧つき点列になるようなものがあったとき，それらが組みひもとしてイソトピックであることの必要十分条件は，それらが関係式 (5.22)–(5.25) と下記の関係式 (5.26)–(5.28) を有限回適用することによりうつりあうことである．ここで，関係式 (5.24), (5.25), (5.27) の各々において，T_i

---

定理.
[7] つまり，それらを横に並べたもの．

や T は基本括弧つき組みひもである.

$$\text{(図)} = \text{(図)} = \text{(図)} \tag{5.26}$$

$$\boxed{T_1}\boxed{T_2} = \text{(図)}\boxed{T_2}\boxed{T_1} \tag{5.27}$$

$$\text{(図)} = \text{(図)}, \quad \text{(図)} = \text{(図)} \tag{5.28}$$

関係式 (5.28) は **6 角関係式** (hexagon relations) とよばれる.

定理 5.8 を標語的にかくと次のようになる.

$$B_n \cong \left\{ \begin{array}{l} \text{括弧つき輪切り組みひもで} \\ \text{上端と下端が与えられた} \\ \text{括弧つき点列であるもの} \end{array} \right\} \Big/ \text{関係式 (5.22)–(5.28)}$$

定理 5.8 の証明 2 つの括弧つき輪切り組みひもが定理の関係式でうつりあうとき,それらが組みひもとしてイソトピックであることはすぐにわかる.

逆に,2 つの括弧つき輪切り組みひもが組みひもとしてイソトピックであるとする.このとき,それらは命題 5.7 の関係式と組みひも群の関係式

$$\sigma_i \sigma_j = \sigma_j \sigma_i, \qquad (|i-j| \geq 2), \tag{5.29}$$

$$\sigma_i \sigma_{i+1} \sigma_i = \sigma_{i+1} \sigma_i \sigma_{i+1} \tag{5.30}$$

でうつりあう.よって,(5.29) と (5.30) が定理の関係式から得られることを示せばよい.(5.29) は (5.24) より得られる.(5.30) は

のようにして得られる．ここで，2番目の等号は (5.27) から得られ，1番目と 3 番目の等号は (5.28) から得られる．よって，(5.29) と (5.30) が定理の関係式から得られることが示された． ∎

注意 5.9 適切な設定のもとで 6 角関係式は 5 角関係式から導出できることが [41] で示されている．

5.4　モノドロミー表現の組合せ的な再構成

5.1 節では KZ 方程式の解にそった組みひも群のモノドロミー表現を導入した．しかし，この表現を定義より具体的に計算しようとすると，組みひもを配置空間の道で表してその道にそって KZ 方程式を解く必要があり，その計算を具体的に実行するのは一般には困難である．そこで，この計算を離散化するために前節で配置空間のコンパクト化（のブローアップ）を導入した．配置空間のコンパクト化の境界は自然に胞体分割され，その 1 骨格の道は括弧つき輪切り組みひもで表されることを前節で述べた．「配置空間の道」を考えるかわりに，「配置空間のコンパクト化の境界の 1 骨格の道」を考えることにより，組みひも群 B_n のモノドロミーの計算が離散化されて，モノドロミー表現を括弧つき組みひもの言葉で組合せ的に再構成することができる．「$n = 3$ の場合」と「$n = 4$ の場合」は B_n のモノドロミー表現が括弧つき組みひもの言葉でどのように表示されるのか，5.2 節で述べた．本節では，それらの場合から一般の n の場合への拡張について述べる．

一般の n について，5.2 節で述べた $n = 3, 4$ の場合を拡張することにより，組みひも群 B_n のモノドロミー表現 $\rho_{\mathrm{KZ}} : B_n \to \mathrm{End}(V^{\otimes n})$ は以下のように組合せ的に再構成される．まず，一番簡単な括弧つき組みひもについて，それら

の ρ_{KZ} を

$$\rho_{\mathrm{KZ}}\Big(\ \vcenter{\hbox{[diagram]}}\ \Big) = \Phi_{\mathrm{KZ}},$$

$$\rho_{\mathrm{KZ}}\Big(\ \vcenter{\hbox{[diagram]}}\ \Big) = P \circ e^{\hbar\tau/2}$$

のように定める．5.2 節で $n = 3, 4$ の場合に行ったように，1 とテンソル積をとったり，余積 Δ を適用したりすることにより，これらの式を拡張する．すなわち，括弧つき自明タングル図式を横にならべて追加するとき，その ρ_{KZ} の値は 1 とテンソル積をとった値に定める．また，ひもを 2 重化するとき，その ρ_{KZ} の値は余積 Δ を適用した値に定める．たとえば，

$$\rho_{\mathrm{KZ}}\Big(\ \vcenter{\hbox{[diagram]}}\ \Big) = 1 \otimes \big((\mathrm{id} \otimes \Delta \otimes \mathrm{id})\Phi_{\mathrm{KZ}}\big),$$

$$\rho_{\mathrm{KZ}}\Big(\ \vcenter{\hbox{[diagram]}}\ \Big) = 1 \otimes (P \circ e^{\hbar\tau/2}) \otimes 1 \otimes 1$$

のように ρ_{KZ} の値を定める．このようにして基本括弧つき組みひもの ρ_{KZ} の値を定めて，それらの合成として括弧つき輪切り組みひもの ρ_{KZ} の値を定める．そのようにして構成された ρ_{KZ} は，そもそも配置空間上の KZ 方程式の解をそのコンパクト化に拡張したモノドロミーによって定められているので，定理 5.8 のすべての関係式を自然にみたし，表現 $\rho_{\mathrm{KZ}} : B_n \to \mathrm{End}(V^{\otimes n})$ を定める．

　上のように定めた ρ_{KZ} が定理 5.8 の関係式 (5.22)–(5.28) をみたすことについて，多くの関係式は (KZ 方程式までもどらなくても) 直接チェックすることもできる．関係式 (5.22), (5.25), (5.26) をみたすことは ρ_{KZ} の定め方よりすぐにわかる．関係式 (5.24), (5.27) をみたすことは，補題 5.1 を用いると，示すことができる．5 角関係式 (5.23) と 6 角関係式 (5.28) は非自明な関係式であり，これらは KZ 方程式にもどって考察することにより示すことができる (とくに，5 角関係式は 5.2 節の「$n = 4$ の場合」で述べた $W_{((\bullet\bullet)\bullet)\bullet}$ などの間の 5 つの関係式を用いて示すことができる)．

初期データとして

$$\mathcal{R}_{\text{KZ}} = e^{\hbar\tau/2} \in U(\mathfrak{g})^{\otimes 2}[[\hbar]] \quad \text{と} \quad \Phi_{\text{KZ}} \in U(\mathfrak{g})^{\otimes 3}[[\hbar]]$$

が適切に（5角関係式と6角関係式をみたすように）与えられれば，上述のようにして組みひも群のモノドロミー表現 ρ_{KZ} が構成されることに注意しよう．つまり，$(\mathcal{R}, \Phi)$ が定理 5.8 の条件をみたすように定められたとき（KZ 方程式のことは忘れて）組みひも群の表現を構成することができる．前章で述べた量子群による組みひも群の表現の構成も，そのような構成法の 1 つであるとみなすことができて，さらに，次の定理が成立することが知られている．

定理 5.10 （河野–ドリンフェルト） 任意の単純リー環 $\mathfrak{g}$ とその表現 V について，上記の表現 ρ_{KZ} と前章で述べた量子 $(\mathfrak{g}; V)$ 不変量を与える組みひも群の表現は共役である．

証明は，準ホップ代数の変形理論により示される．5角関係式と6角関係式をみたすような $(\mathcal{R}, \Phi)$ から，準3角ホップ代数の概念をゆるめた代数が定義されるが，それが準3角準ホップ代数である．前章の組みひも群の表現は量子群 $U_q(\mathfrak{g})$（の完備化）と普遍 R 行列 $\mathcal{R}$ と自明な $\Phi = 1$ からなる準3角（準）ホップ代数から定式化され，本章の組みひも群の表現は $U(\mathfrak{g})[[\hbar]]$ と $\mathcal{R}_{\text{KZ}}$ と Φ_{KZ} からなる準3角準ホップ代数から定式化される．単純リー環が与えられたとき，古典極限 $\hbar \to 0$ における準3角ホップ代数が自然に定まるが，これを複素パラメータ $\hbar$ で摂動して準3角準ホップ代数として変形する方法は本質的に唯一つしかないこと（実際には複数あるが，それらは互いに適切な変換でうつりあうこと）を示すことができて，$U_q(\mathfrak{g})$（の完備化）と $U(\mathfrak{g})[[\hbar]]$ は準3角準ホップ代数として同型であることがわかり，これより定理 5.10 を示すことができる．（証明は長い．[62, 112] を参照されたい．）

第6章 ◇ 絡み目のコンセビッチ不変量

単純リー環 $\mathfrak{g}$ とその V 上の表現を与えるごとに，絡み目の量子 $(\mathfrak{g}, V)$ 不変量が定義されるのであった．単純リー環 $\mathfrak{g}$ は無限個あり，各 $\mathfrak{g}$ に対してその表現は無限個あるので，膨大な数の不変量が定義されていることになる．第 4 章では，各 $\mathfrak{g}$ を固定するたびに，$\mathfrak{g}$ のすべての表現に対して量子 $(\mathfrak{g}, V)$ 不変量は普遍 $\mathfrak{g}$ 不変量に統一されることを述べた．本章では，コンセビッチ不変量を導入し，すべての $(\mathfrak{g}, V)$ に対して量子 $(\mathfrak{g}, V)$ 不変量はコンセビッチ不変量に統一されることを述べる．

歴史的には，1980 年代に大量の R 行列を用いて大量の絡み目不変量が発見され，さらに，量子群が導入されたことにより，それらの大量の不変量は量子 $(\mathfrak{g}, V)$ 不変量として交通整理されたのであった．そして，それらの膨大な数の不変量をどのように統一的に扱って研究すればよいのかが問題となったが，1990 年代にコンセビッチ不変量が導入され，すべての量子不変量がコンセビッチ不変量に統一されることが明らかになった．

コンセビッチ不変量は，前章で述べた量子 $(\mathfrak{g}, V)$ 不変量の構成を普遍化することにより，定式化される．すなわち，$(\mathfrak{g}, V)$ を普遍化した概念として，1,3 価グラフを用いてヤコビ図の空間を導入し，ヤコビ図の空間に値をもつ KZ 方程式を考えて，その解にそったモノドロミーを用いて，コンセビッチ不変量をヤコビ図の空間の元として定式化する．ヤコビ図は細線と太線からなるグラフであるが，細線に $\mathfrak{g}$ を，太線に V を「代入」することにより，コンセビッチ不変量から量子 $(\mathfrak{g}, V)$ 不変量が復元する．

本章では，コンセビッチ不変量を導入し，これがすべての量子不変量を統一することを示す．6.1 節では，ヤコビ図を導入し，その基本的な性質を示す．6.2 節では，ヤコビ図の空間に値をもつ KZ 方程式を考え，これを用いてコンセビッチ不変量を定義する．6.3 節では，括弧つき組みひもの一般化として q タングルを導入し，これを用いてコンセビッチ不変量を組合せ的に再構成する．6.4 節では，重み系を導入し，重み系によってコンセビッチ不変量からすべての量子不変量が復元することを述べる．コンセビッチ不変量について [23, 79] も参照されたい．

6.1 ヤコビ図

本節では，ヤコビ図を導入し，その基本的な性質を示す．6.4 節で後述するように，リー環 $\mathfrak{g}$ とその V 上の表現について，$\mathfrak{g}$ と V をヤコビ図に「代入」することができ，その意味でヤコビ図を普遍的な $(\mathfrak{g}, V)$ であるとおもうことができる．ヤコビ図について [7] も参照されたい．

各頂点が 1 価頂点か 3 価頂点であるようなグラフを **1,3 価グラフ** (uni-trivalent graph) という．ここで，n 本の辺がでている頂点を n **価頂点**という．3 価頂点からでる 3 つの辺の巡回順序が指定されているとき，その 3 価頂点を**有向**であるという．X を有向コンパクト 1 次元多様体とする．X 上の**ヤコビ図** (Jacobi diagram) とは，1,3 価グラフであって，その 1 価頂点たちが X の異なる点であり，各 3 価頂点が有向であるようなものである．同相なヤコビ図は同じヤコビ図とみなす．たとえば，次の図は S^1 上のヤコビ図である．

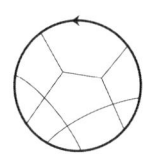

ここで，ヤコビ図をかくとき，1 次元多様体 X を太線でかき，1,3 価グラフを細線でかくことにする．また，ヤコビ図の絵において，各 3 価頂点は反時計まわりに向きづけられているものとする．また，ヤコビ図の絵において，辺と辺が交差している部分には（4 価頂点があるのではなく）頂点はない．ヤコビ図において，その 1 価頂点と 3 価頂点の合計数の半分をそのヤコビ図の**次数** (degree) という．たとえば，上図のヤコビ図の次数は 5 である．1,3 価グラフの連結成分で 3 価頂点をもたないもの（つまり「線分」の形状の連結成分）を**コード** (chord)[1] という．1,3 価グラフがコードのみからなるようなヤコビ図を**コード図** (chord diagram) という．コード図の次数はコードの本数に等しい．

X 上のヤコビ図の全体がはるベクトル空間を次の 3 つの関係式でわってでき

---
[1] ここで言う「コード」とは，電気のコード (cord) の意味ではなく，ハープのような楽器の弦 (chord) の意味である．

6.1 ヤコビ図

る商ベクトル空間を $\mathcal{A}(X)$ とかき，X 上のヤコビ図の空間という．

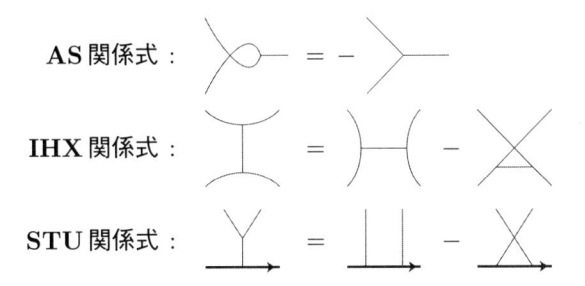

AS 関係式：

IHX 関係式：

STU 関係式：

AS 関係式は，ヤコビ図の中のある3価頂点の向きを逆にすると $\mathcal{A}(X)$ の元として (-1) 倍になることを意味する．IHX 関係式は，ヤコビ図の一部分が IHX 関係式の3つの絵のように異なる3つのヤコビ図は $\mathcal{A}(X)$ の元としてそのような関係式をみたすことを意味する．STU 関係式の意味も，同様である．ヤコビ図の次数に関する $\mathcal{A}(X)$ の完備化も，記号を混用して，$\mathcal{A}(X)$ とかくことにする[2]．

注意 6.1 「AS」の名前の由来は，反対称性 (anti-symmetry) の頭文字である．「IHX」の名前の由来は，関係式の絵の形状による．「STU」の名前の由来は，理論物理において，粒子の散乱過程を記述する s チャンネル，t チャンネル，u チャンネルというものを表すファインマン図式（[123] 参照）が STU 関係式の図に似ていることによる．これらの名前の命名はバーナタン (Bar-Natan) による．

理論物理において，経路積分を摂動展開するときにファインマン図式 (Feynman diagram) とよばれるある種の3価グラフを用いて粒子の相互作用を記述するのであった．その観点から，コンセビッチ不変量の数理物理的背景は，チャーン–サイモンズ経路積分という位相不変量を表す経路積分を摂動展開したものであるとみなすことができる（[112] 参照）．

STU 関係式の使い方について，次のことに注意する．上述の STU 関係式の定義式の左辺では細線のグラフの1価頂点が太線にのっているが，細線のグラフからこの1価頂点をみたとき太線が左向きになるようにヤコビ図の絵を配置した状態で STU 関係式を適用するものとする．つまり，太線の向きが逆

---
[2] すなわち，次数が大きくなっていくヤコビ図の無限列の線型和（形式的べき級数のようなもの）がそのような完備化の元である．後で定義するコンセビッチ不変量の値はそのような無限線型和なので，$\mathcal{A}(X)$ の定義をそのように拡張しておく．

であったときは，細線の配置を一旦次のように書き直してから STU 関係式を適用することになるので，この場合の右辺の符号は逆になることに注意されたい．

別の言い方をすると，STU 関係式の左辺の 3 価頂点において，太線につながる辺の次の巡回順序の辺（定義関係式では右上の辺）が STU 関係式の右辺では太線の川下につながる項の符号が "+" である．上の式の左辺と右辺の符号もそのようになっており，そのようにして我々は STU 関係式を適用することにする．

有向コンパクト 1 次元多様体 $C \sqcup X$ で，その連結成分の 1 つが C で，のこりの部分が X であるようなものを考える．$\mathcal{A}(C \sqcup X)$ 上で定義される，余積 (comultiplication)$\Delta_{(C)}$, 対合射 (antipode)$S_{(C)}$, 余単位射 (counit)$\varepsilon_{(C)}$ を以下のように導入する．まず，$C^{(2)}$ を C の 2 つの平行なコピーの排反和として，**余積** $\Delta_{(C)} : \mathcal{A}(C \sqcup X) \to \mathcal{A}(C^{(2)} \sqcup X)$ を

$$\Delta_{(C)}\left(\quad \right) = \sum^{2^k} $$

で定める．ここで，左辺の図は，太線が C で，C 上に k 個の 1 価頂点をもつヤコビ図を表し，右辺は，各 1 価頂点を $C^{(2)}$ のどちらかの成分につなげるすべての場合（2^k 通り）にわたる和を表す．次に，C の向きを逆にしたものを $\overline{C}$ として，対合射 $S_{(C)} : \mathcal{A}(C \sqcup X) \to \mathcal{A}(\overline{C} \sqcup X)$ を

$$S_{(C)}\left(\quad \right) = (-1)^k $$

で定める．ここで，左辺の図は，太線が C で，C 上に k 個の 1 価頂点をもつヤコビ図を表す．また，余単位射 $\varepsilon_{(C)} : A(C \sqcup X) \to A(X)$ を $C \sqcup X$ 上のヤコ

ビ図 D に対して

$$\varepsilon_{(C)}(D) = \begin{cases} 0 & C \text{ 上に } D \text{ の1価頂点があるとき} \\ D - C & C \text{ 上に } D \text{ の1価頂点がないとき} \end{cases}$$

で定める.さらに,$C^{(n+1)}$ を C の $(n+1)$ 個の平行なコピーの排反和として,写像 $\Delta_{(C)}^{(n)} : \mathcal{A}(C \sqcup X) \to \mathcal{A}(C^{(n+1)} \sqcup X)$ を

$$\Delta_{(C)}^{(n)} = \Delta_{(C_1)}^{(n-1)} \circ \Delta_{(C)}$$

で再帰的に定める.ここで,C_1 は $C^{(2)}$ の連結成分(すなわち,C のコピー)の1つである.

<u>命題 6.2</u> ([8]) $C \sqcup X$ を有向1次元多様体で,C はその1つの連結成分で線分と同相であるようなものとする.D_1 を $C \sqcup X$ のヤコビ図とする.

(1) D_2 を線分上のヤコビ図とするとき,D_2 の線分を D_1 の C の下端につなげてつくったヤコビ図と D_1 の C の上端につなげてつくったヤコビ図は,ヤコビ図の空間の元として等しい.すなわち,ヤコビ図の空間において,次式が成り立つ.

(2) D_2 を n 個の平行な線分の排反和の上のヤコビ図とするとき,D_2 の線分たちを $\Delta_{(C)}^{(n)}(D_1)$ の $C^{(n+1)}$ の下端につなげてつくったヤコビ図と $\Delta_{(C)}^{(n)}(D_1)$ の $C^{(n+1)}$ の上端につなげてつくったヤコビ図は,ヤコビ図の空間の元として等しい.すなわち,ヤコビ図の空間において,次式が成り立つ.

証明 (1) は次のように示される．ヤコビ図において，1価頂点につながっている 1,3 価グラフの辺を「足」ということにする．C 上にある D_1 の足を長くかいておくと，D_1 の各足は次のようにして D_2 と可換になることがわかる．

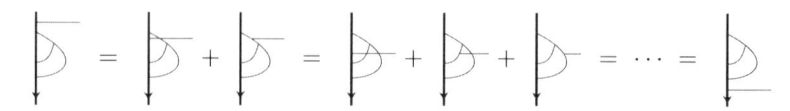

ここで，各等号は STU 関係式と IHX 関係式から帰結される．つまり，上式では，D_1 の 1 つの足を水平線でかいていて，その水平線の高さをだんだん下げていくと，各高さにおいて，その水平線で D_2 を切った切り口の各点にその水平線を接続することによってできるヤコビ図の和に元のヤコビ図は等しい，ということを上式は意味している[3]．そのようにして D_1 の各足を順に D_2 の上から下へ通過させることにより，(1) の式が示される．

(2) は次のように示される．簡単のため，$n = 1$ の場合に説明する．(1) の場合と同様に D_1 の足を長くかいておくと，その足に余積 Δ を適用したものは次のようにして D_2 と可換になる．

ここで，水平線が D_2 の上から下へ通過することができる理由は上述の場合と同様である．よって，上述の議論と同様にして (2) の式が得られる．■

注意 6.3 文献によっては次式で定められる記号

が用いられることがあるが，この記号を用いると上述の証明に現れる式は

─────
[3] そもそも，STU 関係式と IHX 関係式はそのような性質をみたす関係式として導入されている，というのがそれらの関係式の定義を理解するときの 1 つの理解の仕方である．このことは，後述するリー環の言葉で言うと，D_2（の重み系による像）がインタートワイナーを定めている，ということを意味している（6.4 節を参照されたい）．関係式の意味について，注意 6.17 も参照されたい．

のように表される.

命題 6.4
(1) 線分↓の両端をつなげて S^1 をつくることにより自然に定められる写像 $\mathcal{A}(\downarrow) \to \mathcal{A}(S^1)$ はベクトル空間の同型写像である.
(2) X を有向 1 次元多様体として，その連結成分を 1 つ指定しておく．このとき，S^1 とその連結成分の連結和をとる操作により，$\mathcal{A}(S^1)$ の $\mathcal{A}(X)$ への作用が定められる.
(3) $\mathcal{A}(S^1)$ は，S^1 と S^1 の連結和をとる操作により，可換代数になる．$\mathcal{A}(\downarrow)$ は，↓と↓をつなげる操作により，可換代数になる．また，(1) の同型は代数の同型写像になる.

証明 (1) は次のように示される．問題の写像が同型写像であることを言うためには，逆写像 $\mathcal{A}(S^1) \to \mathcal{A}(\downarrow)$ が適切に構成されることを言えばよい．S^1 をどこかの点で切って↓にすることにより，その逆写像を定めることにする．この写像が切断点によらずに定まることは，一般に，

が成り立つことより，わかる．ここで，2 番目の等号は命題 6.2 (1) の証明と同様にして示すことができる．よって，命題の (1) が得られる.

(2) は次のように示される．S^1 上のヤコビ図があったとき，X 上のヤコビ図への連結和を

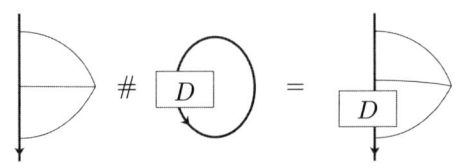

のようにして定める．すなわち，S^1 上のヤコビ図を S^1 のどこかの点で切断して↓上のヤコビ図にして，それを X の指定された連結成分のどこかに挿入する．ここで，S^1 の切断点のとり方によらないことは命題の (1) よりわかり，X の連結成分の挿入場所によらずに上式の右辺が定まることは命題 6.2 (1) の証

明と同様にしてわかる．よって，命題の (2) が得られる．

(3) の 1 つ目の主張は，(2) において X が S^1 である場合を考えることにより，すぐにわかる．(3) の 2 つ目の主張も，同様にして，わかる．(1) の同型写像が代数構造を保つことも，構成法よりすぐにわかる． ∎

練習問題 6.5 $C \sqcup X$ を有向 1 次元多様体で，C はその 1 つの連結成分で線分と同相であるようなものとする．D を $C \sqcup X$ 上のヤコビ図として，$\boxed{D}$ のようにかくことにする．このとき，次の式が成り立つことを示してみよう．

$$S_{(C_1)}\Delta_{(C)}D = \varepsilon_{(C)}D \qquad S_{(C_2)}\Delta_{(C)}D = \varepsilon_{(C)}D$$

ここで，C_1 と C_2 は C のコピーの 1 番目と 2 番目のものである．（証明について，[112] を参照されたい．）ホップ代数の定義関係式 (4.6) にも，同様の関係式があったことに注意しよう．

練習問題 6.6 4 次以下のヤコビ図からなる $\mathcal{A}(S^1)$ の部分空間は $\mathcal{A}(S^1)$ の代数構造を用いて次のヤコビ図で生成されること，すなわち，4 次以下の任意の S^1 上のヤコビ図は次のヤコビ図の積の線型和の形に表されることを示してみよう．（次の注意 6.7 を参照されたい．）

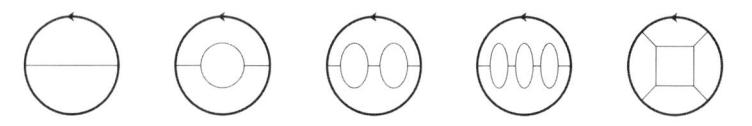

注意 6.7 非連結な 1,3 価グラフからなるヤコビ図は，たとえば

のように，連結な 1,3 価グラフのヤコビ図の積の線型和に等しくなることに注意しよう．また，ヤコビ図の中にある 3 角形は，次のように 2 角形に書き直すことができて，

$$\triangle = \frac{1}{2} \; \bigcirc \;,$$

2角形は1,3価グラフの連結成分の中の任意の場所に移動することができることにも注意しよう．

6.2 KZ方程式から導かれるコンセビッチ不変量の定義

前章でKZ方程式の解にそった組みひも群のモノドロミー表現を導入した．このモノドロミーは反復積分を用いて表示することができる．この反復積分表示を用いて，本節では，絡み目のコンセビッチ不変量を導入する．リー環とその表現をヤコビ図に普遍化することにより，コンセビッチ不変量はヤコビ図の空間の元として定義される．

5.1 節で述べたKZ方程式の設定を復習する．$\mathfrak{g}$を単純リー環として，そのV上の表現を考える．$\mathbb{C}$のn点の配置空間をX_nとする．配置空間の閉じた道$\gamma : [0,1] \to X_n$を考え，$\gamma(t) = (z_1(t), \ldots, z_n(t)) \in X_n \ (0 \leq t \leq 1)$とおく．KZ方程式の局所解を$W$として，道$\gamma$の$W$にそった持ち上げ$f : [0,1] \to V^{\otimes n}$を$f(t) = W(\gamma(t))$で定める．$f(0)$を$f(1)$にうつす線型写像として，その組みひもの表現が定められたのであった．

その線型写像を反復積分を用いて直接的に表示することを考える．KZ方程式の定義より，

$$\frac{df}{dt} = \sum_{1 \leq i \leq n} \frac{\partial W}{\partial z_i} \frac{dz_i}{dt} = \sum_{1 \leq i \leq n} \frac{\hbar}{2\pi\sqrt{-1}} \sum_{\substack{1 \leq j \leq n \\ j \neq i}} \frac{\tau_{ij}}{z_i - z_j} f \frac{dz_i}{dt}$$

$$= \frac{\hbar}{2\pi\sqrt{-1}} \sum_{1 \leq i < j \leq n} \frac{d}{dt} \log(z_i - z_j) \tau_{ij} f$$

となることがわかる．よって，関数$w : [0,1] \to U(\mathfrak{g})^{\otimes n}$を

$$w(t) = \frac{\hbar}{2\pi\sqrt{-1}} \sum_{1 \leq i < j \leq n} \frac{d}{dt} \log\left(z_i(t) - z_j(t)\right) \tau_{ij}$$

のように定めると，上述の方程式は

$$\frac{df(t)}{dt} = w(t)f(t) \tag{6.1}$$

のように書き直される．そこで，次の反復積分

$$I_m(t) = \int_{0 \leq t_1 \leq \cdots \leq t_m \leq t} w(t_m) \cdots w(t_1) \, dt_1 \cdots dt_m$$

を考える．すると，定義より

$$I_m(t) = \int_0^t w(t_m) I_{m-1}(t_m) \, dt_m$$

なので，この両辺を t で微分すると

$$\frac{d}{dt} I_m(t) = w(t) I_{m-1}(t)$$

となり，よって，$f(0) = \alpha \in V^{\otimes n}$ に対する (6.1) の解は

$$f(t) = \Big(1 + \sum_{m=1}^{\infty} I_m(t)\Big)\alpha$$

のように表示されることがわかる．したがって，$f(0)$ を $f(1)$ にうつす線型写像は

$$1 + \sum_{m=1}^{\infty} I_m(1) = 1 + \sum_{m=1}^{\infty} \int_{0 \leq t_1 \leq \cdots \leq t_m \leq 1} w(t_m) \cdots w(t_1) \, dt_1 \cdots dt_m \in U(\mathfrak{g})^{\otimes n}[[\hbar]]$$

のように表示されることがわかる．これが，今の場合の組みひものモノドロミーの反復積分表示である．

すべてのリー環 $\mathfrak{g}$ に対する量子 $(\mathfrak{g}, V)$ 不変量を統一するために，上述の議論においてリー環の部分をヤコビ図でおきかえることにより，ヤコビ図の空間に値をもつ組みひも群表現を構成することを考える．線分 ↓ の n 個のコピーの排反和 $\underbrace{\downarrow\downarrow \cdots \downarrow}_{n}$ を考える．その上のヤコビ図の空間 $\mathcal{A}\Big(\underbrace{\downarrow\downarrow \cdots \downarrow}_{n}\Big)$ は，$\underbrace{\downarrow\downarrow \cdots \downarrow}_{n}$

のコピーをたてに合成する操作を積として，代数になることがわかる．τ_{ij} を $\underbrace{\downarrow\downarrow\cdots\downarrow}_{n}$ 上のコード図で，i 番目の線分と j 番目の線分をつなぐ 1 本のコードのみからなるものとする．

$$\tau_{ij} \;=\; \Big|\cdots\cdots\overset{i\text{番目}\quad j\text{番目}}{\Big|\cdots\cdots\Big|}\cdots\cdots\Big|$$

前章で述べた KZ 方程式において，τ_{ij} を上述の τ_{ij} におきかえた方程式

$$dW \;=\; \frac{1}{2\pi\sqrt{-1}}\sum_{1\le i<j\le n}\tau_{ij}\frac{dz_i-dz_j}{z_i-z_j}W$$

を考える．今の場合，これは関数 $W:X_n\to\mathcal{A}\Big(\underbrace{\downarrow\downarrow\cdots\downarrow}_{n}\Big)$ に関する微分方程式である．この微分方程式の可積分性は補題 5.1 で与えた τ_{ij} の性質によって保証されていたのであった．今の場合の τ_{ij} についてこの性質を検証してみよう．補題 5.1 の第 1 式は，今の τ_{ij} の場合は

のようになり，自然に成立している．補題 5.1 の第 2 式は，今の τ_{ij} の場合は

$$\text{(6.2)}$$

のようになり，これは

のように STU 関係式を 2 回用いることによって示される．よって，5.1 節での議論と同様にして，今の場合の τ_{ij} に対して上述の KZ 方程式は可積分になり，

$\mathcal{A}(\underbrace{\downarrow\downarrow\cdots\downarrow}_{n})$ に値をもつ組みひも群表現が構成されることがわかる．さらに，与えられた組みひもに対して，その KZ 方程式の解にそったモノドロミーは，前述の $w(t)$ を今の場合の τ_{ij} を用いて再定義することにより，前述の反復積分で表示される．

上述の組みひも群表現の反復積分表示をふまえて，量子 $(\mathfrak{g},V)$ 不変量を統一するような絡み目の不変量をヤコビ図の空間の元として構成することを考える．簡単のため，結び目の場合に説明する．有向結び目 K を $\mathbb{C}\times\mathbb{R}$ の中において，高さ関数に関する極大点と極小点が有限個しかないようにする．実数のパラメータ $t_1, t_2, \ldots, t_m$ を $t_1 \leq t_2 \leq \cdots \leq t_m$ となるようにとる．各 t_i について，高さ t_i にある K の点を 2 つ選び，それらの 2 点を水平なコードでつなぐ．すべての t_i でそのような選択をすることを「配置」ということにする（下の左図）．配置 P に対して，結び目の埋め込み方を忘れてできるコード図を D_P とかく（下の右図）．

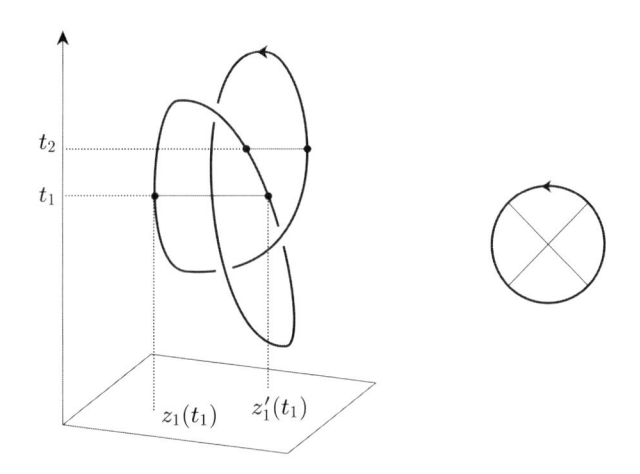

配置 P に対して，コードの端点において結び目が上向きになっているような端点の個数を $\#P_\uparrow$ とかくことにする．上図の例では $\#P_\uparrow$ は 3 である．また，高さ t_i のコードの端点の $\mathbb{C}$ における座標を $z_i(t_i), z_i'(t_i)$ とおく．このとき，$Z'(K) \in \mathcal{A}(S^1)/\mathrm{FI}$ を次の反復積分

6.2 KZ方程式から導かれるコンセビッチ不変量の定義

$$Z'(K) = \sum_{m=0}^{\infty} \frac{1}{(2\pi\sqrt{-1})^m}$$
$$\times \int_{t_1 \leq t_2 \leq \cdots \leq t_m} \sum_P (-1)^{\#P_\uparrow} \Big(\prod_{i=1}^m \frac{d}{dt_i} \log\big(z_i(t_i) - z'_i(t_i)\big)\Big) D_P dt_1 dt_2 \cdots dt_m$$

で定める.ここで,2つ目の和はすべての可能な配置 P をわたる.また,FI[4]は次の関係式

$$\textbf{FI 関係式}: \quad \reflectbox{$\subset$}\!\mid \ = \ 0$$

を意味する.すなわち,この関係式は,コードの両端の間の太線に他の1価頂点がないようなコードをもつヤコビ図は0とする,という意味の関係式である.K が組みひもであったとすると上記の反復積分は前述の反復積分に等しいことに注意しよう.有向結び目 K の**コンセビッチ不変量** (Kontsevich invariant) を

$$Z(K) \ = \ \frac{Z'(K)}{Z'(U)^M} \ \in \mathcal{A}(S^1)/\text{FI}$$

で定める.ここで,M は K の極大点の個数で,U は次の結び目

$$U \ = \ \downarrow\!\!\bigcup$$

であり,$Z'(U)$ は命題6.4 (2) で述べた作用により $Z'(K)$ に作用させる.ℓ 成分の有向絡み目 L についても,L のコンセビッチ不変量 $Z(L) \in \mathcal{A}(\sqcup^\ell S^1)/\text{FI}$ が同様に定義される.

$Z(L)$ の不変性の証明について,L を高さ関数を保って変形するときの不変性は KZ 方程式の可積分性から帰結され,隣接する極大点と極小点をキャンセルするような変形に対する不変性は $Z'(U)$ による正規化の項を用いて示される(詳しくは [7, 23] を参照されたい).次節で枠つき絡み目のコンセビッチ不変量を組合せ的に再構成して不変性を示すが,次節の議論から「枠」を忘れることによっても上記の $Z(L)$ の不変性を導くことができる.

---
[4] 「FI」の名前の由来は,「枠によらないこと」(framing independence) の頭文字である.

6.3 コンセビッチ不変量の組合せ的な再構成

前章では，括弧つき組みひもを導入することにより，KZ方程式の解にそった組みひも群のモノドロミー表現が組合せ的に再構成されることを述べた．そのことをふまえて，本節では，qタングルを導入することにより，コンセビッチ不変量が組合せ的に再構成されることを述べる．

$\mathbb{R} \times \mathbb{R} \times [0,1]$ のタングルであって，その端点が $\{0\} \times \mathbb{R} \times \{0,1\}$ の中の括弧つき点列になっているようなものを q **タングル** という．たとえば，次のようなものが q タングルの例である．

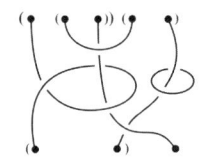

2つの q タングルは，端点の括弧つき点列を固定してイソトピックであるとき，**イソトピック**であるという．各成分に枠がつけられた q タングルを**枠つき q タングル**という．タングル図式のように，平面に q タングルを射影したものを q **タングル図式**という．

次の q タングル図式を**基本 q タングル図式** という．

ここで，$\Big|$ は，5.3節で述べたように，括弧つき自明タングル図式を表す．タングル図式のときと同様に，q タングル図式のテンソル積と合成を

$$(T_1 \otimes T_2) = \boxed{T_1 \mid T_2}, \qquad T_1 \circ T_2 = \boxed{\begin{array}{c} T_1 \\ \hline T_2 \end{array}}$$

で定める．ここで，合成 $T_1 \circ T_2$ は，T_1 の下端の括弧つき点列と T_2 の上端の括弧つき点列が等しいときに定義される．基本 q タングル図式のテンソル積の合

成の形にqタングル図式を分解したものを**輪切りqタングル図式**ということにする．任意のqタングル図式は，たとえば次の図のように，輪切りqタングル図式の形に変形することができる．

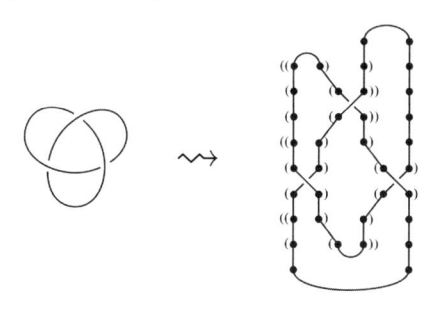

与えられたqタングルを輪切りqタングル図式で表す方法は一般に多くあるが，定理3.2と定理5.8より，イソトピックなqタングルを表す輪切りqタングル図式は互いにそれらの定理の移動でうつりあうことがわかる．RII, RIII 移動は定理5.8の移動に含まれることに注意すると，具体的に必要な移動はRI 移動と(3.3), (3.4), (5.22)–(5.28)の移動である．すなわち，

$$\{q\text{タングル}\}/\mathbb{R}^2 \times [0,1] \text{のイソトピー} \\ = \{\text{輪切り}q\text{タングル図式}\}/\text{RI}, (3.3), (3.4), (5.22)\text{–}(5.28) \text{の移動} \tag{6.3}$$

のようになることがわかる．

注意 6.8 (6.3)式における「RI移動と(3.3), (3.4)の移動」の意味について，正確には，それらの移動の両辺の輪切りqタングル図式の構造を1つ固定した移動を(6.3)式では意味している．たとえば，(3.3)の右側の移動について，輪切りqタングル図式の構造を

のように固定した移動を考えている．輪切りqタングル図式の構造の固定のやり方はこれ以外にもあるが，それらの移動の輪切りqタングル図式の構造をどのように固定しても，それらは互いに同値であることが，注意3.3で述べた議論と同様にしてわかる．

コンセビッチ不変量を組合せ的に再構成する準備として，結合子を導入する．

結合子 (associator) Φ とは，$\mathcal{A}(\downarrow\downarrow\downarrow)$ の群的[5]な可逆元で，$\varepsilon_2\Phi = 1 \in \mathcal{A}(\downarrow\downarrow)$ と次の2つの関係式をみたすものである．

$$\text{5角関係式：} \quad \boxed{\begin{array}{c}\Delta_3\Phi\\ \Delta_1\Phi\end{array}} \quad = \quad \boxed{\begin{array}{c}\Phi\\ \Delta_2\Phi\\ \Phi\end{array}} \tag{6.4}$$

$$\text{6角関係式：} \quad \boxed{\Delta_1 \exp(\pm H/2)} \quad = \quad \boxed{\begin{array}{c}\Phi\\ \exp(\pm H/2)\\ \Phi^{-1}\\ \exp(\pm H/2)\\ \Phi\end{array}} \tag{6.5}$$

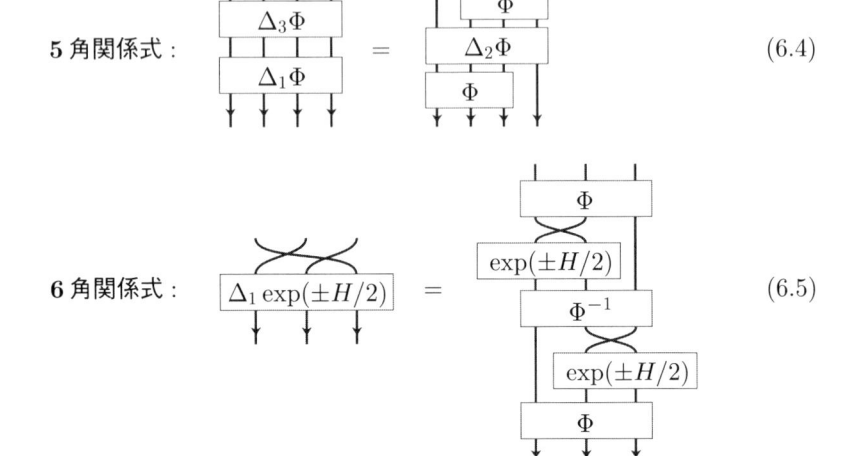

ここで，$H = \ \vphantom{|}$ であり，i 番目のひもに作用する Δ を Δ_i とかき，i 番目のひもに作用する ε を ε_i と書いている．関係式 $\varepsilon_2\Phi = 1$ と5角関係式から $\varepsilon_1\Phi = \varepsilon_3\Phi = 1$ であることが導かれることに注意する．また，次の関係式が6角関係式から導かれる．

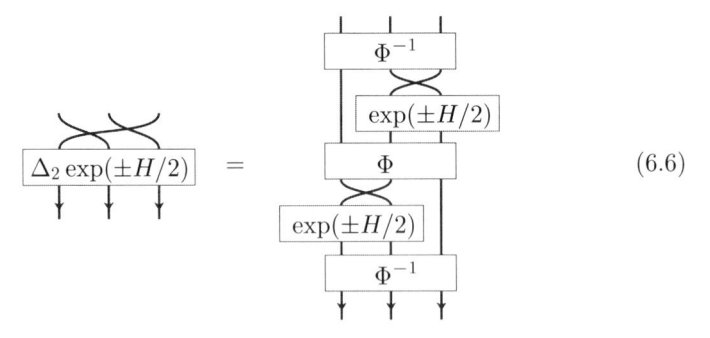

$$\boxed{\Delta_2 \exp(\pm H/2)} \quad = \quad \boxed{\begin{array}{c}\Phi^{-1}\\ \exp(\pm H/2)\\ \Phi\\ \exp(\pm H/2)\\ \Phi^{-1}\end{array}} \tag{6.6}$$

結合子の重要な例である**ドリンフェルト結合子** Φ_{KZ} が，(5.14) で定めた形式

---

[5] 「群的であること」の定義は第10章で後述する．本章では「Φ が群的である」という性質は用いない．また，「群的であること」という性質を用いて，5角関係式から6角関係式が導出されることが知られている ([41])．

6.3 コンセビッチ不変量の組合せ的な再構成

的べき級数 φ_{KZ} を用いて

$$\Phi_{\mathrm{KZ}} = \varphi_{\mathrm{KZ}}\Big(\;\Big\downarrow\!\Big\downarrow\;\Big\downarrow\;,\;\Big\downarrow\;\Big\downarrow\!\Big\downarrow\;\Big) \in \mathcal{A}(\downarrow\downarrow\downarrow)$$

のように定められる．φ_{KZ} は KZ 方程式の解にそったモノドロミーから導かれる形式的べき級数であるので，前章で行った議論と同様にして Φ_{KZ} が5角関係式と6角関係式をみたすことを示すことができて，Φ_{KZ} が結合子であることがわかる（詳しくは [112] を参照されたい）．結合子の定義関係式は，ドリンフェルト結合子だけではなく，多くの解をもつが，それらは互いにある種の変換でうつりあい，どの結合子を選んでもそこから構成される枠つき絡み目のコンセビッチ不変量の値は同じであることが知られている（[112] を参照されたい）．また，結合子の定義関係式は有理数係数なので，有理数係数の結合子が存在することが期待されるが，実際，そのような結合子が存在することが知られており，その低次の項は

$$\varphi(A,B) = \exp\Big(\frac{[A,B]}{48} - \frac{8[A,[A,[A,B]]] + [A,[B,[A,B]]]}{11520}$$
$$+ \frac{[A,[A,[A,[A,[A,B]]]]]}{60480} + \frac{[A,[A,[A,[B,[A,B]]]]]}{1451520}$$
$$+ \frac{13[A,[A,[B,[B,[A,B]]]]]}{1161216} + \frac{17[A,[B,[A,[A,[A,B]]]]]}{1451520}$$
$$+ \frac{[A,[B,[A,[B,[A,B]]]]]}{1451520}$$
$$- (A と B を交換したもの)$$
$$+ (8\,次以上の項)\Big)$$

のように表示されることが計算機を用いて計算することによりわかる．有理数係数の結合子が存在することにより，定理 6.12 で後述する絡み目のコンセビッチ不変量の値は有理数係数であることがわかる．

注意 6.9 第5章の (5.14) 式のところで前述したように φ_{KZ} の係数は多重ゼータ値を用いて表示されるが，これが5角関係式と6角関係式をみたすことより，多重ゼータ値に関する多くの関係式が導かれる．これらは数論的観点からみても非常に非自明な関係式である．

結合子 Φ が与えられたとき，元 ν を

$$\nu = \left(\begin{array}{c} \boxed{S_2\Phi} \end{array} \right)^{-1} \in \mathcal{A}(\downarrow)$$

で定める．ここで，2番目のひもに作用する対合射 S を S_2 とかいている．結合子の定義関係式の解として Φ の値は一意的ではないが，ν の値は Φ の選び方によらずに一意的に定まることが知られている（後述するように ν は自明結び目のコンセビッチ不変量の値に等しく，結合子の選び方によらない）．

練習問題 6.10 ν の低次の項を具体的に計算して，$\mathcal{A}(\downarrow)$ において可逆元であることを示してみよう．

注意 6.11 第10章で後述するように，$\mathcal{A}(\downarrow)$ と同型な $\mathcal{B}$ の元として，ν の一般項（すべての項）はベルヌーイ数を用いて具体的に表示されることが知られている．一方，有理数係数の結合子の一般項が具体的にどのように表示されるのかは，現時点で未解決である．

X を有向コンパクト 1 次元多様体として，X を $\mathbb{R}^2 \times [0,1]$ に埋め込んでできるタングルに向きと枠と q タングルの構造を与えた有向枠つき q タングル T を考える．（特別な場合として，T が有向枠つき絡み目である場合も念頭においている．）以下で T のコンセビッチ不変量 $Z(T) \in A(X)$ を定義する．まず，次の基本 q タングル図式に対して，そのコンセビッチ不変量を

$$Z\left(\bigg\downarrow \bigg\downarrow \bigg\downarrow\right) = \Phi, \quad Z\left(\bigg\downarrow \bigg\downarrow \bigg\downarrow\right) = \Phi^{-1},$$

$$Z\left(\bigtimes\right) = \boxed{\exp(H/2)}, \quad Z\left(\bigtimes\right) = \boxed{\exp(-H/2)},$$

$$Z\left(\cup\right) = \nu^{1/2}, \quad Z\left(\cap\right) = \nu^{1/2}$$

で定める．ここで，前述のように $H = $ ┃┃ とおいており，3つ目の式の右辺は次のような展開

$$\boxed{\exp(H/2)} = \bigg\Vert + \frac{1}{2}\bigtimes + \frac{1}{8}\bigg\Vert + \frac{1}{48}\bigg\Vert + \cdots$$

6.3 コンセビッチ不変量の組合せ的な再構成

を表している．次に，下向きに向きづけられた基本 q タングル図式に対して，そのコンセビッチ不変量の値を以下のように定める．前述のように $\downarrow$ を括弧つき自明タングル図式として，$Z\bigl(\,\vcenter{\hbox{\includegraphics[scale=0.3]{fig1}}}\,\bigr)$ と $Z\bigl(\,\vcenter{\hbox{\includegraphics[scale=0.3]{fig2}}}\,\bigr)$ の値を $Z\bigl(\,\vcenter{\hbox{\includegraphics[scale=0.3]{fig3}}}\,\bigr)$ と $Z\bigl(\,\vcenter{\hbox{\includegraphics[scale=0.3]{fig4}}}\,\bigr)$ に余積 Δ を繰り返し適用することにより定める．すなわち，図式 E の成分 C を2重化することにより図式 E' が得られるとき，$Z(E')$ の値を $\Delta_{(C)} Z(E)$ で定める．たとえば，

$$Z\bigl(\,\vcenter{\hbox{\includegraphics[scale=0.3]{fig5}}}\,\bigr) = \Delta_2 Z\bigl(\,\vcenter{\hbox{\includegraphics[scale=0.3]{fig6}}}\,\bigr) = \Delta_2 \Phi$$

のようになる．同様に $Z\bigl(\,\vcenter{\hbox{\includegraphics[scale=0.3]{fig7}}}\,\bigr)$ と $Z\bigl(\,\vcenter{\hbox{\includegraphics[scale=0.3]{fig8}}}\,\bigr)$ の値を $Z\bigl(\,\vcenter{\hbox{\includegraphics[scale=0.3]{fig9}}}\,\bigr)$ と $Z\bigl(\,\vcenter{\hbox{\includegraphics[scale=0.3]{fig10}}}\,\bigr)$ に余積 Δ を繰り返し適用することにより定める．さらに，任意に向きづけられた基本 q タングル図式に対して，そのコンセビッチ不変量の値を，上で定義された値に対合射 S を繰り返し適用することにより定める．すなわち，図式 E の成分 C の向きを逆にすることにより図式 E'' が得られるとき，$Z(E'')$ の値を $S_{(C)} Z(E)$ で定める．たとえば，

$$Z\bigl(\,\vcenter{\hbox{\includegraphics[scale=0.3]{fig11}}}\,\bigr) = S_2 Z\bigl(\,\vcenter{\hbox{\includegraphics[scale=0.3]{fig12}}}\,\bigr) = S_2 \Phi$$

のようになる．最後に，輪切り q タングル図式 T に対して，そのコンセビッチ不変量 $Z(T)$ の値を，上述の基本 q タングル図式のコンセビッチ不変量の値を合成することにより定める．

定理 6.12 与えられた結合子 $\Phi \in \mathcal{A}(\downarrow\downarrow\downarrow)$ に対して，$Z(T)$ は枠つき有向 q タングル T のイソトピー不変量になる．とくに，枠つき有向絡み目 L に対して，$Z(L)$ は L のイソトピー不変量になり，その値は Φ のとり方によらない．

$Z(T)$ を枠つき有向 q タングルの**コンセビッチ不変量**という．前述したように，枠つき絡み目 L のコンセビッチ不変量 $Z(L)$ の値は有理数係数である．また，

枠つき絡み目 L のコンセビッチ不変量 $Z(L) \in \mathcal{A}(\sqcup^l S^1)$ の値を FI 関係式でわった商空間 $\mathcal{A}(\sqcup^l S^1)/\mathrm{FI}$ におとしたものは 6.2 節で定義した（枠なしの）絡み目のコンセビッチ不変量に等しい．その意味で，定理は 6.2 節で定義したコンセビッチ不変量の組合せ的再構成を与えている．$Z(L)$ の値が結合子 Φ のとり方によらないことは，すべての結合子はある種の変換で互いにうつりあうことより示される（[112] を参照されたい）．

定理 6.12 の証明 $Z(T)$ の不変性について，(6.3) 式を枠つき q タングルの場合に書き直した式を考えることにより，$\overrightarrow{RI}$ 移動と (3.3), (3.4), (5.22)–(5.28) の移動で $Z(T)$ が不変であることを示せばよいことがわかる．以下では，それを示す．

(5.22) の移動で不変であることは，Φ と Φ^{-1} が互いに逆元であることよりわかる．(5.26) の移動で不変であることは，$\exp(H/2)$ と $\exp(-H/2)$ が互いに逆元であることよりわかる．

(5.23) の移動で不変であることは，結合子 Φ が 5 角関係式 (6.4) をみたすことよりわかる．(5.28) の移動で不変であることは，Φ が 6 角関係式 (6.5) とそこから導かれる関係式 (6.6) をみたすことよりわかる．

(5.24) と (5.27) の移動で不変であることは，Z の定義と命題 6.2 (2) よりわかる．

(5.25) の移動で不変であることは，Z の定義よりわかる．

$\overrightarrow{RI}$ 移動で不変であることは，枠をかえたときの Z の値の変化が次のようになること（下記の問題 6.13）よりわかる．

$$\begin{aligned} Z\bigl(\,\substack{\bigcirc}\,\bigr) &= Z\bigl(\,\bigcap\,\bigr) \,\#\, \exp\Bigl(\frac{\ominus}{2}\Bigr), \\ Z\bigl(\,\substack{\bigcirc}\,\bigr) &= Z\bigl(\,\bigcap\,\bigr) \,\#\, \exp\Bigl(-\frac{\ominus}{2}\Bigr) \end{aligned} \quad (6.7)$$

ここで，"#" は太線にそった連結和を表す．命題 6.4 (2) よりヤコビ図の連結和は適切に定義されていることに注意する．

(3.3) の右側の移動で不変であることは，次のようにして示される．

6.3 コンセビッチ不変量の組合せ的な再構成

$$Z\Bigl(\ \bigcup\ \Bigr)\ =\ \boxed{\nu^{1/2}\ S_2\Phi\ \nu^{1/2}}\ =\ \boxed{\nu\ S_2\Phi}\ =\ \Bigl|\ =\ Z\Bigl(\ \Bigl|\ \Bigr) \qquad (6.8)$$

ここで，2番目の等号は命題6.2 (1) より得られる．さらに，(3.3) の左側の移動で不変であることは，以下のようにして示される．まず，5角関係式で Z が不変であることより

$$Z\Bigl(\ \cdots\ \Bigr)\ =\ Z\Bigl(\ \cdots\ \Bigr) \qquad (6.9)$$

であることがわかる．この式の左辺と右辺をそれぞれ計算すると

$$((6.9)\,\text{式の左辺}) \ =\ Z\Bigl(\ \cdots\ \Bigr) \ =\ \boxed{\nu^{1/2}\ \nu^{1/2}\ S_2\Phi^{-1}\ \nu^{1/2}}\ ,$$

$$((6.9)\,\text{式の右辺}) \ =\ Z\Bigl(\ \cdots\ \Bigr) \ =\ Z\Bigl(\ \cap\ \Bigr) \ =\ \nu^{1/2}$$

のようになり，この両者を比較することにより，(3.3) の左側の移動で不変であることがわかる．

(3.4) の左側の移動で不変であることは，以下のようにして示される．まず，次の式が示される．

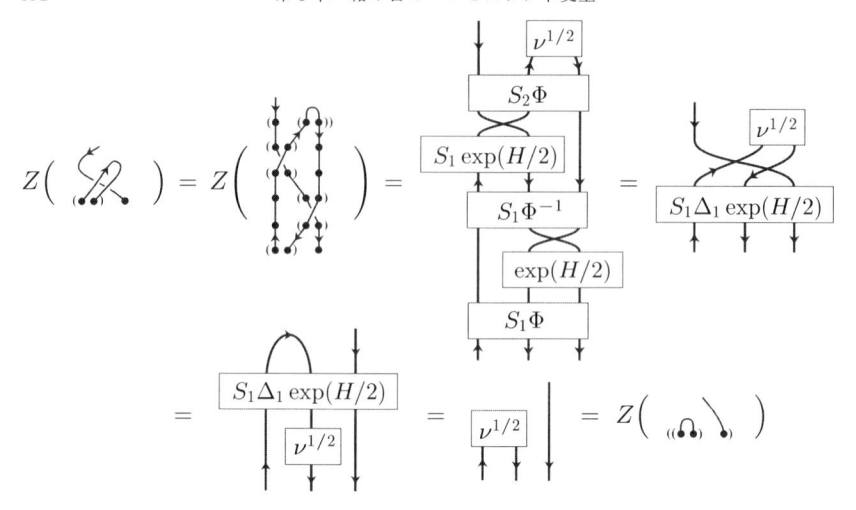

$$Z\left(\vcenter{\hbox{⟍}}\right) = Z\left(\vcenter{\hbox{⟍}}\right) = \begin{array}{c}\nu^{1/2}\\ S_2\Phi \\ S_1\exp(H/2) \\ S_1\Phi^{-1} \\ \exp(H/2) \\ S_1\Phi\end{array} = \begin{array}{c}\nu^{1/2}\\ S_1\Delta_1\exp(H/2)\end{array}$$

$$= \begin{array}{c} S_1\Delta_1\exp(H/2) \\ \nu^{1/2}\end{array} = \begin{array}{c}\nu^{1/2}\end{array} = Z\left(\vcenter{\hbox{⟍}}\right)$$

ここで，3番目の等号は6角関係式 (6.5) より得られ，4番目の等号は命題 6.2 (1) より得られ，5番目の等号は問題 6.5 より得られる．上式を用いて，(3.4) の左側の移動での不変性は次のように示される．

$$Z\left(\vcenter{\hbox{⟍}}\right) = Z\left(\vcenter{\hbox{⟍}}\right) = Z\left(\vcenter{\hbox{⟍}}\right) = Z\left(\vcenter{\hbox{⟍}}\right)$$

(3.4) の右側の移動での不変性も同様にして示される． ∎

練習問題 6.13 ひもの枠をかえたときのコンセビッチ不変量の値の変化は (6.7) 式のように表されることを示してみよう．

練習問題 6.14 C を円周とし，X をいくつかの円周の排反和とする．$C \sqcup X$ を $\mathbb{R}^3$ に埋め込んでできる絡み目に枠をつけることによってできる枠つき絡み目を $K \cup L$ とする．命題 4.8 の記法のもとで，$K \cup L$ のコンセビッチ不変量 $Z(K \cup L) \in \mathcal{A}(C \sqcup X)$ について，

$$Z(K^{(2)} \cup L) = \Delta_{(C)}(Z(K \cup L)),$$
$$Z(\overline{K} \cup L) = S_{(C)}(Z(K \cup L)),$$
$$Z(L) = \varepsilon_{(C)}(Z(K \cup L))$$

が成り立つことを示してみよう ([112] を参照されたい)．

問題 6.14 の式は命題 4.8 の式に類似していること，また，ヤコビ図の空間はホップ代数に類似していることに注意しよう．

6.4 量子不変量に対するコンセビッチ不変量の普遍性

本節では，任意の単純リー環 $\mathfrak{g}$ とその V 上の表現に対して，枠つき絡み目の量子 $(\mathfrak{g}, V)$ 不変量は，「重み系」と呼ばれる写像を用いて，コンセビッチ不変量から導出されることを示す．このことは，すべての量子不変量をコンセビッチ不変量が統一していること，すなわち，量子不変量に対するコンセビッチ不変量の普遍性を意味している．

$\mathfrak{g}$ を単純リー環とし，その V 上の表現を考える．X をいくつかの円周の排反和とする．$\mathfrak{g}$ をヤコビ図の細線に，V をヤコビ図の太線に「代入」することにより，「重み系」と呼ばれる線型写像 $W_{\mathfrak{g},V} : \mathcal{A}(X) \to \mathbb{C}$ を以下で定義する．ヤコビ図 D に対して，その値 $W_{\mathfrak{g},V}(D)$ を以下の2通りの方法で定義する．

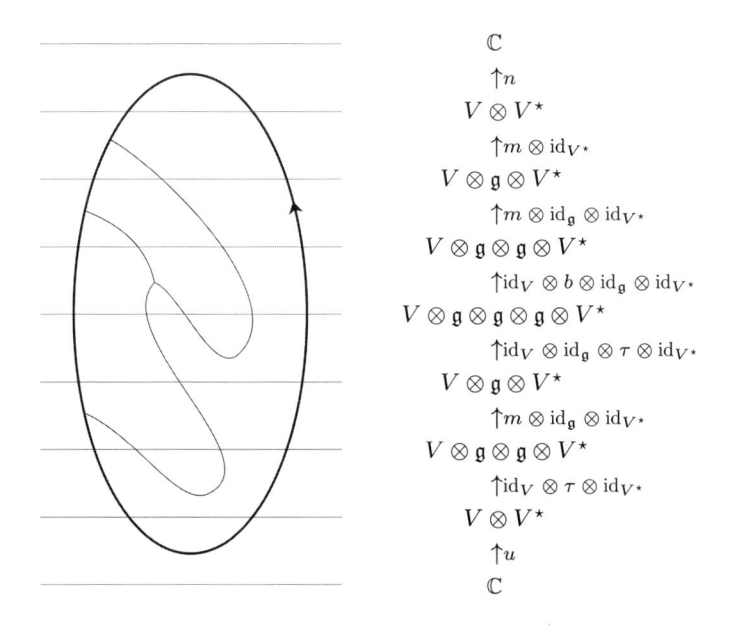

$$
\begin{array}{c}
\mathbb{C} \\
\uparrow n \\
V \otimes V^\star \\
\uparrow m \otimes \mathrm{id}_{V^\star} \\
V \otimes \mathfrak{g} \otimes V^\star \\
\uparrow m \otimes \mathrm{id}_{\mathfrak{g}} \otimes \mathrm{id}_{V^\star} \\
V \otimes \mathfrak{g} \otimes \mathfrak{g} \otimes V^\star \\
\uparrow \mathrm{id}_V \otimes b \otimes \mathrm{id}_{\mathfrak{g}} \otimes \mathrm{id}_{V^\star} \\
V \otimes \mathfrak{g} \otimes \mathfrak{g} \otimes \mathfrak{g} \otimes V^\star \\
\uparrow \mathrm{id}_V \otimes \mathrm{id}_{\mathfrak{g}} \otimes \tau \otimes \mathrm{id}_{V^\star} \\
V \otimes \mathfrak{g} \otimes V^\star \\
\uparrow m \otimes \mathrm{id}_{\mathfrak{g}} \otimes \mathrm{id}_{V^\star} \\
V \otimes \mathfrak{g} \otimes \mathfrak{g} \otimes V^\star \\
\uparrow \mathrm{id}_V \otimes \tau \otimes \mathrm{id}_{V^\star} \\
V \otimes V^\star \\
\uparrow u \\
\mathbb{C}
\end{array}
$$

1つ目の定義として $W_{\mathfrak{g},V}(D)$ を以下のように定義する．ヤコビ図 D を $\mathbb{R}^2$ の

中において上図のように水平線で輪切りにして，その各領域には下記の (6.10) の図が 1 つだけ含まれるようにする．各水平線について，水平線とヤコビ図が細線で交差するところに $\mathfrak{g}$ を，下向きの太線で交差するところに V を，上向きの太線で交差するところに $V^\star$ を考え，それらのテンソル積をその水平線に対応させる．とくに，ヤコビ図と交差しない水平線には $\mathbb{C}$ を対応させる．さらに，隣り合う水平線に対応するテンソル積の間の線型写像を次のように定める．

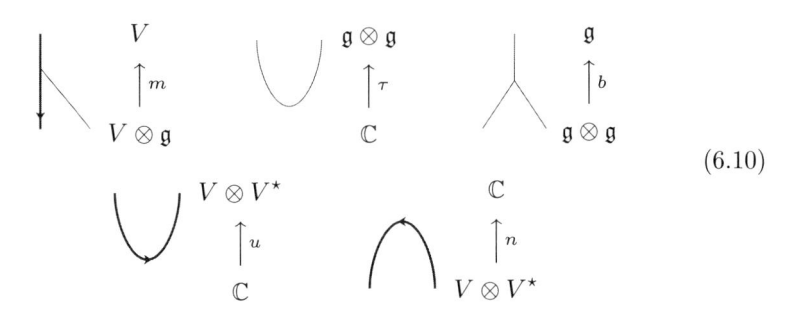

$$
\begin{array}{ccc}
V & \mathfrak{g} \otimes \mathfrak{g} & \mathfrak{g} \\
\uparrow m & \uparrow \tau & \uparrow b \\
V \otimes \mathfrak{g} & \mathbb{C} & \mathfrak{g} \otimes \mathfrak{g} \\
& & \\
V \otimes V^\star & \mathbb{C} & \\
\uparrow u & \uparrow n & \\
\mathbb{C} & V \otimes V^\star &
\end{array}
\tag{6.10}
$$

ここで，写像 m は $\mathfrak{g}$ の V への作用（右からの作用とみなす）で，写像 τ は 1 を 5.1 節で述べた元 τ（キリング形式の双対元）にうつす写像で，写像 b はリー環の括弧積である．また，V の基底を $\{e_i\}$ とし，$V^\star$ の双対基底を $\{e_i^\star\}$ として，写像 u は 1 を $\sum_i e_i \otimes e_i^\star$ にうつす写像で，写像 n は $x \in V$ と $f \in V^\star$ に対して $n(x \otimes f) = f(x)$ で定められる写像である．それらの線型写像を合成することにより線型写像 $\mathbb{C} \to \mathbb{C}$ が得られるが，この写像による 1 の像を $W_{\mathfrak{g},V}(D)$ と定義する．

2 つ目の定義として $W_{\mathfrak{g},V}(D)$ を以下のように定義する．$\{\mathfrak{g}_a\}_{a \in I}$ をキリング形式に関する $\mathfrak{g}$ の正規直交基底として，f_{bcd} をその基底に関する構造定数とする．すなわち，f_{bcd} は $[\mathfrak{g}_b, \mathfrak{g}_c] = \sum_d f_{bcd} \mathfrak{g}_d$ で定められる定数である．リー括弧の反対称性と (5.2) 式より

$$f_{bcd} = -f_{bdc} = -f_{cbd} = f_{cdb} = f_{dbc} = -f_{dcb}$$

であることに注意する．ヤコビ図 D に対して，その 1,3 価グラフの各辺に I の元でラベルを付けることを考える．このとき，1,3 価グラフの 3 価頂点に対し

6.4 量子不変量に対するコンセビッチ不変量の普遍性

て，その3価頂点のまわりの3辺が3価頂点の向きの巡回順序の順に b, c, d で ラベル付けされているとき，その3価頂点に f_{bcd} を対応させる．また，1価頂 点に対して，その1価頂点につながる辺が a でラベル付けされているときに， その1価頂点に $\mathfrak{g}_a$ を対応させる．そして，D のラベル付けに対して1価頂点 に対応させた元を太線の逆向きの順に積をとって V 上でトレースをとった値 に3価頂点に対応させた構造定数の積をとった値を考え，その値を D のすべて のラベル付けに関して足し上げた値を $W_{\mathfrak{g},V}(D)$ と定義する．たとえば，

$$W_{\mathfrak{g},V}\left(\begin{array}{c}a\\b\\c\end{array}\right) = \sum_{a,b,c \in I} f_{abc} \mathrm{trace}\Big(\rho_V(\mathfrak{g}_c)\rho_V(\mathfrak{g}_b)\rho_V(\mathfrak{g}_a)\Big) \quad (6.11)$$

のようになる．ここで，ρ_V は表現 $\mathfrak{g} \to \mathrm{End}(V)$ を表している．

補題 6.15 ヤコビ図 D に対して，$W_{\mathfrak{g},V}(D)$ の値は適切に定義されている．

証明 まず，ヤコビ図 D に対して，上述の $W_{\mathfrak{g},V}(D)$ の2つの定義が等しいこ とを示す．(6.10) で与えた写像において，写像 b のかわりに，キリング形式 B を用いて $t(X \otimes Y \otimes Z) = B([X,Y], Z)$ で定められる次の写像 t を考える．

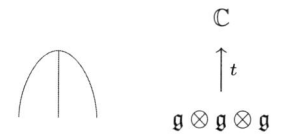

$$\begin{array}{c}\mathbb{C}\\ \uparrow t\\ \mathfrak{g}\otimes\mathfrak{g}\otimes\mathfrak{g}\end{array}$$

構造定数を用いると，この写像は $t(\mathfrak{g}_b \otimes \mathfrak{g}_c \otimes \mathfrak{g}_d) = f_{bcd}$ で定められることに 注意する．写像 t を用いることにより，写像 b は次のように表され，

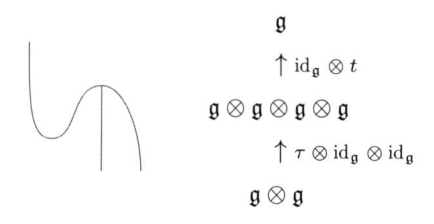

$$\begin{array}{c}\mathfrak{g}\\ \uparrow \mathrm{id}_{\mathfrak{g}} \otimes t\\ \mathfrak{g}\otimes\mathfrak{g}\otimes\mathfrak{g}\otimes\mathfrak{g}\\ \uparrow \tau \otimes \mathrm{id}_{\mathfrak{g}} \otimes \mathrm{id}_{\mathfrak{g}}\\ \mathfrak{g}\otimes\mathfrak{g}\end{array}$$

この写像は前述した写像 b の定義に等しいことに注意しよう．$W_{\mathfrak{g},V}(D)$ の 1 つ目の定義において，写像 b のかわりに写像 t を用いて，その値を記述することを考える．たとえば，前述の例に対して，次の図を輪切りにすることにより，その値を計算してみよう．

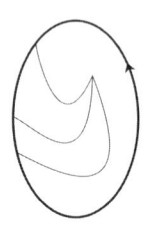

写像 τ は，正規直交基底 $\{\mathfrak{g}_a\}$ に対して，$\tau(1) = \sum_a \mathfrak{g}_a \otimes \mathfrak{g}_a$ で定められることに注意して，上のヤコビ図の値は次のように計算される．

$$\begin{aligned}
1 &\longmapsto \sum_i e_i \otimes e_i^\star \\
&\longmapsto \sum_{i,b,c} e_i \otimes \mathfrak{g}_c \otimes \mathfrak{g}_b \otimes \mathfrak{g}_b \otimes \mathfrak{g}_c \otimes e_i^\star \\
&\longmapsto \sum_{i,b,c} e_i \rho_V(\mathfrak{g}_c) \rho_V(\mathfrak{g}_b) \otimes \mathfrak{g}_b \otimes \mathfrak{g}_c \otimes e_i^\star \\
&\longmapsto \sum_{i,a,b,c} e_i \rho_V(\mathfrak{g}_c) \rho_V(\mathfrak{g}_b) \otimes \mathfrak{g}_a \otimes \mathfrak{g}_a \otimes \mathfrak{g}_b \otimes \mathfrak{g}_c \otimes e_i^\star \\
&\longmapsto \sum_{i,a,b,c} f_{abc} \cdot e_i \rho_V(\mathfrak{g}_c) \rho_V(\mathfrak{g}_b) \otimes \mathfrak{g}_a \otimes e_i^\star \\
&\longmapsto \sum_{a,b,c} f_{abc} \mathrm{trace}\Big(\rho_V(\mathfrak{g}_c) \rho_V(\mathfrak{g}_b) \rho_V(\mathfrak{g}_a)\Big)
\end{aligned}$$

この値は $W_{\mathfrak{g},V}(D)$ の 2 つ目の定義による値 (6.11) に等しい．一般のヤコビ図の場合も，このようにして，$W_{\mathfrak{g},V}(D)$ の 2 つの定義の値が等しいことを示すことができる．

$W_{\mathfrak{g},V}(D)$ の 1 つ目の定義より，その値は $\mathfrak{g}$ の正規直交基底のとり方によらないことがわかる．一方，$W_{\mathfrak{g},V}(D)$ の 2 つ目の定義より，その値は D を輪切りにする方法によらないことがわかる．上述のようにその両者は等しいので，

6.4 量子不変量に対するコンセビッチ不変量の普遍性   137

$W_{\mathfrak{g},V}(D)$ の値は，$\mathfrak{g}$ の正規直交基底のとり方にも，D を輪切りにする方法にも，よらない．よって，$W_{\mathfrak{g},V}(D)$ は適切に定義されていることがわかる． ∎

ヤコビ図の空間 $\mathcal{A}(X)$ は X 上のヤコビ図がはるベクトル空間を AS, IHX, STU 関係式でわることにより定義されているのであった．

命題 6.16 X がいくつかの円周の排反和であるとき，線型写像 $W_{\mathfrak{g},V}:\mathcal{A}(X)\to\mathbb{C}$ は適切に定義されている．

この線型写像を**重み系** (weight system) という．

証明 $W_{\mathfrak{g},V}(D)$ は AS, IHX, STU 関係式で不変であることを示せばよい．以下でそれを示す．

AS 関係式で不変であることは，リー環の定義関係式である反対称性 $[X,Y]=-[Y,X]$ よりわかる．

IHX 関係式で不変であることは，以下のように示される．

上記のように IHX 関係式の左辺と右辺に対応する線型写像を考えると，それらの線型写像は，$X,Y,Z\in\mathfrak{g}$ に対して，

$$X\otimes Y\otimes Z \longmapsto [X,[Y,Z]],$$
$$X\otimes Y\otimes Z \longmapsto [[X,Y],Z]-[[X,Z],Y]$$

のように表される．これらの線型写像が等しいことは，リー環の定義関係式であるヤコビ恒等式

$$[[X,Y],Z]+[[Y,Z],X]+[[Z,X],Y] = 0$$

よりわかる．よって，IHX 関係式で不変であることが示された．

STU 関係式で不変であることは，以下のように示される．

上記のように STU 関係式の左辺と右辺に対応する線型写像を考えると，それらが等しいことはリー環の表現の定義関係式

$$\rho_V([X,Y]) = \rho_V(X)\rho_V(Y) - \rho_V(Y)\rho_V(X)$$

よりわかる．よって，STU 関係式で不変であることが示された． ∎

注意 6.17 上の証明で見たように，AS, IHX, STU 関係式は，リー環の定義関係式とリー環の表現の定義関係式に対応していることに注意しよう．$(\mathfrak{g}, V)$ を普遍化した空間を考えたいということが，我々がヤコビ図の空間を導入した意図である．すべての $(\mathfrak{g}, V)$ がみたすべき関係式を抽出して普遍化した関係式が AS, IHX, STU 関係式であり，それがヤコビ図の空間を定義するにあたってそれらの関係式が要請された理由である．

X が円周の排反和でないとき（X の連結成分が線分も含むとき），X 上のヤコビ図 D に対して $W_{\mathfrak{g},V}(D)$ は線型写像として定義される．たとえば，↓↓ 上のヤコビ図 D に対して，$W_{\mathfrak{g},V}(D)$ は次のような線型写像として定義される．

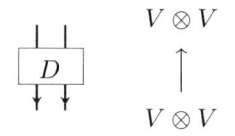

この線型写像は，$\mathfrak{g}$ の $V \otimes V$ への作用に関して，インタートワイナーになることが，次のような写像を考えることによりわかる．

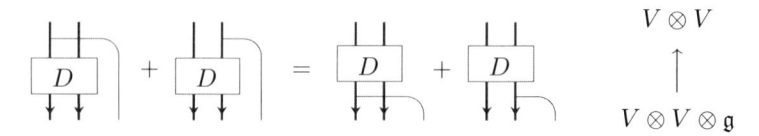

ここで，この式の等号は命題 6.2 の証明で行った議論と同様にして得られる．命題 6.2 の証明のところでも述べたが，そのときの議論は，リー環の言葉で言うと，$W_{\mathfrak{g},V}(D)$ がインタートワイナーであることを意味していたのである．

6.4 量子不変量に対するコンセビッチ不変量の普遍性

練習問題 6.18 リー環 $\mathfrak{sl}_2$ とその n 次元既約加群 V_n に対して，次の式が成り立つことを示してみよう．

$$W_{\mathfrak{sl}_2}\left(\;\diagup\!\!\!\diagdown\;\right) = 2\,W_{\mathfrak{sl}_2}\left(\;\right)\left(\;\right) - 2\,W_{\mathfrak{sl}_2}\left(\;\times\;\right),$$

$$W_{\mathfrak{sl}_2}\left(\;\bigcirc\;\right) = 4\,W_{\mathfrak{sl}_2}\left(\;|\;\right),$$

$$W_{\mathfrak{sl}_2,V_n}\left(\;\right) = \frac{n^2-1}{2}\,W_{\mathfrak{sl}_2,V_n}\left(\;|\;\right)$$

S^1 上の任意のヤコビ図 D について，$W_{\mathfrak{sl}_2,V_n}(D)$ の値は（重み系の定義まで戻らなくても）上の3つの関係式を用いて計算できることに注意しよう．

練習問題 6.19 リー環 $\mathfrak{sl}_2$ とその n 次元既約加群 V_n に対して，次の式が成り立つことを示してみよう．

$$W_{\mathfrak{sl}_2,V_n}\left(\;\right) = \frac{n^3-n}{2}, \qquad W_{\mathfrak{sl}_2,V_n}\left(\;\right) = 2(n^3-n),$$

$$W_{\mathfrak{sl}_2,V_n}\left(\;\right) = 8(n^3-n), \qquad W_{\mathfrak{sl}_2,V_n}\left(\;\right) = 32(n^3-n),$$

$$W_{\mathfrak{sl}_2,V_n}\left(\;\right) = 2n(n^2-1)^2$$

以下では，量子不変量がコンセビッチ不変量から導出されることについて述べる．$\mathfrak{g}$ を単純リー環とし，$\mathfrak{g}$ の V 上の表現を考える．L を枠つき有向絡み目とする．第4章で述べたように，$\mathfrak{g}$ の量子群 $U_q(\mathfrak{g})$ の表現から組みひも群の表現が構成され，それを用いて L の量子 $(\mathfrak{g},V)$ 不変量 $Q^{\mathfrak{g},V}(L)$ が構成されるのであった．$Q^{\mathfrak{g},V}(L)$ の値は $\mathbb{Z}[q^{\pm 1/2N}]$ の元として構成される（N は $\mathfrak{g}$ から定まるある自然数で，たとえば $\mathfrak{g}=\mathfrak{sl}_m$ のとき $N=m$ である）．次数が d のヤコビ図 D に対して，$\hat{W}_{\mathfrak{g},V}(D) = W_{\mathfrak{g},V}(D)\hbar^d$ とおくことにより，次数つき重み系

$$\hat{W}_{\mathfrak{g},V} : \mathcal{A}(\sqcup^l S^1) \longrightarrow \mathbb{C}[[\hbar]]$$

を定義する．

定理 6.20 ([62, 112] 参照)　枠つき有向絡み目 L の量子 $(\mathfrak{g}, V)$ 不変量 $Q^{\mathfrak{g},V}(L)$ はコンセビッチ不変量 $Z(L)$ から次数つき重み系 $\hat{W}_{\mathfrak{g},V}$ によって

$$\hat{W}_{\mathfrak{g},V}(Z(L)) = Q^{\mathfrak{g},V}(L)\Big|_{q=e^{\hbar}}$$

のように導出される．

定理は，コンセビッチ不変量がすべての量子 $(\mathfrak{g}, V)$ 不変量を統一していること，すなわち，量子 $(\mathfrak{g}, V)$ 不変量に対するコンセビッチ不変量の普遍性を意味している．

証明の概略　まず，組みひものレベルで，定理の式の左辺と右辺が同値であることを述べる．コンセビッチ不変量の組合せ的再構成の定め方より，

$$Z\Big(\ \diagup\!\!\!\diagdown\ \Big) \ = \ \boxed{\exp(H/2)},$$

$$Z\Big(\ \big|\ \diagup\!\!\big|\ \Big) \ = \ \Phi$$

であり，これに余積 Δ を適用したものを合成することにより一般の組みひもに対する値が定まるのであった．上式に重み系を適用すると

$$\hat{W}_{\mathfrak{g},V}\Big(Z\big(\ \diagup\!\!\!\diagdown\ \big)\Big) = \hat{W}_{\mathfrak{g},V}\big(\boxed{\exp(H/2)}\big) = P \circ e^{\hbar\tau/2} = \rho_{\mathrm{KZ}}\Big(\ \diagup\!\!\!\diagdown\ \Big),$$

$$\hat{W}_{\mathfrak{g},V}\Big(Z\big(\ \big|\ \diagup\!\!\big|\ \big)\Big) = \hat{W}_{\mathfrak{g},V}(\Phi) = \varphi_{\mathrm{KZ}}(\hbar\tau_{12}, \hbar\tau_{23}) = \rho_{\mathrm{KZ}}\Big(\ \big|\ \diagup\!\!\big|\ \Big)$$

のようになる．ここで，ρ_{KZ} は 5.4 節で構成した組みひも群の表現である．そもそも，ρ_{KZ} の構成をヤコビ図に普遍化することによりコンセビッチ不変量を定式化したので，逆にヤコビ図にリー環と表現を「代入」することによりもとの

ρ_{KZ} が復元することは当然であり，上式はそのことを意味している．上式に余積 Δ を適用したものを合成することにより，組みひものレベルでは，定理の左辺と ρ_{KZ} が等しいことがわかる．さらに，定理 5.10 で述べたように，この組みひも群表現は量子群に由来する組みひも群表現と共役なのであった．よって，組みひものレベルでは，定理の式の左辺と右辺は同値であることがわかる．

絡み目に対して定理の式の左辺と右辺が等しいことは，組みひもの場合の左辺と右辺の値を行列 h で補正してトレースをとることにより示される．この計算が左辺と右辺で等しくなることを示すには，具体的な計算が必要であるが，ここでは省略する．[62] を参照されたい． ∎

第7章 ◇ 結び目のバシリエフ不変量

　円周 S^1 を $\mathbb{R}^3$ に滑らかに埋め込む写像の全体がつくる空間のコホモロジー群を近似的に計算する手法を背景として，バシリエフ (Vassiliev) は結び目のバシリエフ不変量を導入した．バシリエフ不変量は，結び目のイソトピー類の全体がはるベクトル空間 $\mathcal{K}$ にある種のフィルトレーション

$$\mathcal{K} = \mathcal{K}_0 \supset \mathcal{K}_1 \supset \mathcal{K}_2 \supset \mathcal{K}_3 \supset \cdots$$

をいれることにより定式化することができる[1]．このフィルトレーションの各次数の商ベクトル空間 $\mathcal{K}_d/\mathcal{K}_{d+1}$ は，驚くべきことに，d 次のヤコビ図の空間 $\mathcal{A}(S^1)^{(d)}/\mathrm{FI}$ と同型であることがわかる．また，コンセビッチ不変量の各係数はバシリエフ不変量であり，すべてのバシリエフ不変量に対してコンセビッチ不変量は普遍的であることもわかる．その系として，量子不変量を適切に展開したときの係数はバシリエフ不変量であることもわかる．

　膨大な数の量子不変量を統一的に扱って理解する1つの方法が，前章で述べたように，量子不変量をコンセビッチ不変量という1つの不変量に統一することであった．量子不変量を統一的に理解するためのもう1つの方法が「共通の性質で不変量を特徴づける」という方法であり，そのような「特徴づけ」によりバシリエフ不変量が定式化される．

　本章では，バシリエフ不変量について述べる．7.1節では，バシリエフ不変量を導入し，その基本的な性質について述べる．7.2節では，すべてのバシリエフ不変量に対してコンセビッチ不変量は普遍的であることを示す．バシリエフ不変量について [7, 23] も参照されたい．

---

[1] 本章では，[17] による定式化によりバシリエフ不変量を定義する．一方，バシリエフによるもともとの定式化 ([148]) は，結び目の全体の空間（イソトピーで商をとる前の空間）のコホモロジーの計算を背景としていた．

7.1 バシリエフ不変量の定義と基本的な性質

本節では，結び目のバシリエフ不変量を導入し，その基本的な性質を示す．結び目全体がはるベクトル空間にフィルトレーションをいれることにより，バシリエフ不変量が定義される．前章までに導入した結び目不変量が「構成的に」定義されているのに対して，バシリエフ不変量は「ある種の性質をみたす写像」として写像を「特徴づけること」により定義されることに注意しよう．フィルトレーションが定める次数つき商ベクトル空間へコード図の空間から全射がつくられることも本節で示す．

有向結び目のイソトピー類の全体によってはられる $\mathbb{C}$ 上のベクトル空間を $\mathcal{K}$ とおく．S^1 の $\mathbb{R}^3$ へのはめ込みでその特異点が横断的な 2 重点であるようなものを**特異結び目** (singular knot) ということにする．特異結び目に対して，その各 2 重点を

$$\times\!\!\!\!\!\times \;=\; \times \;-\; \times$$

のように線型的に解消することにより，特異結び目を $\mathcal{K}$ の元とみなす．たとえば

のようになる．d 個の 2 重点をもつような特異結び目がはる $\mathcal{K}$ の部分ベクトル空間を $\mathcal{K}_d$ とおく．$\mathcal{K}_d$ は $\mathcal{K}$ のフィルトレーション

$$\mathcal{K} = \mathcal{K}_0 \supset \mathcal{K}_1 \supset \mathcal{K}_2 \supset \mathcal{K}_3 \supset \cdots$$

を定めていることに注意しよう．$\mathcal{K}_{d+1}$ に制限すると 0 写像になるような線型写像 $\mathcal{K} \to \mathbb{C}$ を d 次の**バシリエフ不変量**[2] (Vassiliev invariant) という．定義より，d 次のバシリエフ不変量の全体がつくるベクトル空間は $\mathcal{K}/\mathcal{K}_{d+1}$ の双対ベクトル空間と自然に同一視されることに注意しよう．

---
[2] 「有限型不変量 (finite type invariant)」と呼ばれることもある．後述するように $\mathcal{K}/\mathcal{K}_{d+1}$ は有限次元になることがわかり，それが「有限型」という名前の由来である．

第7章 結び目のバシリエフ不変量

0次のバシリエフ不変量vはどのような写像であるのか，考えてみよう．Kを任意の結び目とする．Kのひもの交差の上下をいれかえる操作を有限回繰り返すことによりKをほどいて自明結び目にすることができる．

$$K = K_0 \rightsquigarrow K_1 \rightsquigarrow K_2 \rightsquigarrow \cdots \rightsquigarrow K_m = \bigcirc \quad (7.1)$$

ここで，各iについて，結び目K_iのひもの交差の上下をいれかえて結び目K_{i+1}が得られるとする．$\mathcal{K}$の元として$K_i - K_{i+1}$は2重点を1つもつ特異結び目の(± 1)倍になるので，vが0次のバシリエフ不変量であることより，

$$v(K_i) - v(K_{i+1}) = \pm v\begin{pmatrix} \text{2重点を1つもつ} \\ \text{特異結び目} \end{pmatrix} = 0 \quad (7.2)$$

のようになる．よって，すべての$v(K_i)$は互いに等しくなり，

$$v(K) = v\bigl(\bigcirc\bigr)$$

となる．すなわち，任意の結び目Kに対してその値は自明結び目の値に等しい．よって，0次のバシリエフ不変量は結び目の集合上の定数関数になることがわかる．

1次のバシリエフ不変量vはどのような写像であるのか，考えてみよう．Kを任意の結び目とする．上述のように，(7.1)のような結び目の列K_iを考える．各iについて，(7.2)と同様にして，

$$v(K_i) - v(K_{i+1}) = \pm v(K_{i,0})$$

となるような，2重点を1つもつ特異結び目$K_{i,0}$がある．さらに，$K_{i,0}$のひもの交差の上下をいれかえる操作を有限回繰り返すことにより$K_{i,0}$をほどいて次の右端の特異結び目にすることができる．

$$K_{i,0} \rightsquigarrow K_{i,1} \rightsquigarrow K_{i,2} \rightsquigarrow \cdots \rightsquigarrow K_{i,m_i} = \infty = 0 \quad (7.3)$$

ここで，最後の等号について，$\mathcal{K}$の元として

$$\infty = \infty - \infty = 0 \in \mathcal{K} \quad (7.4)$$

7.1 バシリエフ不変量の定義と基本的な性質

であることを意味している．また，$\mathcal{K}$ の元として $K_{i,j} - K_{i,j+1}$ は 2 重点を 2 つもつ特異結び目の (± 1) 倍になるので，v が 1 次のバシリエフ不変量であることより，

$$v(K_{i,j}) - v(K_{i,j+1}) \;=\; \pm v\begin{pmatrix} 2\,\text{重点を}\,2\,\text{つもつ} \\ \text{特異結び目} \end{pmatrix} \;=\; 0 \qquad (7.5)$$

のようになる．以上のことより，$v(K_{i,0}) = 0$ であることがわかる．したがって，今の場合も

$$v(K_i) - v(K_{i+1}) \;=\; 0$$

であることがわかり，以下，0 次の場合と同様にして，1 次のバシリエフ不変量も結び目の集合上の定数関数であることがわかる．

2 次のバシリエフ不変量 v はどのような写像であるのか，考えてみよう．K を任意の結び目とする．(7.1) と同様に，K をほどく結び目の列 K_i を考えて，上述のように，各 i について，2 重点を 1 つもつ特異結び目 $K_{i,0}$ を考える．各 i について，(7.3) と同様に，$K_{i,0}$ をほどく特異結び目 $K_{i,j}$ の列を考える．各 i, j について，(7.5) と同様に，

$$v(K_{i,j}) - v(K_{i,j+1}) \;=\; \pm v(K_{i,j,0})$$

となるような，2 重点を 2 つもつ特異結び目 $K_{i,j,0}$ がある．さらに，$K_{i,j,0}$ のひもの交差の上下をいれかえる操作を有限回繰り返すことにより $K_{i,j,0}$ をほどくことを考える．

$$K_{i,j,0} \rightsquigarrow K_{i,j,1} \rightsquigarrow K_{i,j,2} \rightsquigarrow \cdots \rightsquigarrow K_{i,j,m_{i,j}} = \begin{cases} \raisebox{-0.3em}{\includegraphics[height=1em]{}} = 0 \\ \raisebox{-0.3em}{\includegraphics[height=1em]{}} \end{cases}$$

ここで，右端の等号は (7.4) と同様にして得られる．今の場合，$K_{i,j,0}$ をほどいた結果は 2 通り（右端の 2 つの特異結び目）の可能性があることに注意しよう．これは，2 重点を 2 つもつ特異結び目には，次の 2 つのタイプのものがあることによる．

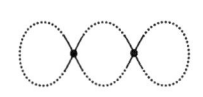

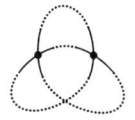

ここで，点線は結ばったり絡まったりしているひもを表している．つまり，2つの2重点に A, B という名前をつけたとき，ひもの向きにそって2重点を見ていくと，2重点が現れる巡回順序が $AABB$ である場合と $ABAB$ である場合の2通りがある，ということである．このことをコード図を用いて

のように表すことにする．すなわち，コード図の2つのコードに A, B という名前がついていると考えて，S^1 の向きにそってコードの端点を見ていくと，$AABB$ の巡回順序で端点が現れる場合と $ABAB$ の巡回順序で端点が現れる場合である．言い換えると，これらのコード図を，各コードを1点につぶすように $\mathbb{R}^3$ に埋め込んでできる特異結び目が上述の特異結び目である．上述の2つのタイプのそれぞれについて，そのタイプの特異結び目たちは互いにひもの交差の上下をいれかえる操作でうつりあうので，v が2次のバシリエフ不変量であることより，各タイプの特異結び目たちの v による値は互いに等しい．その値を

$$W_v\left(\bigcirc\!\!\mid\right) (=0), \qquad W_v\left(\bigotimes\right)$$

とかくことにする．すなわち，各 i, j について，$K_{i,j,0}$ がどちらのタイプであるのかに応じて，

$$v(K_{i,j,0}) = \begin{cases} 0 \\ W_v\left(\bigotimes\right) \end{cases}$$

のようになることがわかる．よって，各 i について

$$v(K_{i,0}) = \left(W_v\left(\bigotimes\right) \text{の整数倍}\right)$$

になることがわかり，$v(K)$ は

$$v(K) = a_2(K) W_v\left(\bigotimes\right) + v\left(\bigcirc\right)$$

の形に書かれることがわかる．ここで，$a_2(K)$ は K から定まるある整数（ある特定の 2 次のバシリエフ不変量）である．

練習問題 7.1 $a_2(K)$ は K のコンウェイ多項式の 2 つ目の係数に等しいことを示してみよう．（コンウェイ多項式について，たとえば [23, 87] を参照されたい．）

d 次のバシリエフ不変量 v はどのような写像であるのか，考えてみよう．上述の議論と同様にして，与えられた結び目に対する v の値の計算は，2 重点を d 個もつ特異結び目に対する v の値に帰着される．それらの特異結び目に対する v の値は，v が d 次のバシリエフ不変量であることより，ひもの交差の上下をいれかえる操作で不変である．そのような操作でうつりあう特異結び目を同値な特異結び目とみなして，その同値類として，それらの特異結び目をいくつかのタイプに分ける．上述の議論と同様にして，それらのタイプは S^1 上の d 次のコード図で表される．さらに，上述と同様に，2 重点を d 個もつ特異結び目 K について，K のタイプを表すコード図を D とするとき，$v(K)$ の値を $W_v(D)$ とかくことにする．上述と同様に，S^1 上の d 次のコード図 D の $W_v(D)$ の値は（K のとり方によらず）D のみによって定まることに注意しよう．すなわち，d 次のバシリエフ不変量 v は，次の線型写像

$$W_v : \mathrm{span}_{\mathbb{C}}\{S^1 \text{ 上の } d \text{ 次のコード図}\} \longrightarrow \mathbb{C} \qquad (7.6)$$

を誘導する．

上の線型写像は次に述べる 2 つの制約をもつ．1 つ目の制約は

$$W_v\Big(\ \raisebox{-2pt}{\includegraphics[height=12pt]{fig}}\ \Big) \;=\; 0 \qquad (7.7)$$

である．ここで，図はコードの両端の間の太線に他の 1 価頂点がないようなコードをもつコード図を意味する．この関係式が成り立つ理由は，(7.4) と同様に，$\mathcal{K}$ の元として

$$\raisebox{-4pt}{\includegraphics[height=18pt]{fig}} \;=\; \raisebox{-4pt}{\includegraphics[height=18pt]{fig}} \;-\; \raisebox{-4pt}{\includegraphics[height=18pt]{fig}} \;=\; 0 \;\in\; \mathcal{K}$$

となるからである．2 つ目の制約は

$$W_v\Big(\!\!\begin{array}{c}\includegraphics[scale=0.5]{fig1}\end{array}\!\!\Big) - W_v\Big(\!\!\begin{array}{c}\includegraphics[scale=0.5]{fig2}\end{array}\!\!\Big) = W_v\Big(\!\!\begin{array}{c}\includegraphics[scale=0.5]{fig3}\end{array}\!\!\Big) - W_v\Big(\!\!\begin{array}{c}\includegraphics[scale=0.5]{fig4}\end{array}\!\!\Big) \quad (7.8)$$

である．ここで，4つの図は，図の部分が4つの図のように異なりその他の部分が同じであるような4つのコード図を意味する．この関係式が成り立つ理由は，$\mathcal{K}$ の元として

(図による等式) $= 0 \in \mathcal{K}$

となるからである．

関係式 (7.7) と (7.8) をふまえて，コード図がはるベクトル空間において次の関係式を考える．

FI 関係式：(図) $= 0$

4T 関係式：(図) $-$ (図) $=$ (図) $-$ (図)

FI 関係式は，6.2 節でヤコビ図の空間において定義した FI 関係式と同じである．4T 関係式[3] は，驚くべきことに，コンセビッチ不変量を定義するときに要請した可積分条件 (6.2) と同じであることに注意しよう．

補題 7.2（[7]）　ベクトル空間として，次の両辺は自然に同型になる．

$$\mathcal{A}(S^1) \cong \mathrm{span}_{\mathbb{C}}\{S^1 \text{ 上のコード図の全体}\}/\text{4T 関係式}$$

ここで，"$\mathrm{span}_{\mathbb{C}}\{\cdots\}$" は "$\cdots$" ではられる $\mathbb{C}$ 上のベクトル空間を意味する．

---

[3]「4T 関係式 (4-term relation)」の名前の由来は「4 項の関係式」という意味である．数学では 4 項の関係式は多数あるので，あまりよい命名ではないが，慣例としてこのように呼ばれている．

7.1 バシリエフ不変量の定義と基本的な性質　　　　　　　　　　　　　149

証明の概略　補題の式の右辺から左辺への自然な線型写像

$$\mathcal{A}(S^1) \longleftarrow \mathrm{span}_{\mathbb{C}}\{S^1 \text{上のコード図の全体}\}/4T\text{関係式}$$

があることが，4T 関係式が STU 関係式から導かれることより，わかる．4T 関係式が STU 関係式から導かれることは，上述の 4T 関係式の定義関係式の左辺と右辺のそれぞれは ![図] に等しいことが STU 関係式から導かれることより，わかる．

　よって，上記の線型写像が全単射であることを言えばよい．全射であることは，任意のヤコビ図は STU 関係式を用いて 3 価頂点を順に解消していくことによってコード図の線型和にすることができることより，わかる．単射であることは，その 3 価頂点を解消する手順によらずに結果の線型和が定まることを言えばよいが，それは 3 価頂点の数に関する帰納法で示すことができる．詳しい証明は [7, 23] を参照されたい．　　　　　　　　　　　　　■

　補題 7.2 の同型によって，補題 7.2 の式の左辺と右辺を同一視することにする．d 次のコード図ではられる $\mathcal{A}(S^1)$ の部分ベクトル空間を $\mathcal{A}(S^1)^{(d)}$ とかくことにする．線型写像 (7.6) が関係式 (7.7) と (7.8) をみたすことにより，d 次のバシリエフ不変量は次の線型写像

$$W_v : \mathcal{A}(S^1)^{(d)}/\mathrm{FI} \longrightarrow \mathbb{C}$$

を誘導することがわかる．この線型写像 W_v を v の**重み系** (weight system) という．

　重み系の構成について，別の視点から，再考してみよう．D を d 次のコード図とする．D の各コードを 1 点につぶすように D を $\mathbb{R}^3$ に埋め込むことによってできる特異結び目を K_D とかくことにする．たとえば，

$$D = \;\;\bigotimes\;\; \text{のとき} \quad K_D = \;\;\text{(三つ葉結び目)}$$

のようになる．K_D は $\mathcal{K}_d$ の元であることに注意しよう．与えられた D に対して，K_D は一意的には定まらないが，ひもの交差の上下をいれかえる操作でう

つりあう特異結び目を同値な特異結び目とみなすことにすると，K_D の同値類は一意的に定まる．すなわち，$\mathcal{K}_d/\mathcal{K}_{d+1}$ の元として同値類 $[K_D]$ は一意的に定まる．D に $[K_D]$ を対応させる線型写像を

$$\varphi : \mathcal{A}(S^1)^{(d)}/\mathrm{FI} \longrightarrow \mathcal{K}_d/\mathcal{K}_{d+1} \tag{7.9}$$

とかくことにする．この線型写像を用いて，d 次のバシリエフ不変量 v の重み系 W_v は次の合成写像

$$W_v : \mathcal{A}(S^1)^{(d)}/\mathrm{FI} \xrightarrow{\varphi} \mathcal{K}_d/\mathcal{K}_{d+1} \subset \mathcal{K}/\mathcal{K}_{d+1} \xrightarrow{[v]} \mathbb{C}$$

として表される．ここで，$[v]$ は v が $\mathcal{K}_{d+1}$ による商ベクトル空間上に自然に誘導する線型写像を表す．

線型写像 φ は，その構成法より，全射であることに注意しよう．d 次のコード図は有限個しかないので，φ が全射であることより，$\mathcal{K}_d/\mathcal{K}_{d+1}$ は有限次元であることがわかる．よって，$\mathcal{K}/\mathcal{K}_{d+1}$ は有限次元であり，d 次のバシリエフ不変量の全体がつくるベクトル空間は有限次元であることがわかる．

練習問題 7.3 v_3 を任意の 3 次のバシリエフ不変量とするとき，

$$v_3(K) = b_3(K) W_v\Big(\bigoplus\Big) + b_2(K) v\Big(\text{（三つ葉結び目）}\Big) + v\Big(\bigcirc\Big)$$

の形に書かれることを示してみよう．ここで，$b_2(K)$ と $b_3(K)$ はある特定の 2 次と 3 次のバシリエフ不変量である．

注意 7.4 一般に，d 次のバシリエフ不変量は，自明結び目の値と，$d-1$ 次以下のいくつかの特異結び目の値と，d 次の重み系を，初期データとして与えると，一意的に特定されることに注意しよう．

注意 7.5 前章までに導入した結び目不変量は，与えられた結び目に対して，有限回のステップでその値を計算することが可能であるような，「構成的な」定義であった．本章で導入したバシリエフ不変量は「ある種の性質をみたす写像をバシリエフ不変量という」と定義されており，この定義はバシリエフ不変量の特徴を述べているにすぎない（定義自身はそのような不変量の存在を保証していない）ことに注意しよう．実際，そのような性質をみたす不変量が多数存在することは非自明な事実であり，多数

のバシリエフ不変量が実際に存在することは次節でコンセビッチ不変量を用いて示される[4]．

練習問題 7.6 d_1 次のバシリエフ不変量と d_2 次のバシリエフ不変量の積が (d_1+d_2) 次のバシリエフ不変量になることを示してみよう．

注意 7.7 バシリエフ不変量を小さい次数から順にみていくと，「新しい」バシリエフ不変量が現れる場合と既出のバシリエフ不変量の積である場合がある．10.1 節で後述するように，「原始的な」バシリエフ不変量が「新しい」バシリエフ不変量であり，すべてのバシリエフ不変量は原始的なバシリエフ不変量の多項式で表されることが知られている．

練習問題 7.8 v_2 を 2 次のバシリエフ不変量とするとき，$v_2((2,n)$ トーラス結び目 $)$ の値は n の 2 次式であることを示してみよう．また，v_3 を 3 次のバシリエフ不変量とするとき，$v_3((2,n)$ トーラス結び目 $)$ の値は n の 3 次式であることを示してみよう．

注意 7.9 一般に，d 次のバシリエフ不変量 v に対して，結び目 K が n 交点図式をもつとき，$v(K)$ の値は n^d のオーダーでおさえられることがわかる．すなわち，$v(K)/n^d$ の値は有界である．

v_2 と v_3 を 2 次と 3 次の $\mathbb{R}$ 値の原始的なバシリエフ不変量で，$v_2(3$ つ葉結び目 $) = v_3(3$ つ葉結び目 $) = 1$ であるようなものとする[5]．結び目 K が n 交点図式をもつとき，$v_2(K)/n^2$ と $v_3(K)/n^3$ は有界であり，よって，次の集合は有界である．

$$\left\{ \left(\frac{v_2(K)}{n^2}, \frac{v_3(K)}{n^3}\right) \in \mathbb{R}^2 \;\middle|\; 結び目 K は n 交点図式をもつ \right\}$$

多くの（数万個の）結び目に対して，この点を具体的にプロットしてみると，驚くべきことに，次の図のように「魚の形」が現れる[6]．任意の結び目 K とその鏡像 $\overline{K}$ に対して $v_3(\overline{K}) = -v_3(K)$ となるので，現れるべき図形は v_3 の符号の反転に関して対称であることに注意しよう．

---

[4] 「ガウス図式」というものを用いて，バシリエフ不変量を「構成的に」与える方法が知られている．詳しくは，たとえば [23, 112] を参照されたい．

[5] 原始的なバシリエフ不変量の定義は 10.1 節で後述する．2 次と 3 次のバシリエフ不変量は，「定数を加えること」と「定数倍すること」により，常にそのような条件をみたすものに取り直すことができる．

[6] 特定の交点数をもつ結び目に対して $(v_2(K), v_3(K))$ をプロットしたときに「魚の形」が現れることは [152] で観察されている（[28] も参照されたい）．さらに，[122] において，$(v_2(K)/n^2, v_3(K)/n^3)$ をプロットするように問題を再定式化している．[23, 118] も参照されたい．

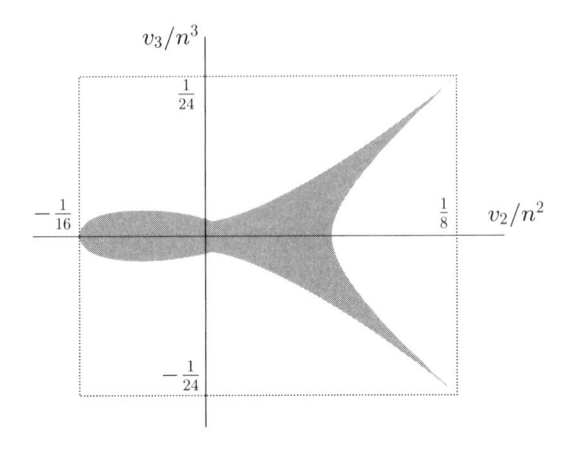

実際，部分的な結果として，次の不等式

$$-\frac{1}{16} \leq \frac{v_2(K)}{n^2} \leq \frac{1}{8}, \qquad \left|\frac{v_3(K)}{n^3}\right| \leq \frac{1}{15}$$

が成り立つことが知られており[7]，次の不等式

$$\left|\frac{v_3(K)}{n^3}\right| \leq \frac{1}{24}$$

が成り立つことが予想されている ([152])．上述の「魚の形」は $\left(\frac{v_2(K)}{n^2}, \frac{v_3(K)}{n^3}\right)$ がさらに強い制約をみたすことを示唆しているが，その制約の定式化や証明は現時点では未知である．

7.2 バシリエフ不変量に対するコンセビッチ不変量の普遍性

6.4 節で述べたように，コンセビッチ不変量は量子不変量に対して普遍的なのであった．本節では，コンセビッチ不変量はバシリエフ不変量に対しても普遍的であることを示す．また，その系として，量子不変量を適切に展開したときの係数はバシリエフ不変量になることも示す．

コンセビッチ不変量 Z を自然に線型写像 $Z: \mathcal{K} \to \mathcal{A}(S^1)$ に拡張しておく．

---

[7] 2 番目の不等号が成り立つことは [125] で示されている．それ以外の 2 つの不等号が成り立つことは [122] で示されている．

7.2 バシリエフ不変量に対するコンセビッチ不変量の普遍性 153

命題 7.10　コンセビッチ不変量 Z は (7.9) の線型写像 φ の逆写像を与える. とくに, φ によって, $\mathcal{A}(S^1)^{(d)}/\mathrm{FI}$ と $\mathcal{K}_d/\mathcal{K}_{d+1}$ はベクトル空間として同型になる.

証明　2重点に対するコンセビッチ不変量の値は

$$Z(\;\times\!\!\bullet\!\!\times\;) = Z(\;\times\;) - Z(\;\times\;)$$
$$= \;\times\!\!-\!\!\times\; + \frac{1}{24}\;\times\!\!\equiv\!\!\times\; + (\text{高次の項})$$

のようになる. D を d 次のコード図とする. 前節でやったように, D の各コードを1点につぶすように D を $\mathbb{R}^3$ に埋め込んでできる特異結び目を K_D とする. φ の定義より, $\varphi(D) = [K_D]$ である. $Z(K_D)$ の値は次のように計算される.

$$Z(K_D) = Z(\;\cdots\;)$$
$$= \;\cdots\; + (\text{高次の項}) = D + (\text{高次の項})$$

よって, コンセビッチ不変量は次の線型写像

$$\mathcal{K}_d \longrightarrow \mathcal{A}(S^1)^{(\geq d)}/\mathrm{FI}$$

を誘導する. ここで, $\mathcal{A}(S^1)^{(\geq d)}$ は次数が d 以上のコード図がはる $\mathcal{A}(S^1)$ の部分ベクトル空間を表している. さらに, d を $d+1$ でおきかえると

$$\mathcal{K}_{d+1} \longrightarrow \mathcal{A}(S^1)^{(\geq d+1)}/\mathrm{FI}$$

のようになる. 上の2つの線型写像の商をとることにより, 次の線型写像

$$\mathcal{K}_d/\mathcal{K}_{d+1} \longrightarrow \mathcal{A}(S^1)^{(d)}/\mathrm{FI}$$

が得られる. 上記の $Z(K_D)$ の計算より, この線型写像は $[K_D]$ を D にうつすことがわかる. よって, この線型写像は φ の逆写像を与える. とくに, φ はベクトル空間の同型写像であることがわかる. ∎

定理7.11 コンセビッチ不変量はすべてのバシリエフ不変量に対して普遍的である．すなわち，任意のバシリエフ不変量 v に対して，v が d 次のバシリエフ不変量であるとき，v が次の合成写像

$$v : \{\text{有向結び目}\} \xrightarrow{Z} \mathcal{A}(S^1) \xrightarrow{\text{射影}} \mathcal{A}(S^1)^{(\leq d)}/\mathrm{FI} \xrightarrow{W} \mathbb{C} \qquad (7.10)$$

に等しくなるような線型写像 W が存在する．逆に，任意の線型写像 $W : \mathcal{A}(S^1)^{(\leq d)}/\mathrm{FI} \to \mathbb{C}$ に対して，上の合成写像は d 次のバシリエフ不変量になる．

証明 命題 7.10 の証明で述べたように，$Z(\mathcal{K}_{d+1})$ は $\mathcal{A}(S^1)^{(\geq d+1)}/\mathrm{FI}$ に含まれる．よって，写像 (7.10) は $\mathcal{K}_{d+1}$ を 0 にうつす．したがって，写像 (7.10) は d 次のバシリエフ不変量である．

逆に，v を d 次のバシリエフ不変量とする．求める線型写像 W が存在することを d に関する帰納法で示す．$W^{(d)}$ を v の重み系とする．すなわち，$W^{(d)}$ は

$$W^{(d)} : \mathcal{A}(S^1)^{(d)}/\mathrm{FI} \xrightarrow{\varphi} \mathcal{K}_d/\mathcal{K}_{d+1} \xrightarrow{[v]} \mathbb{C}$$

のように表される．命題 7.10 より，Z は φ の逆写像を与えるので，その逆写像を $Z^{(d)}$ とかくことにする．$v' = v - W^{(d)} \circ Z^{(d)}$ とおく．$\mathcal{K}_d$ 上で v と $W^{(d)} \circ Z^{(d)}$ は一致するので，v' は $\mathcal{K}_d$ を 0 にうつし，すなわち，v' は $d-1$ 次のバシリエフ不変量になる．よって，帰納法の仮定より，$v' = W' \circ Z^{(\leq d-1)}$ となるような線型写像 W' が存在する．したがって，

$$v = W^{(d)} \circ Z^{(d)} + W' \circ Z^{(\leq d-1)} = (W^{(d)} + W') \circ Z^{(\leq d)}$$

のようになり，$W = W^{(d)} + W'$ とおくことにより求める線型写像 W が得られる． ∎

注意7.12 バシリエフ不変量の定義をみただけでは多数のバシリエフ不変量が実際に存在することは非自明である，ということを前節で述べた．定理 7.11 より，d 次のバシリエフ不変量の全体は $\mathcal{A}(S^1)^{(\leq d)}/\mathrm{FI}$ の次元分だけ存在することがわかる．

また，定理 7.11 より，コンセビッチ不変量の各係数はバシリエフ不変量であることがわかる．コンセビッチ不変量自体は巨大な不変量であり，任意に与えられた結び

目に対してその全項の値を計算することは一般には困難であるが，各項はバシリエフ不変量であるので，その値を具体的に計算することは原理的には可能である．

注意 7.13 $\mathcal{A}(S^1)^{(\leq d)}/\mathrm{FI}$ の具体的な次元について，比較的小さい d に対しては具体的に計算することにより次の表のように求められているが，一般の d に対しては未知である．

d	0	1	2	3	4	5	6	7	8	9	10
$\mathcal{A}(S^1)^{(d)}_{\mathrm{conn}}$ の次元	0	1	1	1	2	3	5	8	12	18	27
$\mathcal{A}(S^1)^{(d)}$ の次元	1	1	2	3	6	10	19	33	60	104	184
$\mathcal{A}(S^1)^{(d)}/\mathrm{FI}$ の次元	1	0	1	1	3	4	9	14	27	44	80

d	11	12	13	14
$\mathcal{A}(S^1)^{(d)}_{\mathrm{conn}}$ の次元	39	55	78 以上	108 以上
$\mathcal{A}(S^1)^{(d)}$ の次元	316	548	932 以上	1591 以上
$\mathcal{A}(S^1)^{(d)}/\mathrm{FI}$ の次元	132	232	384 以上	659 以上

ここで，$\mathcal{A}(S^1)_{\mathrm{conn}}$ は連結な 1,3 価グラフからなるヤコビ図がはる $\mathcal{A}(S^1)$ の部分ベクトル空間を表す．$\mathcal{A}(S^1)$ は $\mathcal{A}(S^1)_{\mathrm{conn}}$ の対称テンソル代数に同型で[8]，$\mathcal{A}(S^1)/\mathrm{FI}$ は $\mathcal{A}(S^1)^{(\geq 2)}_{\mathrm{conn}}$ の対称テンソル代数に同型であることが知られている．詳しくは [23, 118] を参照されたい．$\mathcal{A}(S^1)_{\mathrm{conn}}$ の次元について，10.2 節も参照されたい．

コンセビッチ不変量の量子不変量に対する普遍性（定理 6.20）とバシリエフ不変量に対する普遍性（定理 7.11）より，下記の命題 7.14 と命題 7.16（量子不変量とバシリエフ不変量の関係）が得られる．歴史的には，それらの命題は，それらの定理より前に [17, 89] と [124] において直接証明されていた．量子不変量について，任意の単純リー環 $\mathfrak{g}$ と $\mathfrak{g}$ の V 上の表現があるとき，枠つき有向結び目の量子 $(\mathfrak{g}, V)$ 不変量が定義されるのであった．

命題 7.14 ([17, 89])　有向結び目 K に 0 枠をつけてできる枠つき有向結び目を $\hat{K}$ とおく．量子 $(\mathfrak{g}, V)$ 不変量 $Q^{\mathfrak{g},V}(\hat{K})|_{q=e^\hbar}$ の $\hbar^d$ の係数は K の d 次のバシリエフ不変量である．

---

[8] つまり，$\mathcal{A}(S^1)_{\mathrm{conn}}$ の基底が $\{D_2, D_3, \ldots\}$ であるとき，$\mathcal{A}(S^1)$ は多項式環 $\mathbb{C}[D_2, D_3, \ldots]$ に同型である，ということ．

証明 4.4 節で量子 $(\mathfrak{sl}_2, V_2)$ 不変量からジョーンズ多項式を再構成したときにやったように，量子 $(\mathfrak{g}, V)$ 不変量を定める R 行列 R を，$\mathfrak{g}$ のカシミール元の V 上の固有値 C_V を用いて，$\hat{R} = q^{-C_V/2} R$ のように補正することにより，（枠なし）結び目 K の不変量として $Q^{\mathfrak{g}, V}(\hat{K})$ を構成することができる．この不変量を自然に線型的に $\mathcal{K}$ に拡張すると，2 重点に対する線型写像は $\hat{R} - \hat{R}^{-1}$ で与えられる．$\hbar = 0$ のとき $\hat{R} = \hat{R}^{-1}$ となるので，$\hat{R} - \hat{R}^{-1}$ の行列成分は $\mathbb{C}[[\hbar]]$ において $\hbar$ でわりきれる．よって，$d+1$ 個の 2 重点をもつ特異結び目 K に対して $Q^{\mathfrak{g}, V}(\hat{K})$ は $\hbar^{d+1}$ でわりきれて，とくに，その $\hbar^d$ の係数は 0 である．したがって，命題の主張が成立する． ∎

命題 7.14 のバシリエフ不変量の重み系は下記の命題 7.16 で与えられる．これを述べるために，記号を準備する．$\Theta = \bigcirc$ とおく．$\mathcal{A}(S^1)$ の環構造を用いると，$\mathcal{A}(S^1)/\mathrm{FI}$ は $\mathcal{A}(S^1)/(\Theta)$ のように表されることに注意しよう．ここで，(Θ) は Θ が生成する $\mathcal{A}(S^1)$ のイデアルである．線型写像 $p_{\mathrm{FI}} : \mathcal{A}(S^1) \to \mathcal{A}(S^1)$ を，S^1 上のヤコビ図 D に対して，

$$p_{\mathrm{FI}}(D) = \sum_J (-\Theta)^{|J|}(D - J)$$

で定める．ここで，和の J は D のいくつかのコードの集合（D のコード全体の集合の部分集合）の全体をわたる．また，$|J|$ は J のコードの本数を表し，$D - J$ は D から J のコードを除いてできるヤコビ図を表す．次の問題で述べるように，p_{FI} は (Θ) の補空間への射影子 (projector) である．

練習問題 7.15 p_{FI} は次の (1)〜(4) をみたすことを示してみよう（[23] を参照されたい）．
(1) p_{FI} は適切に定義された線型写像である．
(2) p_{FI} は射影子である．すなわち，$p_{\mathrm{FI}} \circ p_{\mathrm{FI}} = p_{\mathrm{FI}}$ をみたす．
(3) $\mathrm{kernel}\, p_{\mathrm{FI}} = (\Theta)$ である．
(4) $\mathrm{image}\, p_{\mathrm{FI}}$ は，1 個以上の 3 価頂点をもつ連結な 1,3 価グラフからなるヤコビ図で生成される．

p_{FI} の上記の性質をふまえて，次の写像

$$\mathcal{A}(S^1)/\mathrm{FI} \;\cong\; \mathcal{A}(S^1)/(\Theta) \;\longrightarrow\; \mathcal{A}(S^1)/\mathrm{kernel}\, p_{\mathrm{FI}} \;\xrightarrow{p_{\mathrm{FI}}}\; \mathcal{A}(S^1) \quad (7.11)$$

を考える.この写像を用いて,命題7.14のバシリエフ不変量の重み系は次の命題で与えられる.

命題7.16 ([124])　命題7.14のバシリエフ不変量の重み系は次の写像に等しい.

$$\mathcal{A}(S^1)^{(d)}/\mathrm{FI} \xrightarrow{(7.11)} \mathcal{A}(S^1)^{(d)} \xrightarrow{W_{\mathfrak{g},V}} \mathbb{C}$$

証明　定理6.20より,量子 $(\mathfrak{g}, V)$ 不変量はコンセビッチ不変量を用いて

$$Q^{\mathfrak{g},V}(\hat{\cdot})|_{q=e^\hbar}: \mathcal{K} \xrightarrow{Z(\hat{\cdot})} \mathcal{A}(S^1) \xrightarrow{\hat{W}_{\mathfrak{g},V}} \mathbb{C}[[\hbar]]$$

のように表される.10.1節で後述するように,0枠をもつ枠つき結び目のコンセビッチ不変量は1個以上の3価頂点をもつ1,3価グラフからなるヤコビ図の積の線型和で表されるので,問題7.15よりその値は $\mathrm{image}\, p_\mathrm{FI}$ にはいる.よって,上記の写像は

$$Q^{\mathfrak{g},V}(\hat{\cdot})|_{q=e^\hbar}: \mathcal{K} \xrightarrow{Z} \mathcal{A}(S^1)/\mathrm{FI} \xrightarrow{(7.11)} \mathcal{A}(S^1) \xrightarrow{\hat{W}_{\mathfrak{g},V}} \mathbb{C}[[\hbar]]$$

のように書き直される.この写像を $\mathcal{K}_d$ に制限すると,命題7.10の証明でやった議論により,

$$Q^{\mathfrak{g},V}(\hat{\cdot})|_{q=e^\hbar}: \mathcal{K}_d \xrightarrow{Z} \mathcal{A}(S^1)^{(\geq d)}/\mathrm{FI} \xrightarrow{(7.11)} \mathcal{A}(S^1)^{(\geq d)} \xrightarrow{\hat{W}_{\mathfrak{g},V}} \hbar^d \cdot \mathbb{C}[[\hbar]]$$

のようになる.さらに,d を $d+1$ におきかえると

$$Q^{\mathfrak{g},V}(\hat{\cdot})|_{q=e^\hbar}: \mathcal{K}_{d+1} \xrightarrow{Z} \mathcal{A}(S^1)^{(\geq d+1)}/\mathrm{FI} \xrightarrow{(7.11)} \mathcal{A}(S^1)^{(\geq d+1)} \xrightarrow{\hat{W}_{\mathfrak{g},V}} \hbar^{d+1} \cdot \mathbb{C}[[\hbar]]$$

のようになる.上記の2つの線型写像の商をとると

$$v: \mathcal{K}_d/\mathcal{K}_{d+1} \xrightarrow{Z^{(d)}} \mathcal{A}(S^1)^{(d)}/\mathrm{FI} \xrightarrow{(7.11)} \mathcal{A}(S^1)^{(d)} \xrightarrow{W_{\mathfrak{g},V}} \mathbb{C}$$

のようになる.ここで,v は $Q^{\mathfrak{g},V}(\hat{\cdot})|_{q=e^\hbar}$ の d 次の係数である.したがって,v の重み系は命題の写像に等しいことがわかる.　∎

注意 7.17　任意の単純リー環 $\mathfrak{g}$ とその V 上の表現からくる重み系 $W_{\mathfrak{g},V}$ に対して $W_{\mathfrak{g},V}(D) = 0$ となるような 17 次の非自明なヤコビ図 D が存在することが知られている ([150, 88])．このことは，すべての量子不変量を集めたものよりもコンセビッチ不変量は真に強い不変量であるとおもわれることを示唆している．

注意 7.18　ヤコビ図の言葉でバシリエフ不変量を記述するときに，葉廣のクラスパー ([46]) が有用である．ここで，**クラスパー** (clasper) とは次式の左辺のめがね状の図形のことで，左辺は右辺を意味するものと定める．

クラスパーを用いて，ヤコビ図に対する写像 φ は次のように再構成される．

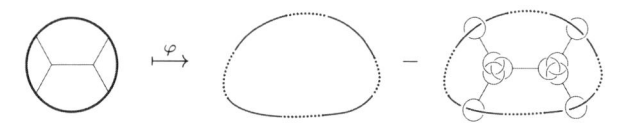

ここで，右辺の第 2 項はヤコビ図の 1,3 価グラフの形にクラスパーを組合せたもので，ヤコビ図の 3 価頂点があったところにボロミアン絡み目がかかれている．また，点線は結ばったり絡まったりしているひもを表しており，上記の右辺は $\mathcal{K}_d/\mathcal{K}_{d+1}$ の元として点線部分の絡まり方によらずに定まることが知られている．上記の写像が φ の再構成を与えていることについて，たとえば [112] を参照されたい．

　第 4〜7 章で述べた結び目不変量の間の関係について，まとめてみよう．単純リー環 $\mathfrak{g}$ とその V 上の表現があるごとに結び目の量子 $(\mathfrak{g},V)$ 不変量が定義されるのであった．これらの膨大な数の不変量を統一的に扱って理解する方法が 2 つある．1 つの方法は，すべての量子不変量を統一する不変量であるコンセビッチ不変量を考えることであった．もう 1 つの方法は，すべての量子不変量がもつ共通の性質で不変量を特徴づけることで，そのような特徴づけにより定式化される不変量がバシリエフ不変量であった．コンセビッチ不変量はすべてのバシリエフ不変量を統一する不変量でもある．これらの不変量の間の関係をまとめると次の図のようになる．

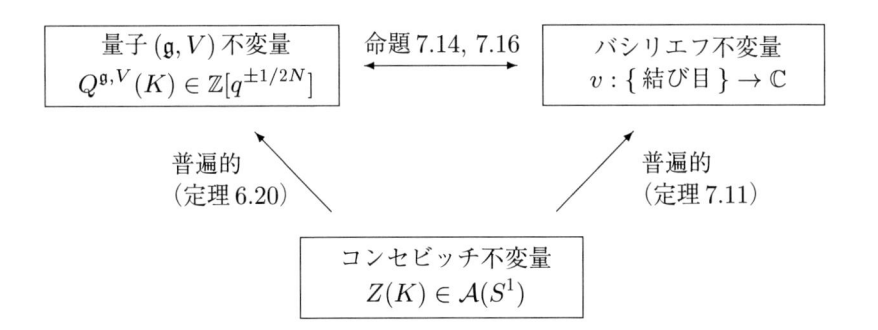

7.2 バシリエフ不変量に対するコンセビッチ不変量の普遍性

```
┌─────────────────────┐   命題 7.14, 7.16   ┌─────────────────────┐
│ 量子 $(\mathfrak{g}, V)$ 不変量           │ ←──────────────→    │ バシリエフ不変量        │
│ $Q^{\mathfrak{g},V}(K) \in \mathbb{Z}[q^{\pm 1/2N}]$ │         │ $v : \{\text{結び目}\} \to \mathbb{C}$ │
└─────────────────────┘                      └─────────────────────┘
         ↖                                            ↗
      普遍的                                       普遍的
    (定理 6.20)                                  (定理 7.11)
              ┌─────────────────────┐
              │ コンセビッチ不変量       │
              │ $Z(K) \in \mathcal{A}(S^1)$ │
              └─────────────────────┘
```

第8章 ◇ 絡み目の多項式不変量の圏化

本章では,絡み目 L のジョーンズ多項式の圏化 (categorification) としてホバノフホモロジー (Khovanov homology) $KH^{*,*}(L)$ を導入する.ホバノフホモロジーは,絡み目の不変量であって,2重の次数をもつホモロジーであり,第1の次数(ホモロジー次数)に関するオイラー標数(ホモロジー群の次元の交代和)がジョーンズ多項式の各係数に等しい.このような性質をもつホモロジーをジョーンズ多項式の**圏化**という.

一般に,与えられた整数値不変量に対して,その圏化とは,オイラー標数がその不変量に等しいようなホモロジー理論のことである.歴史的には,圏化の原型は,3次元ホモロジー球面 M の位相不変量であるキャッソン不変量の圏化としてフレアー (Floer) ホモロジー $I_*(M)$ が導入されたことであった.$I_*(M)$ のオイラー標数がキャッソン不変量に等しく,また,M_1 から M_2 への4次元コボルディズム[1] W に対して,W のドナルドソン不変量が線型写像 $I_*(M_1) \to I_*(M_2)$ として定式化される([39] 参照).すなわち,4次元コボルディズムの圏から線型写像の圏への関手として不変量が再定式化される,ということが「圏化」の由来であった.

ジョーンズ多項式は,第1章で述べたように,絡み目の図式を用いて定式化されるが,その「3次元的解釈」が何であるのかは謎である.この謎に数理物理的観点から答えたのがウィッテン (Witten) のチャーン (Chern)–サイモンズ (Simons) 理論であった.チャーン–サイモンズ理論において,ジョーンズ多項式は3次元球面上の接続の空間(無限次元空間)上の形式的な積分で表示される.しかし,このようにジョーンズ多項式を与えたとき「その係数がなぜ整数なのか」は新たな謎である.その係数は何かの次元を数えているのであろうか? すなわち,チャーン–サイモンズ理論を境界とする,4次元コボルディズム上の適切なゲージ理論があってそこに現れるホモロジーのオイラー標数がジョーンズ多項式の係数になるのだろうか,ということが期待される.そのような背景をふまえて,ホバノフホモロジーは導入され

---

[1] 有向4次元多様体 W で,その境界が $\partial W = (-M_1) \sqcup M_2$ であるようなもの.ここで,$-M_1$ は M_1 の向きを逆にしたものである.

た ([68]). すなわち，ジョーンズ多項式の係数をオイラー標数とするホモロジー理論はあったのである[2]．

本章では，ホバノフホモロジーの定義と不変性について解説する．8.1 節では，準備として，コホモロジー代数と次数つきベクトル空間について復習する．8.2 節では，絡み目 L のホバノフホモロジーを L の図式を用いて定義する．8.3 節では，ホバノフホモロジーが絡み目 L の不変量であることを証明する．ホバノフホモロジーの定義について [9, 10, 147] も参照されたい．

8.1 コホモロジー代数の準備

次節でホバノフホモロジーを定義する準備として，本節では，コホモロジー代数と次数つきベクトル空間について復習する．コホモロジー代数について，たとえば [49, 132] を参照されたい．

$\mathbb{Q}$ 上のベクトル空間 C^i ($i \in \mathbb{Z}$) と線型写像 $d_i : C^i \to C^{i+1}$ の列

$$\cdots \longrightarrow C^{i-1} \xrightarrow{d_{i-1}} C^i \xrightarrow{d_i} C^{i+1} \longrightarrow \cdots$$

であって，すべての i について $d_i \circ d_{i-1} = 0$ となるようなもののことを**コチェイン複体** (cochain complex) という．C^i の元を i **コチェイン** (i-cochain) といい，d_i を**双対境界作用素** (coboundary operator) という．以下では，十分大きい i と十分小さい i では $C^i = 0$ となるようなコチェイン複体（すなわち，有限個の i に対してだけ $C^i \neq 0$ であるようなコチェイン複体）を考える．コチェイン複体 $\mathcal{C} = (C^*, d_*)$ について，定義より image d_{i-1} は kernel d_i の部分ベクトル空間であり，$\mathcal{C}$ の**コホモロジー** (cohomology) を

$$H^i(\mathcal{C}) = \frac{\text{kernel } d_i}{\text{image } d_{i-1}}$$

で定める．とくに，すべての i について $H^i(\mathcal{C}) = 0$ であるようなコチェイン複体 $\mathcal{C}$ を**非輪状** (acyclic) であるという．

---
[2] 1つの重要な観点は，前章までに述べた量子不変量やそれに関連する不変量はチャーン–サイモンズ理論の枠組みの中で説明できるのだが，ホバノフホモロジーはその枠組みから外に（数理物理的観点から見ても未知の領域に）でようとしている，ということである．

コチェイン複体 $\mathcal{C} = (C^*, d_*)$ と $\mathcal{C}' = (C'^*, d'_*)$ について

$$\begin{array}{ccccccccc}
\cdots & \longrightarrow & C'^{i-1} & \xrightarrow{d'_{i-1}} & C'^{i} & \xrightarrow{d'_i} & C'^{i+1} & \longrightarrow & \cdots \\
& & \uparrow f_{i-1} & & \uparrow f_i & & \uparrow f_{i+1} & & \\
\cdots & \longrightarrow & C^{i-1} & \xrightarrow{d_{i-1}} & C^i & \xrightarrow{d_i} & C^{i+1} & \longrightarrow & \cdots
\end{array}$$

が可換になるような線型写像 $f_i : C^i \to C'^i$ の列 $f = (f_*)$ を**コチェイン写像**(cochain map) という．コチェイン写像 $f : \mathcal{C} \to \mathcal{C}'$ があったとき，上記の可換図式を

$$\hat{C}^i \;=\; C^i \oplus C'^{i-1}, \qquad \hat{d}_i : \hat{C}^i \longrightarrow \hat{C}^{i+1},$$
$$\hat{d}_i(c, c') \;=\; \bigl(d_i(c),\; d'_{i-1}(c') + (-1)^i f_i(c)\bigr), \quad c \in C^i,\; c' \in C'^{i-1}$$

のように**畳む**ことによってできるコチェイン複体 $\hat{\mathcal{C}} = (\hat{C}^*, \hat{d}_*)$ のことを

$$\hat{\mathcal{C}} \;=\; \mathcal{F}(\mathcal{C} \to \mathcal{C}')$$

とかくことにする．コチェイン複体を畳むときに，f_i の符号を適切に変化させて $\hat{d}_i$ を定めることによって，上記図式の可換性よりコチェイン複体 $\hat{\mathcal{C}}$ の定義関係式 $\hat{d}_i \circ \hat{d}_{i-1} = 0$ がでることに注意する．さらに，コチェイン写像の可換図式

$$\begin{array}{ccc}
\mathcal{C}'' & \longrightarrow & \mathcal{C}''' \\
\uparrow & & \uparrow \\
\mathcal{C} & \longrightarrow & \mathcal{C}'
\end{array}$$

があったとき，たて方向のコチェイン写像を畳んで

$$\mathcal{F}(\mathcal{C} \to \mathcal{C}'') \;\longrightarrow\; \mathcal{F}(\mathcal{C}' \to \mathcal{C}''')$$

のようにしてからさらにこのコチェイン複体を畳むことによってコチェイン複体 $\hat{\mathcal{C}}$ をつくることができる．すなわち，$\hat{\mathcal{C}}$ は

$$\hat{C}^i \;=\; C^i \oplus C'^{i-1} \oplus C''^{i-1} \oplus C'''^{i-2}$$

に適切に $\hat{d}_i$ を定めることによって定義されるコチェイン複体である．このコチェイン複体を

$$\hat{\mathcal{C}} = \mathcal{F}\begin{pmatrix} \mathcal{C}'' & \longrightarrow & \mathcal{C}''' \\ \uparrow & & \uparrow \\ \mathcal{C} & \longrightarrow & \mathcal{C}' \end{pmatrix}$$

とかくことにする．さらにまた，8つのコチェイン複体を立方体の頂点の位置に配置して，立方体の辺の位置にコチェイン写像を配置してできるコチェイン写像の可換図式についても，上と同様の方法でこれを畳むことによってコチェイン複体をつくることができる．

コチェイン複体 $\mathcal{C} = (C^*, d_*)$ について，部分ベクトル空間 $C'^i \subset C^i$ の列に d_i を制限した写像 d'_i がコチェイン複体 $\mathcal{C}' = (C'^*, d'_*)$ を定めるとき，$\mathcal{C}'$ を $\mathcal{C}$ の**部分コチェイン複体** (cochain subcomplex) という．部分コチェイン複体 $\mathcal{C}' \subset \mathcal{C}$ について，**商コチェイン複体** (quotient cochain complex) $\mathcal{C}/\mathcal{C}'$ が自然に定義される．

練習問題 8.1 部分コチェイン複体 $\mathcal{C}' \subset \mathcal{C}$ について，$\mathcal{C}'$ が非輪状のとき，$H^*(\mathcal{C})$ と $H^*(\mathcal{C}/\mathcal{C}')$ は同型であることを示してみよう．

ベクトル空間 W がその部分ベクトル空間 W_k (k は整数) の直和に

$$W = \bigoplus_k W_k$$

のように直和分解しているとき，W を**次数つきベクトル空間** (graded vector space) といい，W_k の元の**次数** (degree) が k であるという．以下では，W が有限次元である場合を考える．次数つきベクトル空間 $W = \bigoplus_k W_k$ と $W' = \bigoplus_{k'} W'_{k'}$ について，それらのテンソル積 $\hat{W} = W \otimes W'$ には

$$\hat{W} = \bigoplus_n \hat{W}_n, \quad \hat{W}_n = \bigoplus_{k+k'=n} W_k \otimes W'_{k'}$$

のように自然に次数つきベクトル空間の構造がはいる．次数つきベクトル空間 W に対して，$W\{l\}_k = W_{k-l}$ とおくことによって次数つきベクトル空間

$W\{l\}$ を定める．W と $W\{l\}$ はベクトル空間としては同じものであるが，W の次数 k の元を $W\{l\}$ の元とみなしたときの次数は $k+l$ になる（つまり，ベクトル空間としては同じであるが，各元の次数のかぞえ方を変える，ということである）．次数つきベクトル空間 $W = \bigoplus_k W_k$ に対して，その**量子次元** (quantum dimension) を

$$\text{q-dim}(W) = \sum_k q^k \dim(W_k)$$

で定める．とくに，$W\{l\}$ の量子次元は

$$\text{q-dim}(W\{l\}) = q^l \cdot \text{q-dim}(W)$$

であることに注意する．

8.2 ホバノフホモロジーの定義

本節では，有向絡み目 L のホバノフホモロジー $KH^{*,*}(L)$ を定義する．本節での変数 q は前章までの（たとえば量子群の）変数 q の定義と若干異なるので注意されたい．

有向絡み目図式 D について，D の交点の個数を $c(D)$，正の交点の個数を $c_+(D)$，負の交点の個数を $c_-(D)$ とかくことにする．絡み目図式 D についてカウフマン括弧 $\langle D \rangle$ の変更版 $\langle\!\langle D \rangle\!\rangle$ を

$$\langle\!\langle D \rangle\!\rangle = A^{-c(D)} \langle D \rangle$$

で定める．$q = -A^{-2}$ とおくと，$\langle D \rangle$ の定義関係式と同様に，$\langle\!\langle D \rangle\!\rangle$ は次の関係式

$$\left\langle\!\!\left\langle \times \right\rangle\!\!\right\rangle = \left\langle\!\!\left\langle)(\right\rangle\!\!\right\rangle - q \left\langle\!\!\left\langle \asymp \right\rangle\!\!\right\rangle$$

$$\left\langle\!\!\left\langle \bigcirc D \right\rangle\!\!\right\rangle = (q + q^{-1}) \left\langle\!\!\left\langle D \right\rangle\!\!\right\rangle$$

$$\langle\!\langle \emptyset \rangle\!\rangle \;=\; 1$$

で規定されることがわかる．さらに，有向絡み目 L とその図式 D について，L のジョーンズ多項式は $\langle\!\langle D \rangle\!\rangle$ を用いて

$$\hat{J}(L) \;=\; (-A^3)^{-w(D)} \langle D \rangle \;=\; (-1)^{c_-(D)} q^{c_+(D)-2c_-(D)} \langle\!\langle D \rangle\!\rangle \tag{8.1}$$

のように表示される．ここで，$\hat{J}(L)$ は

$$\hat{J}(L) \;=\; (q + q^{-1})\, V_L(t)\big|_{t^{1/2}=-q}$$

で定められるジョーンズ多項式の変更版である．

$\mathbb{Q}$ 上の 2 次元ベクトル空間 V を

$$V \;=\; \mathrm{span}_{\mathbb{Q}}\{1, x\} \;=\; \mathbb{Q}[x]/(x^2)$$

で定める．また，1 の次数を 1 として，x の次数を -1 とすることにより，V に次数つきベクトル空間の構造をいれる．V における**積** (multiplication) $m : V \otimes V \to V$ を

$$1^2 = 1, \qquad 1\, x = x\, 1 = x, \qquad x^2 = 0$$

で定め，V における**余積** (comultiplication) $\Delta : V \to V \otimes V$ を

$$\Delta(1) = 1 \otimes x + x \otimes 1, \qquad \Delta(x) = x \otimes x$$

で定める（これらの定義の正当性について，後述の注意 8.4 も参照）．定義より，m と Δ は次数を 1 つ下げる写像であるが，

$$m : V \otimes V \longrightarrow V\{1\}, \qquad \Delta : V \longrightarrow (V \otimes V)\{1\} \tag{8.2}$$

とみなすと，これらの m と Δ は次数を保存する．

ホバノフホモロジーのコチェイン複体の定義を，次の 3 つ葉結び目の図式

$$D \;=\; \vcenter{\hbox{\includegraphics{trefoil}}} \tag{8.3}$$

を例として用いて説明する．便宜上，図式の交点に上のように順序をつけておく．図式の各交点を次の2通りの**平滑化** (smoothing)

$$\begin{array}{c} \big)\big(\\ \text{0平滑化} \\ \rightsquigarrow \end{array} \qquad \begin{array}{c} \diagdown\!\!\!\diagup \\ \text{1平滑化} \\ \rightsquigarrow \end{array} \qquad \smile\!\!\frown$$

で解消することを考える．各交点の解消の仕方を定める写像

$$\alpha : \{D \text{ の交点の全体}\} \longrightarrow \{0,1\}$$

を考え，この写像を**状態** (state) という．状態 α について α の値の和を

$$|\alpha| = \sum_k \alpha(\mathrm{x}_k)$$

とかく．状態 α の値が指定するように D の各交点を0平滑化か1平滑化で解消してできる図式を D_α とかく（D_α の添字の α は，簡単のため，$\alpha(\mathrm{x}_1)\alpha(\mathrm{x}_2)\alpha(\mathrm{x}_3)$ をならべた数列で表記することにする）．(8.3) の図式について，D_α を次のように立方体の頂点の位置に配置して表示する．

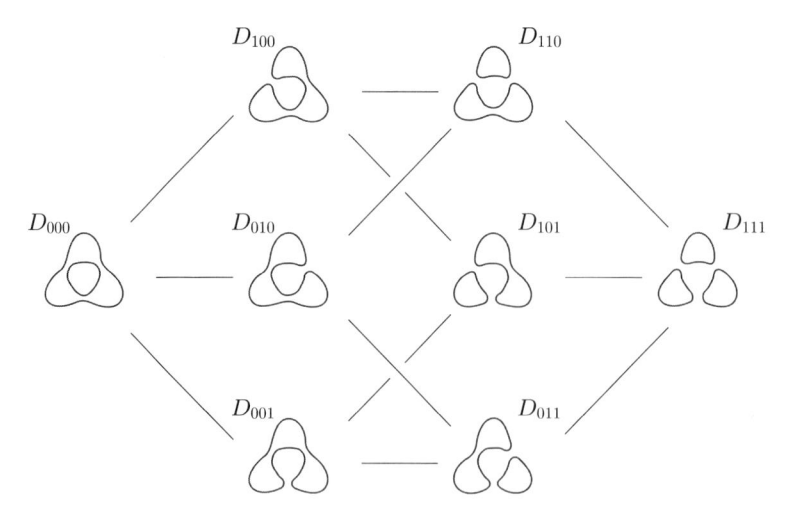

この配置において，α の値を1ヶ所だけ変えてできる α' について D_α と $D_{\alpha'}$ が辺で結ばれている．また，$|\alpha|$ の値が等しい D_α がたての同じ列に配置されていることに注意する．

8.2 ホバノフホモロジーの定義

D_α の輪の個数を $\ell(D_\alpha)$ とかくことにすると，図式 D の変更版カウフマン括弧 $\langle\!\langle D \rangle\!\rangle$ は

$$\langle\!\langle D \rangle\!\rangle \;=\; \sum_\alpha (-q)^{|\alpha|}(q+q^{-1})^{\ell(D_\alpha)}$$

のように表されることが，$\langle\!\langle D \rangle\!\rangle$ の定義よりわかる．その和の各項を上述の立方体の形に配置すると次のようになる．

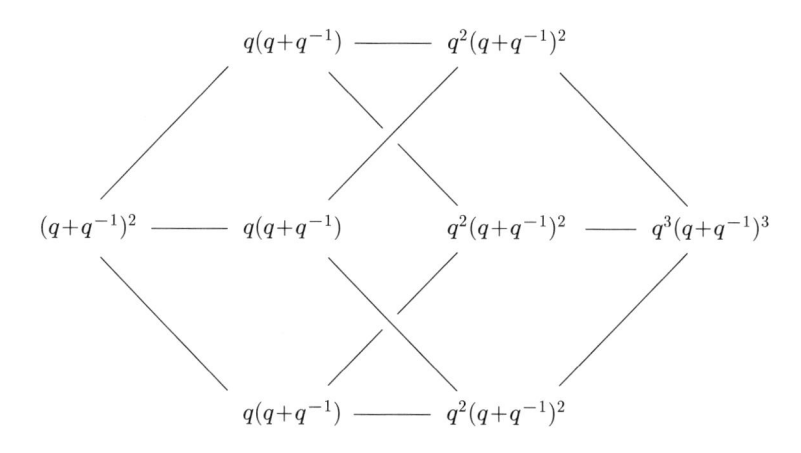

$$
\begin{array}{ccccc}
 & q(q+q^{-1}) & \text{------} & q^2(q+q^{-1})^2 & \\
(q+q^{-1})^2 \text{------} q(q+q^{-1}) & & q^2(q+q^{-1})^2 & \text{------} q^3(q+q^{-1})^3 \\
 & q(q+q^{-1}) & \text{------} & q^2(q+q^{-1})^2 &
\end{array}
$$

これらの値をたて方向に合計して，それらの交代和をとると，

$$\begin{aligned}
\langle\!\langle D \rangle\!\rangle &= (q+q^{-1})^2 - 3q(q+q^{-1}) + 3q^2(q+q^{-1})^2 - q^3(q+q^{-1})^3 \\
&= q^{-2} + 1 + q^2 - q^6
\end{aligned}$$

のように $\langle\!\langle D \rangle\!\rangle$ の値が得られるのであった．

上の値を次数つきベクトル空間でおきかえることを考えよう．状態 α について，

$$V_\alpha \;=\; V^{\otimes \ell(D_\alpha)}\{|\alpha|\}$$

とおいて，V_α を上と同様に立方体の形に配置すると次のようになる．

$$
\begin{array}{c}
V\{1\} \longrightarrow V^{\otimes 2}\{2\} \\
V^{\otimes 2} \longrightarrow V\{1\} \quad V^{\otimes 2}\{2\} \longrightarrow V^{\otimes 3}\{3\} \\
V\{1\} \longrightarrow V^{\otimes 2}\{2\}
\end{array}
$$

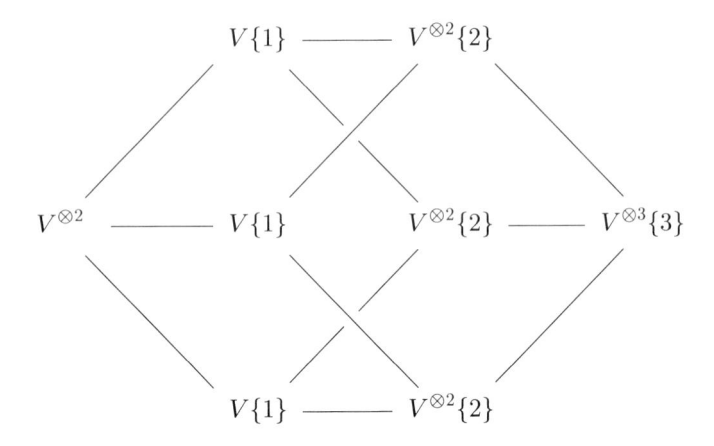

各ベクトル空間の量子次元が前述の値になっていることに注意すると,

$$\langle\!\langle D \rangle\!\rangle = \sum_\alpha (-1)^{|\alpha|} \, \text{q-dim}(V_\alpha)$$

であることがわかる. $|\alpha|$ の値が i であるごとに V_α をたて方向に直和をとることによって $C^i(D)$ を

$$C^i(D) = \bigoplus_{|\alpha|=i} V_\alpha$$

で定める. 前式より,

$$\langle\!\langle D \rangle\!\rangle = \sum_i (-1)^i \, \text{q-dim}\bigl(C^i(D)\bigr) \tag{8.4}$$

となることに注意する.

この $\{C^*(D)\}$ に適切に双対境界作用素を定めることによりコチェイン複体を構成することを考えよう. 絡み目図式 D のある交点 x

$$D = \;\;\tikz\text{(交点 x の図)}$$

を考える. $\alpha(\mathrm{x}) = 0$ であるような状態 α と, $\alpha'(\mathrm{x}) = 1$ であって x 以外の交点では α と等しいような状態 α' を考える. また, 写像

$$\xi : \{D \text{の交点の全体}\} \longrightarrow \{0, 1, \star\}$$

8.2 ホバノフホモロジーの定義

で，$\xi(\mathrm{x}) = \star$ であって x 以外の交点では α と α' に等しいようなものを考える．前述のようにこれらを数列とみなすと

$$\alpha = \text{``}\cdots 0 \cdots\text{''}, \qquad \alpha' = \text{``}\cdots 1 \cdots\text{''}, \qquad \xi = \text{``}\cdots \star \cdots\text{''}$$

のように表示される．線型写像

$$d_\xi : V_\alpha \longrightarrow V_{\alpha'}$$

を以下のように定める．$\alpha(\mathrm{x})$ 以外の α の値によって，x の周辺での D_α と $D_{\alpha'}$ の形は次の 2 通りのいずれかになる．

(1) $D_\alpha = $ ◯◯ $D_{\alpha'} = $ ◯◯

(2) $D_\alpha = $ ◯◯ $D_{\alpha'} = $ ◯◯

定義より，V_α は $\ell(D_\alpha)$ 個の V のテンソル積であり，D_α の各輪に V_α の各テンソル因子 V が対応していることに注意して，(1) の場合は d_ξ を積 m を用いて

$$d_\xi : (\cdots \otimes V \otimes V \otimes \cdots)\{|\alpha|\} \xrightarrow{\cdots \mathrm{id} \otimes m \otimes \mathrm{id} \cdots} (\cdots \otimes V \otimes \cdots)\{|\alpha'|\}$$

のように定め，(2) の場合は d_ξ を余積 Δ を用いて

$$d_\xi : (\cdots \otimes V \otimes \cdots)\{|\alpha|\} \xrightarrow{\cdots \mathrm{id} \otimes \Delta \otimes \mathrm{id} \cdots} (\cdots \otimes V \otimes V \otimes \cdots)\{|\alpha'|\}$$

のように定める．さらに，線型写像

$$d_i : C^i(D) \longrightarrow C^{i+1}(D)$$

を

$$d_i = \sum \mathrm{sign}(\xi)\, d_\xi$$

$$\mathrm{sign}(\xi) = \begin{cases} 1 & \xi \text{ において } \star \text{ より左に偶数個の 1 があるとき} \\ -1 & \xi \text{ において } \star \text{ より左に奇数個の 1 があるとき} \end{cases}$$

で定める（ξの符号の定め方について，後述の注意8.3も参照）．ここで，d_iの定義の右辺の和はi個の1があるような文字列ξの全体にわたってとる．たとえば，3つ葉結び目の図式(8.3)の場合に，d_ξの全部を具体的にかくと

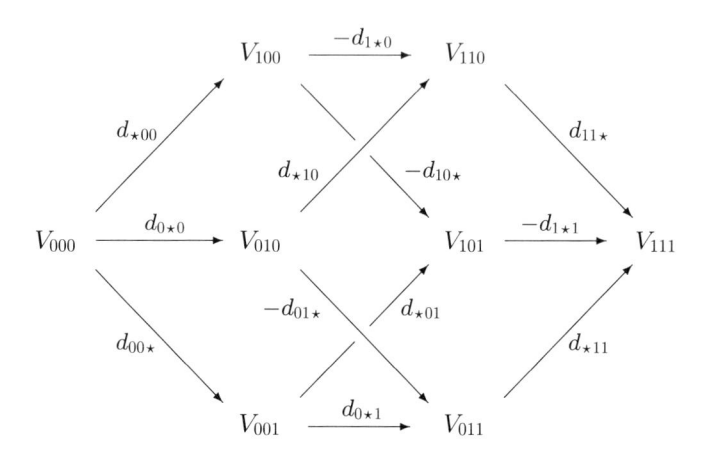

$$\begin{array}{c}
V_{000} \xrightarrow{d_{0\star 0}} V_{010} \\
\end{array}$$

（図式：V_{000}から$V_{100}, V_{010}, V_{001}$へ，さらに$V_{110}, V_{101}, V_{011}$を経由して$V_{111}$へ至る立方体型の図式．矢印には$d_{\star 00}, -d_{1\star 0}, d_{11\star}, d_{0\star 0}, d_{\star 10}, -d_{10\star}, -d_{1\star 1}, d_{00\star}, -d_{01\star}, d_{\star 01}, d_{0\star 1}, d_{\star 11}$のラベルが付いている）

のようになり，この図式においてたての列ごとにベクトル空間の直和をとることで

$$C^0(D) \xrightarrow{d_0} C^1(D) \xrightarrow{d_1} C^2(D) \xrightarrow{d_2} C^3(D)$$

が得られる．一般の絡み目図式Dの場合は，$c(D)$次元立方体の頂点の位置にV_αが配置され，その立方体の辺の位置にd_ξが配置されて，それらの写像を畳むことにより$\bigl(C^*(D), d_*\bigr)$が得られる．

補題8.2　$d_i \circ d_{i-1} = 0$ が成り立つ．

証明　d_ξの符号を無視したとき，$c(D)$次元立方体の各面の4角形の辺に現れる4つのd_ξは

$$\begin{array}{ccc}
V_{\ldots 1 \ldots 0 \ldots} & \xrightarrow{d_{\ldots 1 \ldots \star \ldots}} & V_{\ldots 1 \ldots 1 \ldots} \\
{\scriptstyle d_{\ldots \star \ldots 0 \ldots}} \uparrow & & \uparrow {\scriptstyle d_{\ldots \star \ldots 1 \ldots}} \\
V_{\ldots 0 \ldots 0 \ldots} & \xrightarrow{d_{\ldots 0 \ldots \star \ldots}} & V_{\ldots 0 \ldots 1 \ldots}
\end{array} \qquad (8.5)$$

のようになっている．$\mathrm{sign}(\xi)$の定義より，これら4つのd_ξのうち奇数個の符号が(-1)である．よって，補題を示すためには，上の図式が可換であること

8.2 ホバノフホモロジーの定義

を言えばよい.（上の図式が可換であれば，そのような符号のつき方により，符号つきで上の図式を合成してできる「左下から右上への合成写像」は0写像になる. d_i は d_ξ を符号つきで寄せ集めて定義されていたので，よって，$d_i \circ d_{i-1}$ は0写像になり，補題が成立する. ξ の符号のきめ方と $d_i \circ d_{i-1}$ が0写像になることの関係について，下記の注意8.3も参照.）この証明の以下では，上の図式が可換であることを示す.

図式(8.5)の4つの d_ξ が適用される D の2つの交点

を考える. $c(D)$ 次元立方体のどの面をとってくるかによって，この2つの交点の外側のひものつながり方は異なる. 交点の上下をとりあえず無視すると，ひものつながり方は次の3通りである.

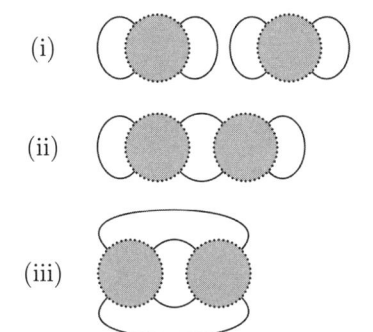

(i)

(ii)

(iii)

すなわち，2交点がひもでつながっていない場合が(i)で，2交点が2本のひもでつながっている場合が(ii)で，2交点が4本のひもでつながっている場合が(iii)である. ここで，上記の図形を「2つの4価頂点をもつグラフ」とみなしたとき，グラフの平面埋め込みが異なる場合も実際にはあるのだが，以下の証明は「グラフの平面埋め込み」のやり方によらない（「2交点のつながり方」のみによる）ので，以下では上の3通りのそれぞれの場合について図式(8.5)が可換であることを証明すれば十分である.

(i)の場合 この場合は，図式(8.5)のたて方向の写像とよこ方向の写像は独立

である.たとえば,2交点の上下が

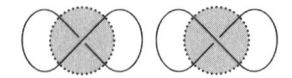

のとき,図式 (8.5) は

$$V \otimes \cdots \otimes V \xrightarrow{\mathrm{id} \otimes \cdots \otimes \Delta} V \otimes \cdots \otimes V \otimes V$$
$$m \otimes \cdots \otimes \mathrm{id} \uparrow \qquad \qquad \uparrow m \otimes \cdots \otimes \mathrm{id}$$
$$V \otimes V \otimes \cdots \otimes V \xrightarrow{\mathrm{id} \otimes \cdots \otimes \Delta} V \otimes V \otimes \cdots \otimes V \otimes V$$

のようになり,たて方向の写像とよこ方向の写像は独立であるので,この図式は可換になる.よって,(i) の場合に図式 (8.5) は可換である.

(ii) の場合 2交点の上下について,次の3通り

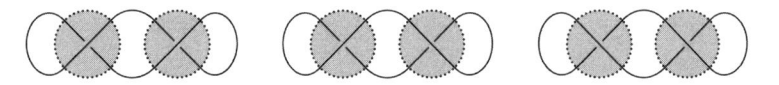

を考えればよい.たとえば,2つ目の場合について図式 (8.5) が可換であることを示す.この場合は,2交点を平滑化してできる図式は

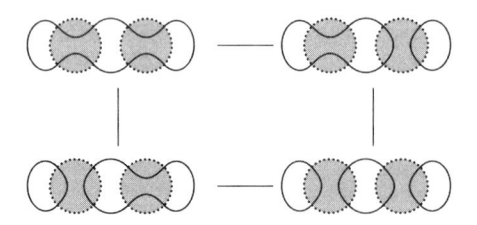

のようになる.よって,図式 (8.5) は

$$V \xrightarrow{\Delta} V \otimes V$$
$$m \uparrow \qquad \uparrow m \otimes \mathrm{id} \qquad (8.6)$$
$$V \otimes V \xrightarrow{\mathrm{id} \otimes \Delta} V \otimes V \otimes V$$

のようになる．m と Δ の定義より，左下の $V \otimes V$ の各基底の像を具体的にチェックすることにより，この図式が可換であることが示される（この可換性の幾何的な意味について，下記の注意 8.4 を参照）．2 交点の上下のつき方の他の場合についても，同様にチェックすることにより，該当の図式が可換であることが示される．よって，(ii) の場合に図式 (8.5) は可換である．

(iii) の場合 2 交点の上下について，次の 2 通り

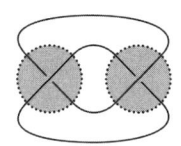

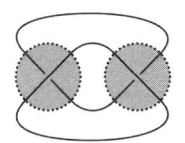

を考えればよい．(ii) の場合と同様にして，これらの各々の場合について図式 (8.5) を具体的な写像でかくと，左回りの合成写像と右回りの合成写像は等しいことがわかる．よって，(iii) の場合に図式 (8.5) は可換である． ∎

注意 8.3 ξ の符号の定め方は，n 個 $(n=c(D))$ の S^1 の直積 $(S^1)^n$ のコホモロジーのコチェイン複体 $C^*((S^1)^n)$ における双対境界作用素の符号のきめ方と同じである．$C^*(S^1)$ のコチェイン複体は

$$0 \longrightarrow C^0(S^1) \longrightarrow C^1(S^1) \longrightarrow 0$$

で与えられ，その n 個のコピーのテンソル積をとって n 次元立方体をつくり，それを畳んでできるコチェイン複体が $C^*((S^1)^n)$ である．$C^*((S^1)^n)$ のコチェインは

$$\alpha_1 \wedge \cdots \wedge \alpha_n$$

（ここで，α_k は $C^*(S^1)$ のコチェイン（0 コチェインか 1 コチェイン）を k 番目の成分への射影 $(S^1)^n \to S^1$ でひきもどしたもの）の形にかけて，その双対境界作用素による像は

$$d(\alpha_1 \wedge \cdots \wedge \alpha_n) = \sum_{1 \leq k \leq n} (\pm 1) \alpha_1 \wedge \cdots \wedge \alpha_{k-1} \wedge d\alpha_k \wedge \alpha_{k+1} \wedge \cdots \wedge \alpha_n$$

$$(\text{右辺の符号}) = \begin{cases} 1 & \alpha_1, \ldots, \alpha_{k-1} \text{ のうち 1 コチェインが偶数個のとき} \\ -1 & \alpha_1, \ldots, \alpha_{k-1} \text{ のうち 1 コチェインが奇数個のとき} \end{cases}$$

のようになる．この符号の定め方は ξ の符号の定め方と同じであり，このように符号を定めると $d \circ d = 0$ になる．ドラームコホモロジーの言葉で言うと，該当の形の微分形式の外微分 d は上式の符号で定められ，このとき $d \circ d = 0$ となる．補題 8.2 の $d_i \circ d_{i-1} = 0$ の証明がうまく機能するために ξ の符号を前述のように定めたのは，そのような理由による．

注意 8.4 $\mathbb{Q}$ 上の代数 V が，結合的で可換な積 $m : V \otimes V \to V$ と余結合的で余可換な余積 $\Delta : V \to V \otimes V$ と単位元 $1 \in V$ と余単位射 $\varepsilon : V \to \mathbb{Q}$ をもち，$\varepsilon \circ m : V \otimes V \to \mathbb{Q}$ が非退化で，

$$\Delta \circ m = (m \otimes \mathrm{id}_V) \circ (\mathrm{id}_V \otimes \Delta)$$

がみたされるとき，V を**フロベニウス代数** (Frobenius algebra) であるという．前述の V は $\varepsilon(1) = 0$ と $\varepsilon(x) = 1$ で余単位射 $\varepsilon : V \to Q$ を定めることによりフロベニウス代数になる．一般に，フロベニウス代数があると，次の写像

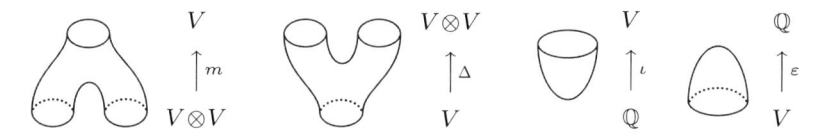

($\iota : \mathbb{Q} \to V$ は $\iota(1) = 1$ で定まる線型写像) により $(1+1)$ 次元位相的量子場の理論 $((1+1)$-dimensional topological quantum field theory) が構成されることが知られている（詳しくは [74] を参照）．たとえば，図式 (8.6) の可換性は，次の 2 つの 2 コボルディズム

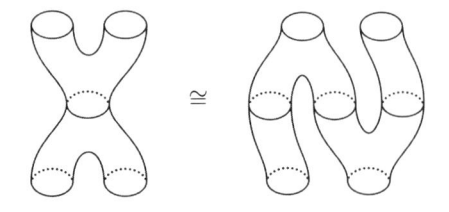

が同相であることを意味しており，位相量子場の理論において自然に成立する関係式である．V の積や余積を前述のように定義したことは，そのような背景にもとづいている．

絡み目図式 D について，補題 8.2 より，$(C^*(D), d_*)$ はコチェイン複体になる．そのコホモロジーを $H^*(D)$ とおく．(8.2) の m と Δ が次数つきベクトル空間の次数を保存していることより，d_i は次数つきベクトル空間の次数を保存

しており，$H^*(D)$ は次数つきベクトル空間になる．よって，(8.4) より

$$\langle\!\langle D \rangle\!\rangle = \sum_i (-1)^i \, \text{q-dim}(H^i(D))$$

となる．$H^i(D)$ の次数 j の部分ベクトル空間を $H^{i,j}(D)$ とおく．量子次元の定義より，

$$\langle\!\langle D \rangle\!\rangle = \sum_{i,j} (-1)^i q^j \dim\left(H^{i,j}(D)\right)$$

となる．

有向絡み目 L とその図式 D について，(8.1) より，L のジョーンズ多項式は

$$\hat{J}(L) = \sum_{i,j} (-1)^{i+c_-(D)} q^{j+c_+(D)-2c_-(D)} \dim\left(H^{i,j}(D)\right)$$

$$= \sum_{i,j} (-1)^i q^j \dim\left(H^{i+c_-(D),\, j-c_+(D)+2c_-(D)}(D)\right)$$

のように表示される（2つ目の等号は，i を $i+c_-(D)$ でおきかえ，j を $j-c_+(D)+2c_-(D)$ でおきかえることにより，得られる）．そこで，

$$KH^{i,j}(D) = H^{i+c_-(D),\, j-c_+(D)+2c_-(D)}(D)$$

とおくと，

$$\hat{J}(L) = \sum_{i,j} (-1)^i q^j \dim\left(KH^{i,j}(D)\right) \tag{8.7}$$

のようになる．$\hat{J}(L)$ は，D のとり方によらず，絡み目 L の不変量であった．

定理 8.5 有向絡み目 L について，D をその図式とするとき，$KH^{*,*}(D)$ は D のとり方によらず，L の不変量になる．

定理の証明は次節で与える．

有向絡み目 L について，定理 8.5 の $KH^{*,*}(D)$ を $KH^{*,*}(L)$ とおき，L の**ホバノフホモロジー**という．(8.7) より

$$\hat{J}(L) = \sum_j q^j \sum_i (-1)^i \dim\left(KH^{i,j}(L)\right) \tag{8.8}$$

であり，すなわち，ホバノフホモロジーのホモロジー次数に関するオイラー標数がジョーンズ多項式の各係数に等しい．このような性質をもつホモロジーを**ジョーンズ多項式の圏化**という．

注意 8.6 ホバノフは，ロシア出身で，長年アメリカの大学で教員をしている．本書ではロシア語の原音に近い「ホバノフ」と表記することにするが，アメリカでは英語風に「コバノフ」と発音されることが多く，$KH^{*,*}(L)$ も**コバノフホモロジー**と発音されることが多い．また，文献では $KH^{*,*}(L)$ の定義は上述のようにコホモロジーの記法でかかれることが多いが，本書では慣例によりホバノフ**ホモロジー**と呼ぶことにする．

8.3 ホバノフホモロジーの不変性

本節では，ホバノフホモロジーが絡み目の不変量であること（定理 8.5）の証明を与える．本節の証明は，おおむね [9] にかかれている証明にそっている．

前節で述べた $\langle\!\langle D \rangle\!\rangle$ の定義関係式に対応して，$\mathcal{C}(D)$ は

$$\mathcal{C}(\times) = \mathcal{F}\left(\mathcal{C}(\,)(\,) \xrightarrow{d} \mathcal{C}(\asymp)\{1\}\right)$$

$$\mathcal{C}(\bigcirc D) = \mathcal{C}(D) \otimes V$$

をみたすことに注意する．定理 8.5 を証明するためには，絡み目図式 D のホバノフホモロジー $KH^{*,*}(D)$ が RI, RII, RIII 移動で不変であることを示せばよい．以下では，それらの移動のそれぞれで $KH^{*,*}(D)$ が不変であることを示す．また，V の 1 次元部分空間 V_1 を

$$V_1 = \mathrm{span}_{\mathbb{Q}}\{1\} \subset V$$

のようにおく．

RI 移動での不変性の証明 RI 移動の左辺のホバノフホモロジーのコチェイン複体は

$$\mathcal{C}(\backslash\!\bigcirc) = \mathcal{F}\Big(\mathcal{C}(\backslash\!\bigcirc) \xrightarrow{m} \mathcal{C}(\backslash)\{1\}\Big)$$

$$= \mathcal{F}\Big(\mathcal{C}(\backslash) \otimes V \xrightarrow{m} \mathcal{C}(\backslash)\{1\}\Big)$$

のように計算される．上式において V を V_1 に制限して得られるコチェイン複体を

$$\mathcal{C}' = \mathcal{F}\Big(\mathcal{C}(\backslash) \otimes V_1 \xrightarrow{m} \mathcal{C}(\backslash)\{1\}\Big)$$

とおくと，V_1 は 1 次元で上式の m は同型写像になるので，$\mathcal{C}'$ は非輪状である．また，$\mathcal{C}'$ による商コチェイン複体は

$$\mathcal{C}(\backslash\!\bigcirc)/\mathcal{C}' = \mathcal{F}\Big(\mathcal{C}(\backslash) \otimes V/V_1 \longrightarrow 0\Big) \cong \mathcal{C}(\backslash)\{-1\}$$

のようになる．$\mathcal{C}'$ は非輪状なので，問題 8.1 より

$$H^{i,j-1}(\backslash\!\bigcirc) \cong H^{i,j}(\backslash)$$

となる．よって，$KH^{*,*}(D)$ の定義より，

$$KH^{*,*}(\backslash\!\bigcirc) \cong KH^{*,*}(\backslash)$$

となり，$KH^{*,*}(D)$ が RI 移動で不変であることが示された．∎

練習問題 8.7 $\langle\!\langle \infty \rangle\!\rangle$ と $\langle\!\langle \bigcirc \rangle\!\rangle$，また $H^{i,j}(\infty)$ と $H^{i,j}(\bigcirc)$ を定義より計算して，比較してみよう．

RII 移動での不変性の証明 RII 移動の左辺のホバノフホモロジーのコチェイン複体は

$$\mathcal{C}(\rangle\!\rangle\!\langle\!\langle) = \mathcal{F}\begin{pmatrix} \mathcal{C}(\asymp\!\asymp)\{1\} & \longrightarrow & \mathcal{C}(\asymp\!\bigcirc(\ )\{2\} \\ \uparrow & & \uparrow m \\ \mathcal{C}(\ )(\asymp) & \xrightarrow{\Delta} & \mathcal{C}(\ )\bigcirc(\ )\{1\} \end{pmatrix}$$

$$= \mathcal{F}\begin{pmatrix} \mathcal{C}(\asymp)\{1\} & \longrightarrow & \mathcal{C}(\succ\prec)(\ )\{2\} \\ \uparrow & & \uparrow m \\ \mathcal{C}(\ )(\asymp) & \xrightarrow{\Delta} & \mathcal{C}(\ )(\ )\{1\} \otimes V \end{pmatrix}$$

のように計算される.上式の部分コチェイン複体

$$\mathcal{C}' = \mathcal{F}\begin{pmatrix} 0 & \longrightarrow & \mathcal{C}(\succ\prec)(\ )\{2\} \\ \uparrow & & \uparrow m \\ 0 & \longrightarrow & \mathcal{C}(\ )(\ )\{1\} \otimes V_1 \end{pmatrix}$$

を考える.V_1 は 1 次元で上式の m は同型写像になるので,$\mathcal{C}'$ は非輪状である. また,$\mathcal{C}'$ による商コチェイン複体は

$$\mathcal{C}(\succ\prec)(\ )/\mathcal{C}' = \mathcal{F}\begin{pmatrix} \mathcal{C}(\asymp)\{1\} & \longrightarrow & 0 \\ d_{\star 0}\uparrow & & \uparrow \\ \mathcal{C}(\ )(\asymp) & \xrightarrow{\overline{\Delta}} & \mathcal{C}(\ )(\ )\{1\} \otimes V/V_1 \end{pmatrix}$$

$$= \mathcal{F}\Big(\mathcal{C}(\ )(\asymp) \xrightarrow{d_{\star 0}\oplus\overline{\Delta}} \mathcal{C}(\asymp)\{1\} \oplus \mathcal{C}(\ )(\ )\{1\} \otimes V/V_1\Big)$$

$$= \mathcal{F}\Big(\mathcal{C}(\ )(\asymp) \xrightarrow{d_{\star 0}\oplus \mathrm{id}} \mathcal{C}(\asymp)\{1\} \oplus \mathcal{C}(\ )(\ )\Big) \qquad (8.9)$$

のようになる.ここで,$\overline{\Delta}$ は Δ が商コチェイン複体に誘導する写像で,この $\overline{\Delta}$ は同型写像になるので,これを恒等写像に書き直したのが (8.9) 式である. (8.9) 式の写像の右側にさらに次の右の写像

$$\mathcal{C}(\ )(\asymp) \xrightarrow{d_{\star 0}\oplus \mathrm{id}} \mathcal{C}(\asymp)\{1\} \oplus \mathcal{C}(\ )(\ ) \xrightarrow{\mathrm{id}+(-d_{\star 0})} \mathcal{C}(\asymp)\{1\}$$

を合成すると,完全系列になる.この完全系列の左側の写像の像を W とおくと

$$\mathcal{C}(\ )(\asymp) \to W \qquad (8.10)$$

$$\Big(\mathcal{C}(\smile\hspace{-2pt}\infty\hspace{-2pt}\smile)\{1\} \oplus \mathcal{C}(\,)(\,)\Big)/W \longrightarrow \mathcal{C}(\smile\hspace{-2pt}\infty\hspace{-2pt}\smile)\{1\} \qquad (8.11)$$

のそれぞれは同型写像になる．(8.9) の部分コチェイン複体

$$\mathcal{C}'' = \mathcal{F}\Big(\mathcal{C}(\,)\infty \longrightarrow W\Big)$$

を考える．(8.10) が同型写像であることより，$\mathcal{C}''$ は非輪状である．さらに，(8.11) が同型写像であることより，

$$\Big(\mathcal{C}(\infty)/\mathcal{C}'\Big)/\mathcal{C}'' \xrightarrow{\cong} \mathcal{F}\Big(0 \longrightarrow \mathcal{C}(\smile\hspace{-2pt}\infty\hspace{-2pt}\smile)\{1\}\Big) \qquad (8.12)$$

が同型になることがわかる．右辺はコチェインの次数も次数つきベクトル空間の次数も 1 つずれていることに注意すると，問題 8.1 より，

$$H^{i+1,j+1}(\infty) \cong H^{i,j}(\smile\hspace{-2pt}\infty\hspace{-2pt}\smile)$$

のようになることがわかる．よって，$KH^{*,*}(D)$ の定義より，

$$KH^{*,*}(\infty) \cong KH^{*,*}(\smile\hspace{-2pt}\infty\hspace{-2pt}\smile)$$

となり，$KH^{*,*}(D)$ が RII 移動で不変であることが示された． ∎

練習問題 8.8 《$\infty\hspace{-2pt}\infty$》と《$\bigcirc$》，また $H^{i,j}(\infty\hspace{-2pt}\infty)$ と $H^{i,j}(\bigcirc)$ を定義より計算して，比較してみよう．

RIII 移動での不変性の証明 RIII 移動の両辺の交点に

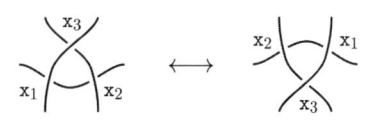

のように順序をいれる．RIII 移動では $c_+(D)$ と $c_-(D)$ は不変なので，$KH^{*,*}(D)$ が不変であることを示すためには，$H^{*,*}(D)$ が不変になることを示せばよい．

さらに，以下の証明での RIII 移動の左辺と右辺の計算における次数の変化は左辺と右辺で同様なので，次数についてはあまり気にする必要はなく，この証明の以下では，式の表記を簡単にするために次数を変える $\{\cdot\}$ の記号は省略することにする．

$H^{*,*}(D)$ の不変性について議論する前に，RIII 移動での $\langle\!\langle D \rangle\!\rangle$ の不変性の証明を復習しよう．RIII 移動の両辺のそれぞれについて交点 x_3 を $\langle\!\langle D \rangle\!\rangle$ の定義関係式で解消すると

$$\langle\!\langle \text{図} \rangle\!\rangle = \langle\!\langle \text{図} \rangle\!\rangle - q \langle\!\langle \text{図} \rangle\!\rangle$$

$$\langle\!\langle \text{図} \rangle\!\rangle = \langle\!\langle \text{図} \rangle\!\rangle - q \langle\!\langle \text{図} \rangle\!\rangle$$

のようになる．両者の右辺第 1 項は等しい．右辺第 2 項の $\langle\!\langle \cdot \rangle\!\rangle$ のそれぞれは RII 移動での不変性より $\langle\!\langle \text{図} \rangle\!\rangle$ に等しく，よって $\langle\!\langle D \rangle\!\rangle$ が RIII 移動で不変であることがわかる．それが $\langle\!\langle D \rangle\!\rangle$ の不変性の証明であった．この議論をコチェイン複体のレベルで実行することを以下では考える．

RIII 移動の左辺のホバノフホモロジーのコチェイン複体は

$$\mathcal{C}\left(\text{図}\right) = \mathcal{F}\begin{pmatrix} & \mathcal{C}(\text{図}) \longrightarrow \mathcal{C}(\text{図}) & \\ \mathcal{C}(\text{図}) \longrightarrow \mathcal{C}(\text{図}) & & \\ & \mathcal{C}(\text{図}) \longrightarrow \mathcal{C}(\text{図}) & \\ \mathcal{C}(\text{図}) \longrightarrow \mathcal{C}(\text{図}) & & \end{pmatrix}$$

のようになり，RIII 移動の右辺のホバノフホモロジーのコチェイン複体は

8.3 ホバノフホモロジーの不変性

$$\mathcal{C}(\vcenter{\hbox{\includegraphics[scale=0.5]{x1}}}) = \mathcal{F}\begin{pmatrix}\text{（上面の4角形を含む立方体図式）}\end{pmatrix}$$

のようになる．これらの右辺の上面の4角形は RII 移動での不変性の証明ででてきた可換図式と同じものである．それらの4角形の部分を RII 移動での不変性の証明にでてきた非輪状複体 $\mathcal{C}'$ と $\mathcal{C}''$ でわると，$\mathcal{F}(\text{上面の4角形})$ は $\mathcal{C}(\vcenter{\hbox{\includegraphics[scale=0.5]{x2}}})$ に同型になる． よって，非輪状複体でわってできる複体ともとの複体の関係を "$\sim$" でかくことにすると，

$$\mathcal{C}(\vcenter{\hbox{\includegraphics[scale=0.5]{x3}}}) \sim \mathcal{F}\begin{pmatrix}\text{（図式、射 } -d^{\text{左}}_{10\star},\ -d^{\text{左}}_{01\star},\ d^{\text{左}}_{\star 01}\circ\overline{\Delta}^{-1}\text{ を含む）}\end{pmatrix} \quad (8.13)$$

$$\mathcal{C}(\text{図}) \sim \mathcal{F}\left(\begin{array}{c} \xymatrix{ & & \mathcal{C}(\text{図}) \\ & \mathcal{C}(\text{図}) \ar[r] & \mathcal{C}(\text{図}) \ar[u]_{-d^{右}_{10\star}} \\ \mathcal{C}(\text{図}) \ar[r] \ar[ur] & \mathcal{C}(\text{図}) \ar[ur] & } \\ {}^{-d^{右}_{10\star}} \nearrow {}^{d^{右}_{\star 01} \circ \overline{\Delta}^{-1}} \end{array}\right) \quad (8.14)$$

のようになる.(8.13) の右辺の折れ曲がっている写像は,具体的にかくと,

$$\mathcal{C}(\text{図}) \xrightarrow{-d^{左}_{01\star}} \mathcal{C}(\text{図}) \cong \mathcal{C}(\text{図}) \otimes V$$

$$\xrightarrow{\text{射影}} \mathcal{C}(\text{図}) \otimes V/V_1 \xrightarrow{\overline{\Delta}^{-1}} \mathcal{C}(\text{図}) \xrightarrow{d^{左}_{\star 01}} \mathcal{C}(\text{図})$$

の合成写像であるが,この合成写像は次の写像

$$\mathcal{C}(\text{図}) \xrightarrow{-d_\xi} \mathcal{C}(\text{図})$$

に等しい.ここで,d_ξ は左図の左下と右下のひもを 0 平滑化から 1 平滑化にきりかえる写像である.さらに,上の写像は $-d^{右}_{10\star}$ に等しい.同様にして,(8.14) の右辺の折れ曲がっている写像は,$-d^{左}_{10\star}$ に等しいことがわかる.したがって,(8.13) の右辺の図式と (8.14) の右辺の図式は同型である.言い換えると,次の 2 式

$$\mathcal{C}(\text{図}) \sim \mathcal{F}\left(\begin{array}{ccc} \mathcal{C}(\text{図}) & \longrightarrow & \mathcal{C}(\text{図}) \oplus \mathcal{C}(\text{図}) \\ \uparrow & & \uparrow \\ \mathcal{C}(\text{図}) & \longrightarrow & \mathcal{C}(\text{図}) \end{array}\right)$$

8.3 ホバノフホモロジーの不変性

$$\mathcal{C}\left(\text{\raisebox{-2pt}{\includegraphics[height=1em]{x}}}\right) \sim \mathcal{F}\begin{pmatrix} \mathcal{C}(\cdot) \longrightarrow \mathcal{C}(\cdot) \oplus \mathcal{C}(\cdot) \\ \uparrow \qquad\qquad \uparrow \\ \mathcal{C}(\cdot) \longrightarrow \mathcal{C}(\cdot) \end{pmatrix}$$

の右辺は同型になる．したがって，"$\sim$" の定義と問題 8.1 より，

$$H^{*,*}\left(\text{\raisebox{-2pt}{\includegraphics[height=1em]{x}}}\right) \cong H^{*,*}\left(\text{\raisebox{-2pt}{\includegraphics[height=1em]{x}}}\right)$$

となる．よって，$KH^{*,*}(D)$ の定義より，

$$KH^{*,*}\left(\text{\raisebox{-2pt}{\includegraphics[height=1em]{x}}}\right) \cong KH^{*,*}\left(\text{\raisebox{-2pt}{\includegraphics[height=1em]{x}}}\right)$$

となり，$KH^{*,*}(D)$ が RIII 移動で不変であることが示された． ■

具体的ないくつかの結び目について，ホバノフホモロジーの値の例を以下に挙げる．一般に，絡み目 L が奇数個の成分をもつとき $KH^{*,偶数}(L) = 0$ で，偶数個の成分をもつとき $KH^{*,奇数}(L) = 0$ であることが知られている．

- **例 8.9** 3つ葉結び目 $K_{\overline{3}_1}$ のホバノフホモロジー $KH^{i,j}(K_{\overline{3}_1})$ とジョーンズ多項式は次のようになる．ここで，"$\cdot$" の箇所と値がかかれていない範囲の $KH^{i,j}(K_{\overline{3}_1})$ は 0 である．また，影のついた領域の意味について，後述する．

i \ j	1	3	5	7	9
3	$\cdot$	$\cdot$	$\cdot$	$\cdot$	$\mathbb{Q}$
2	$\cdot$	$\cdot$	$\mathbb{Q}$	$\cdot$	$\cdot$
1	$\cdot$	$\cdot$	$\cdot$	$\cdot$	$\cdot$
0	$\mathbb{Q}$	$\mathbb{Q}$	$\cdot$	$\cdot$	$\cdot$

$$\hat{J}(K_{\overline{3}_1}) \;=\; q + q^3 + q^5 - q^9$$

- **例 8.10** 8の字結び目 K_{4_1} のホバノフホモロジーとジョーンズ多項式は次のようになる．

i \ j	-5	-3	-1	1	3	5
2	·	·	·	·	·	$\mathbb{Q}$
1	·	·	·	$\mathbb{Q}$	·	·
0	·	·	$\mathbb{Q}$	$\mathbb{Q}$	·	·
-1	·	·	$\mathbb{Q}$	·	·	·
-2	$\mathbb{Q}$	·	·	·	·	·

$$\hat{J}(K_{4_1}) = q^{-5} + q^5$$

- **例 8.11** $(2,5)$ トーラス結び目 $K_{\overline{5}_1}$ のホバノフホモロジーとジョーンズ多項式は次のようになる.

i \ j	3	5	7	9	11	13	15
5	·	·	·	·	·	·	$\mathbb{Q}$
4	·	·	·	$\mathbb{Q}$	·	·	·
3	·	·	·	·	$\mathbb{Q}$	·	·
2	·	·	$\mathbb{Q}$	·	·	·	·
1	·	·	·	·	·	·	·
0	$\mathbb{Q}$	$\mathbb{Q}$	·	·	·	·	·

$$\hat{J}(K_{\overline{5}_1}) = q^3 + q^5 + q^7 - q^{15}$$

練習問題 8.12 上記の例や他の結び目について,ホバノフホモロジーを具体的に計算してみよう.また,$(2,n)$ トーラス結び目など,無限個の結び目の族について,ホバノフホモロジーを計算してみよう.

練習問題 8.13 有向絡み目 L とその鏡像 $\overline{L}$ について,

$$KH^{i,j}(\overline{L}) \cong KH^{-i,-j}(L)$$

であることを示してみよう.

練習問題 8.14 有向結び目 K_1, K_2 とその連結和 $K_1 \# K_2$ について,
$\dim KH^{i,j}(K_1 \# K_2)$ を $\dim KH^{i_1,j_1}(K_1)$ と $\dim KH^{i_2,j_2}(K_2)$ を用いて表示してみよう.

8.3 ホバノフホモロジーの不変性

以下，ホバノフホモロジーに関連する話題について述べる．

ホバノフホモロジーの定義について，上記では $\mathbb{Q}$ 係数で定義したが，一般に，可換環 R について R 係数のホバノフホモロジーが同様に定義される．

結び目の不変量として，ホバノフホモロジーはジョーンズ多項式より真に強い不変量である．実際，ジョーンズ多項式は等しいがホバノフホモロジーは異なるような結び目の対がいくつも知られている ([9])．

一方，交代結び目[3] K について $KH^{i,j}(K)$ が 0 でないのは $j = 2i - \sigma(K) \pm 1$ のときに限ることが知られている ([86])．ここで，$\sigma(K)$ は K の符号数である．前述の例の表で影のついた領域がこの範囲である．このことの帰結として，交代結び目のホバノフホモロジーはジョーンズ多項式と符号数から決定されてしまうことがわかる ([86])．すなわち，交代結び目に対しては，ホバノフホモロジーは従来の不変量より新しい情報を含まない．

$\mathbb{Z}$ 係数のホバノフホモロジーは自明結び目と非自明な結び目を区別することが知られている ([82])．すなわち，非自明な結び目のホバノフホモロジーは自明結び目のホバノフホモロジーと異なる．

結び目の他の多項式不変量の圏化について，ホバノフホモロジーの一般化として，HOMFLY 多項式の圏化が [71, 72] で構成され，この構成方法は [70] で改良されている．また，色つきジョーンズ多項式の圏化は [69] で構成されており，これと関連してジョーンズ–ウェンツル射影子 (Jones–Wenzl projector) の圏化が [131, 25, 38] で与えられている．

3 次元多様体のヒーゴール (Heegaard) フレアーホモロジーを拡張することにより，結び目のフレアーホモロジーが定義される．結び目のフレアーホモロジーはアレクサンダー多項式の圏化になることが知られている．また，ホバノフホモロジーと結び目のフレアーホモロジーを統一するホモロジー理論があることが期待されている ([33])．

絡み目 L_0 から絡み目 L_1 へのコボルディズム[4] Σ に対して，線型写像

---

[3] 結び目図式において，ひもにそって交点をみていったときに交点の上下を交互にひもが通るような図式を**交代図式**という．交代図式をもつような結び目を**交代結び目**という．

[4] $S^3 \times I$ に滑らかに埋め込まれた曲面 Σ で $\partial \Sigma = \overline{L_0} \sqcup L_1 \subset S^3 \times \{0, 1\}$ であるようなもの．ここで，$\overline{L_0}$ は L_0 の鏡像である．

$KH^{*,*}(L_0) \to KH^{*,*+\chi}(L_1)$ が（符号のちがいを許して）定まることが知られている（[10, 147] 参照）．ここで，χ は Σ のオイラー標数である．すなわち，ホバノフホモロジーは絡み目のコボルディズムの圏から（射影的）線型写像の圏への関手を与える．

ホバノフホモロジーを若干変更して定義されるホモロジーを用いて結び目のラスムッセン (Rasmussen) 不変量（整数値不変量）が定義される（[127]）．これを用いてトーラス結び目のミルナー予想[5]が証明されており（[127]），この証明は結び目理論の古典的な問題に対する顕著な応用例である．

---

[5] (p,q) トーラス結び目のスライス種数が $(p-1)(q-1)/2$ である，という予想（この値は $\mathbb{C}^2$ 内の代数曲線のある種の特異点のミルナーファイバーの種数である）．その帰結として，(p,q) トーラス結び目の結び目解消数が $(p-1)(q-1)/2$ であることがわかる．ミルナー予想は，最初，ゲージ理論を用いて証明されたが，その後，ラスムッセン不変量を用いた（ゲージ理論を用いない）証明が与えられた．スライス種数は 4 次元可微分カテゴリーで定義される概念であるが，組合せ的に定義されるラスムッセン不変量でそれを評価できる，ということは，驚くべき結果である．

第9章 ◇ 結び目と曲面結び目の
カンドルコサイクル不変量

　カンドルとは，おおまかに言うと，群において群の演算を忘れて「共役をとる」という演算 ($x*y = y^{-1}xy$) をのこした代数である．歴史的には，カンドルは 1982 年にジョイス (Joyce)[54] によって結び目理論を背景にして導入された[1]．同時期に，マトヴェエフ (Matveev)[92] も同等の概念を独立に発表している．

　結び目群から有限群への表現の個数を数えることは，古典的な結び目不変量では最強の不変量の 1 つであった．結び目カンドルから有限カンドルへの表現の個数を数えることは，その細分化にあたる．また，群のコホモロジーの類似としてカンドルのコホモロジーが定義され，カンドルのコサイクルを用いて「表現の個数」はさらに精密化される．これが結び目のカンドルコサイクル不変量である．

　本章では，結び目と曲面結び目のカンドルコサイクル不変量について解説する．9.1 節でカンドルを導入し，9.2 節で結び目カンドルを導入し，9.3 節でカンドルのコホモロジーを導入する．9.4 節では，結び目のカンドルコサイクル不変量を定義してその不変性を証明する．9.5 節でシャドーコサイクル不変量を定義し，9.6 節で曲面結び目のカンドルコサイクル不変量を定義する．

9.1　カンドル

　本節では，カンドルを定義し，その典型的な例や基本的な用語について解説する．

　集合 X と X の 2 項演算 $*$ が次の 3 つの公理をみたすとき $(X, *)$ を**カンドル** (quandle) という．

(1) 任意の $x \in X$ について，$x*x = x$ が成り立つ．

---

[1] $(x*y)*y = x$ をみたすようなカンドルは**圭** (kei) とよばれる．圭は 1943 年に高崎 [141] によって導入され，ジョイス [54] はこれをふまえてカンドルを導入した．

(2) 任意の $y, z \in X$ について，$z = x * y$ となる $x \in X$ がただ 1 つ存在する．
(3) 任意の $x, y, z \in X$ について，$(x * y) * z = (x * z) * (y * z)$ が成り立つ．

カンドル X からカンドル Y への写像 $f : X \to Y$ が任意の $x_1, x_2 \in X$ について $f(x_1 * x_2) = f(x_1) * f(x_2)$ をみたすとき f を**準同型写像** (homomorphism) であるという．全単射な準同型写像を**同型写像** (isomorphism) という．X から X への同型写像を X の**自己同型写像** (automorphism) という．カンドル X の各元 x について，写像 $S_x : X \to X$ を $S_x(y) = y * x$ で定める．上記の公理 (2) は各 S_y が全単射であることを意味し，公理 (3) は各 S_z が準同型写像であることを意味する．よって，各 S_x は X の自己同型写像である．カンドル $(X, *)$ に対して，$x \bar{*} y = S_y^{-1}(x)$ で定まる 2 項演算 $\bar{*}$ を X にいれることにより定まるカンドル $(X, \bar{*})$ を X の**双対カンドル** (dual quandle) という．X の部分集合 X' が演算 $*$ と $\bar{*}$ で閉じているとき，X' は $*$ に関してカンドルになり，これを X の**部分カンドル** (subquandle) という．

典型的なカンドルの例をいくつか挙げる．群 G において，2 項演算 $*$ を $x * y = y^{-1}xy$ で定めると，$(G, *)$ はカンドルになり，これを G の**共役カンドル** (conjugation quandle) という．群の共役類は，自然に共役カンドルの部分カンドルになる．位数 $2n$ の 2 面体群の対称変換の全体からなる共役類は，共役カンドルの部分カンドルになり，これを位数 n の **2 面体カンドル** (dihedral quandle) といい，R_n とかく．ローラン多項式環 $\mathbb{Z}[t^{\pm 1}]$ とそのイデアル J について，商加群 $\mathbb{Z}[t^{\pm 1}]/J$ に $x * y = tx + (1 - t)y$ で 2 項演算を定めることによりできるカンドルを**アレクサンダーカンドル** (Alexander quandle) という．2 面体カンドル R_n はアレクサンダーカンドル $\mathbb{Z}[t^{\pm 1}]/(n, t+1)$ に同型である．2 面体カンドル R_5 を図形的に表すと，次の左図のようになる．

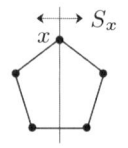

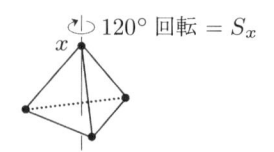

正 4 面体の頂点からなる集合に上の右図のように各 S_x を定めて 2 項演算を定めるとカンドルになり，これを **4 面体カンドル**といい，Q_4 とかくことにする．4 面体カンドル Q_4 はアレクサンダーカンドル $\mathbb{Z}[t^{\pm 1}]/(2, t^2 + t + 1)$ に同型で

ある.

練習問題 9.1 上記の例が確かにカンドルになることを確認してみよう.

カンドル X の自己同型写像の全体がつくる群を X の**自己同型群** (automorphism group) という. S_x ($x \in X$) で生成される自己同型群の部分群を**内部自己同型群** (inner automorphism group) という. 内部自己同型群の作用による X の軌道を, 単に X の**軌道** (orbit) という. X の軌道は X の部分カンドルである. カンドル X の内部自己同型群の作用が推移的であるとき(すなわち, X がただ1つの軌道からなるとき) X を**連結** (connected) であるという. 有限集合に対して定まるカンドルを**有限カンドル**といい, 有限カンドルの元の個数を**位数** (order) という.

練習問題 9.2 位数の小さい連結カンドルを分類してみよう.(次の注意9.3 と注意 9.4 を参照.)

注意 9.3 位数35 までの連結カンドルの分類が知られている ([24, 149]). とくに, 位数10 以下では, 次の表のようになる.

n	個数	位数 n の連結カンドル	
		自己双対なカンドル	自己双対ではないカンドル
1	1	自明カンドル	
2	0		
3	1	R_3	
4	1	4面体カンドル Q_4	
5	3	R_5	$\mathbb{Z}[t^{\pm 1}]/(5, t-2)$, その双対カンドル
6	2	$\mathfrak{S}_4$ の共役カンドルの 部分カンドル $Q_{6,1}, Q_{6,2}$	
7	5	R_7	$\mathbb{Z}[t^{\pm 1}]/(7, t-2)$, $\mathbb{Z}[t^{\pm 1}]/(7, t-3)$ それらの双対カンドル
8	3	4面体カンドルの $\mathbb{Z}/2\mathbb{Z}$ によるアーベル拡大	$\mathbb{Z}[t^{\pm 1}]/(2, t^3+t+1)$, その双対カンドル
9	8	R_9, $\mathbb{Z}[t^{\pm 1}]/(3, t^2-t+1)$ $R_3 \times R_3$, $\mathbb{Z}[t^{\pm 1}]/(3, t^2+1)$	$\mathbb{Z}[t^{\pm 1}]/(9, t-2)$, $\mathbb{Z}[t^{\pm 1}]/(3, t^2+t-1)$ それらの双対カンドル
10	1	$\mathfrak{S}_5$ の共役カンドルの 互換からなる部分カンドル	

ここで，$(X, *)$ と $(X, \bar{*})$ が同型であるとき，X を**自己双対** (self-dual) であるという．また，上記の表において，4次対称群 $\mathfrak{S}_4$ の互換からなるカンドルを $Q_{6,1}$，$\mathfrak{S}_4$ の長さ4の巡回置換からなるカンドルを $Q_{6,2}$ とかいている．

注意 9.4 奇素数 p に対して，位数 p の連結カンドルは $\mathbb{Z}[t^{\pm 1}]/(p, t-a)$ $(a \neq 0, 1)$ のみであることが知られている ([36])．

素数 p に対して，位数 p^2 の連結カンドルは主にアレクサンダーカンドルであることが知られており，それらは具体的に分類されている ([44])[2]．

7以上の素数 p に対して，位数 $2p$ の連結カンドルは存在しないことが予想されている ([149])．

9.2 結び目カンドル

本節では，結び目群に関連して結び目カンドルを定義し，結び目カンドルの表現と結び目図式の彩色について述べる．

結び目 K の補空間の基本群を K の**結び目群** (knot group) という．有向結び目 K の結び目群の表示について，次の3つ葉結び目の例

$$\tag{9.1}$$

で考えてみよう．ここで，基本群の基点は紙面の手前の遠方にとって，図の各矢印は「基点からまっすぐ矢印の根本に行き，矢印にそって K をくぐり，矢印の先端からまっすぐ基点にもどる道」という基本群の元を表す．上の例について結び目群の表示は

$$\pi_1(\mathbb{R}^3 - K) = \langle x, y, z \mid y^{-1}xy = z, \ z^{-1}yz = x, \ x^{-1}zx = y \rangle$$

のようになる[3]．これをふまえて，(9.1) の K の結び目カンドル $Q(K)$ を

$$Q(K) = \langle x, y, z \mid x * y = z, \ y * z = x, \ z * x = y \rangle$$

---

[2] 本書と [44] ではアレクサンダーカンドルの定義が若干異なることに注意されたい．
[3] 実際，3つの関係式のうちの1つは他の2つから導出することができるので，その意味で，この表示は冗長である．

のような表示[4]をもつカンドルとして定義したい．有向円板と線分を合併したラケット状の図形から $\mathbb{R}^3$ への

$$\text{(9.2)}$$

のような写像を考える（図はその写像の像を表している）．ここで，線分の端点は $\mathbb{R}^3$ の基点にうつされ，円板と K は横断的に交わり，円板の向きと K の向きの関係は K にそった右ねじの向きが円板の向きになるような関係であるとする．このような写像のホモトピー類の集合に

のように 2 項演算を定めることにより有向結び目 K の**結び目カンドル** (knot quandle) $Q(K)$ が定義される．実際，このように結び目カンドルを定義すると，(9.1) の K の結び目カンドルは上述の表示をもつことが知られている（[55] 参照）．

結び目群と結び目カンドルは次のような関係にある．有向結び目 K に対して，K と横断的に交わる小さい円板の境界が定める次のような形の $\pi_1(\mathbb{R}^3 - K)$ の元を**メリディアン** (meridian) という．

$$\text{(9.3)}$$

K の結び目群 $\pi_1(\mathbb{R}^3 - K)$ の共役カンドルを考える．K のメリディアンで生成されるその部分カンドルを**被約結び目カンドル** (reduced knot quandle) といい，$\hat{Q}(K)$ とかく．(9.2) を (9.3) にうつすような自然な全射準同型写像

---

[4] 「カンドルの表示」の定義について [55] を参照されたい．おおまかに言って，「群の表示」と同様に，「与えられた生成元で生成されて，与えられた関係式をみたすようなカンドルのうちで，最大のもの」が「カンドルの表示」で表示されたカンドルを意味する．

$Q(K) \to \hat{Q}(K)$ があることがわかり，$Q(K)$ と $\hat{Q}(K)$ はおおむね同型に近いカンドルである．しかし，一般には，この準同型写像は同型ではなく，たとえば，

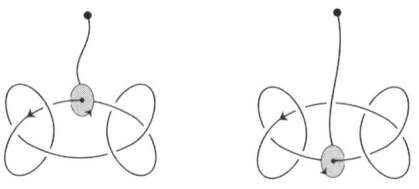

のような2つの元は $Q(K)$ の元としては異なるが $\hat{Q}(K)$ にうつした像は等しくなる．

　有向結び目 K の結び目カンドル $Q(K)$ からカンドル X への準同型写像を**表現** (representation) という．結び目カンドルの表現を K の図式 D の言葉で表すことを考えよう．結び目の図式において，線の連結成分を**上方弧**という．図式 D の各上方弧に X の元を対応させる写像

$$\mathcal{C} : \{D \text{の上方弧}\} \longrightarrow X$$

が図式の各交点で

$$x \downarrow_y \quad x*y \tag{9.4}$$

のような関係をみたすとき，$\mathcal{C}$ を結び目図式 D の X **彩色** (X-coloring) という．このとき，D の上方弧に対して自然に定まる $Q(K)$ の元を対応させる写像 $\{D \text{の上方弧}\} \to Q(K)$ を写像 $Q(K) \to X$ に合成することにより，自然な写像

$$\mathrm{Hom}(Q(K), X) \longrightarrow \{\text{図式} D \text{の} X \text{彩色}\} \tag{9.5}$$

が定まる．ここで，カンドル Y からカンドル X への準同型写像の全体を $\mathrm{Hom}(Y, X)$ とかいている．また，逆に，D の X 彩色があったとき，$Q(K)$ の生成元から X への対応ができるが，X 彩色の定義よりこの対応は $Q(K)$ の関係式をみたすので，$Q(K)$ が前述のような表示をもつことより，(9.5) の逆写像が自然に構成される．よって，写像 (9.5) は全単射になる．$Q(K)$ の X 表現の個数（すなわち，D の X 彩色の個数）を K の X **彩色数** (X-coloring number) という．

9.2 結び目カンドル

練習問題 9.5 有向結び目 K の図式 D と D' がライデマイスター移動でうつりあうとき，次の図式

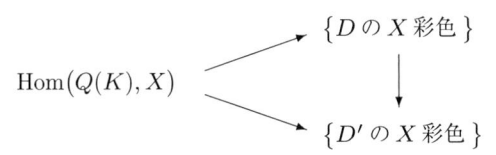

$$\mathrm{Hom}(Q(K), X) \longrightarrow \begin{matrix} \{D \text{ の } X \text{ 彩色}\} \\ \downarrow \\ \{D' \text{ の } X \text{ 彩色}\} \end{matrix}$$

を可換にするような右側の下向きの写像が自然に存在して，この写像は全単射になることを示してみよう．

注意 9.6 カンドル X に対して，X の元で生成され，X の関係式 $x * y = z$ に対応して関係式 $y^{-1}xy = z$ をみたすような群を X の**付随群** (associated group) といい，$\mathrm{As}(X)$ とかく．写像 $\iota: X \to \mathrm{As}(X)$ が自然に定められる．$Q(K)$ の付随群は K の結び目群に自然に同型である．また，写像 $\iota: X \to \mathrm{As}(X)$ が単射ならば[5]，自然な写像

$$\mathrm{Hom}(\hat{Q}(K), X) \longrightarrow \mathrm{Hom}(Q(K), X)$$

は全単射になる．よって，たとえば X が有限群の共役類であるような場合には，X 表現を考えるときに $Q(K)$ と $\hat{Q}(K)$ のちがいはあまり気にしなくてよい．

注意 9.7 $\mathrm{Hom}(Q(K), X)$ は，基本群の言葉では，次のように記述されることが知られている ([34, 108])．$\mathrm{As}(X)$ の X への作用を $x \bullet \iota(y) = x * y$ $(x, y \in X)$ により定める．m と l を K のメリディアンとロンジチュード[6]とする．カンドルの準同型写像 $Q(K) \to X$ は群の準同型写像 $\pi_1(\mathbb{R}^3 - K) \to \mathrm{As}(X)$ を自然に誘導するが，これは次の写像

$$\mathrm{Hom}(Q(K), X) \longrightarrow \left\{ (x, f) \in X \times \mathrm{Hom}(\pi_1(\mathbb{R}^3 - K), \mathrm{As}(X)) \;\middle|\; \begin{matrix} f(m) = \iota(x) \\ x \bullet f(l) = x \end{matrix} \right\}$$

---

[5] たとえば，X が 2 面体カンドルのとき，$\mathrm{As}(X)$ は 2 面体群であり，ι は単射である．同様に，X が群の共役類からなるカンドルのとき，ι は単射である．しかし，一般に与えられたカンドル X に対して，ι が単射でないかどうかを判定することは，一般には容易ではない．

[6] 結び目 K に対して，そのチューブ近傍を $N(K)$ として，その境界 $\partial N(K)$ の基本群 $\pi_1(\partial N(K)) \cong \mathbb{Z} \oplus \mathbb{Z}$ を考える．**メリディアンとロンジチュード** (longitude) は，$\pi_1(\partial N(K))$ の生成元であって，K と横断的に交わる円板の境界が与える元がメリディアンで，K にそって 1 周する元で $H_1(\mathbb{R}^3 - K)$ において 0 になるような元がロンジチュードである．メリディアンとロンジチュードの対を考えるときは，共通の基点をもつ $\pi_1(\partial N(K))$ の元の対を考える．包含写像が誘導する写像 $\pi_1(\partial N(K)) \to \pi_1(\mathbb{R}^3 - K)$ でうつすことにより，メリディアンとロンジチュードを $\pi_1(\mathbb{R}^3 - K)$ の元の対とみなす．

を誘導する．この写像は全単射であることが知られている．とくに，$\iota: X \to \mathrm{As}(X)$ が単射であるとき，右辺の条件 $x \bullet f(l) = x$ は自動的に成立して，上の全単射は次の全単射

$$\mathrm{Hom}(Q(K), X) \longrightarrow \left\{ f \in \mathrm{Hom}(\pi_1(\mathbb{R}^3 - K), \mathrm{As}(X)) \mid f(m) \in \iota(X) \right\}$$

に書き直されることが知られている．結び目図式の彩色として上式の左辺と右辺を記述してみると，両者の間に1対1対応があることが自然に観察される．このようにして，$\mathrm{Hom}(Q(K), X)$ を基本群の言葉で記述することができる．詳しくは [108] を参照されたい．

有限群 G に対して，結び目群の G 表現 $\rho: \pi_1(\mathbb{R}^3 - K) \to G$ の個数を数える問題を考えてみよう．G を共役類 $X_1, \ldots, X_n$ に分割すると，メリディアンの ρ による行き先はいずれかの X_i にはいり，このとき ρ は表現 $Q(K) \to X_i$ を誘導する．さらに，有限カンドル X について，X を軌道 $Y_1, \ldots, Y_m$ に分割すると，$Q(K)$ が連結であることより，表現 $Q(K) \to X$ の像はいずれかの Y_i にはいる．これを繰り返すと，結び目群の G 表現の個数を数える問題は，結び目カンドルから連結なカンドルへの表現の個数を数える問題に帰着される．たとえば，3次対称群 $\mathfrak{S}_3$ について，これを共役類に分割すると，奇置換からなる共役類 R_3 と非自明な偶置換からなる共役類と $\{$単位元$\}$ に分割され，さらに，非自明な偶置換からなる共役類のカンドルを軌道に分割すると2つの自明カンドルに分割される．

$\mathfrak{S}_3 = R_3 \sqcup \{$非自明な偶置換$\} \sqcup \{$単位元$\} = R_3 \sqcup \{1点\} \sqcup \{1点\} \sqcup \{1点\}$

よって，結び目群の $\mathfrak{S}_3$ 表現の個数を数える問題は，結び目の R_3 彩色数を求める問題に帰着される．

注意 9.8 2面体カンドル R_p （p は奇素数）について，結び目 K の R_p 彩色数[7]は，S^3 の2重分岐被覆空間の言葉で，次のように記述される．$S^3 = \mathbb{R}^3 \cup \{\infty\}$ とみなして，K は S^3 にはいっているとみなす．カンドルの準同型写像 $Q(K) \to R_p$ が与えられたとき，位数 $2p$ の2面体群 D_{2p} について，群の準同型写像 $\pi_1(S^3 - K) \to D_{2p}$ でメリディアンを対称変換にうつすものが自然に定まる．さらに，この写像は，$S^3 - K$

---

[7] 単に「p 彩色数」とよばれることが多い．

の 2 重被覆空間 $\widetilde{S^3-K}$ について, 準同型写像 $\pi_1(\widetilde{S^3-K}) \to D_{2p}$ を定める. この写像の像は D_{2p} の回転変換からなる部分群 $\mathbb{Z}/p\mathbb{Z}$ に含まれ, よって, 準同型写像 $\pi_1(\widetilde{S^3-K}) \to \mathbb{Z}/p\mathbb{Z}$ が定まる. すなわち, 次の対応

$$\left\{\begin{array}{l}準同型写像 \pi_1(S^3-K) \to D_{2p} で\\ メリディアンを対称変換にうつすもの\end{array}\right\} \longrightarrow \left\{\begin{array}{l}準同型写像 \pi_1(\widetilde{S^3-K}) \to \mathbb{Z}/p\mathbb{Z} で\\ メリディアンの 2 乗を 0 にうつすもの\end{array}\right\}$$

が定まる. 右辺の準同型写像が与えられたとき, それに対応して, 特定のメリディアンを D_{2p} の任意の対称変換にうつすような左辺の準同型写像をつくることができるので, 上記の対応は p 対 1 対応である. さらに, K にそった S^3 の 2 重分岐被覆空間 $M_2(K)$ を考えると, 上記の対応の右辺の準同型写像は準同型写像 $\pi_1(M_2(K)) \to \mathbb{Z}/p\mathbb{Z}$ を定める. さらに, この準同型写像は $H^1(M_2(K); \mathbb{Z}/p\mathbb{Z})$ の元を定める. 以上の対応により, 結び目 K の R_p 彩色数は $H^1(M_2(K); \mathbb{Z}/p\mathbb{Z})$ の位数の p 倍に等しいことがわかる.

たとえば, 3 つ葉結び目 K について, $H_1(M_2(K); \mathbb{Z}) \cong \mathbb{Z}/3\mathbb{Z}$ なので, $H^1(M_2(K); \mathbb{Z}/p\mathbb{Z}) \cong \mathrm{Hom}(\mathbb{Z}/3\mathbb{Z}, \mathbb{Z}/p\mathbb{Z})$ であり, p が奇素数のときは, p が 3 のときしか非自明な R_p 表現がないことがわかる.

9.3 カンドルのコホモロジー

本節では, 群のコホモロジーの類似としてカンドルのコホモロジーを導入し, その具体的な例をいくつか挙げる.

A をアーベル群として, 本節では, その演算を加法でかく. カンドル X について, X の n 個のコピーの直積を X^n とかき, 写像 $X^n \to A$ の全体からなるアーベル群を $C^n(X; A)$ とかく. さらに, コチェイン群 $C_Q^n(X; A)$ ($n = 1, 2, 3, 4$) を

$C_Q^1(X; A) = C^1(X; A)$
$C_Q^2(X; A) = \{\, f \in C^2(X; A) \mid 任意の x \in X について, f(x, x) = 0 \,\}$
$C_Q^3(X; A) = \left\{\, g \in C^3(X; A) \,\middle|\, \begin{array}{l}任意の x, y \in X について,\\ g(x, x, y) = 0 \text{ かつ } g(x, y, y) = 0\end{array} \right\}$

$$C_Q^4(X;A) = \left\{ h \in C^4(X;A) \,\middle|\, \begin{array}{l} \text{任意の } x,y,z \in X \text{ について, } h(x,x,y,z) = 0 \\ \text{かつ } h(x,y,y,z) = 0 \text{ かつ } h(x,y,z,z) = 0 \end{array} \right\}$$

とおく．また，双対境界作用素 $d_i : C_Q^i(X;A) \to C_Q^{i+1}(X;A)$ を，$f \in C_Q^1(X;A)$, $g \in C_Q^2(X;A)$, $h \in C_Q^3(X;A)$ に対して

$$d_1 f(x,y) = f(x) - f(x*y)$$

$$d_2 g(x,y,z) = g(x,z) - g(x,y) - g(x*y, z) + g(x*z, y*z)$$

$$d_3 h(x,y,z,w) = h(x,z,w) - h(x,y,w) + h(x,y,z)$$
$$- h(x*y, z, w) + h(x*z, y*z, w) - h(x*w, y*w, z*w)$$

のように定める．$d_i \phi = 0$ となる元 $\phi \in C_Q^i(X;A)$ を i **コサイクル**という．さらに，2 次と 3 次のコホモロジーを

$$H_Q^2(X;A) = \frac{\text{kernel } d_2}{\text{image } d_1}, \quad H_Q^3(X;A) = \frac{\text{kernel } d_3}{\text{image } d_2}$$

で定める．

練習問題 9.9 位数の小さいカンドルに対して，その 2 次と 3 次のコホモロジーを計算してみよう．

注意 9.10 一般に，カンドルのチェイン複体により，カンドルのホモロジー $H_n^Q(X)(= H_n^Q(X;\mathbb{Z}))$ が定義され（たとえば [55] を参照），その双対複体であるコチェイン複体により上述のコホモロジーが定義される．よって，$H_1^Q(X)$ が自由アーベル群であることと普遍係数定理により

$$H_Q^2(X;A) \cong \text{Hom}(H_2^Q(X), A)$$
$$H_Q^3(X;A) \cong \text{Hom}(H_3^Q(X), A) \oplus \text{Ext}(H_2^Q(X), A)$$

となり，たとえば次の表のカンドルに対しては表のデータから $H_Q^2(X;A)$ と $H_Q^3(X;A)$ を得ることができる[8]（カンドルのコホモロジーの計算について [93, 107] や [21] などを参照されたい）．

---

[8] アーベル群 A, B に対して，$\text{Ext}(B,A)$ は**エクステンション群** (extension group) とよばれる群で，$\text{Ext}(\mathbb{Z}, A) = 0$ と $\text{Ext}(\mathbb{Z}/n\mathbb{Z}, A) = A/nA$ をみたす．

9.3 カンドルのコホモロジー

連結カンドル X	位数	$H_2^Q(X)$	$H_3^Q(X)$
奇素数 p について,R_p	p	0	$\mathbb{Z}/p\mathbb{Z}$
奇素数 p と $a \neq -1,0,1 \in \mathbb{Z}/p\mathbb{Z}$ について,$\mathbb{Z}[t^{\pm 1}]/(p,\, t-a)$	p	0	0
4面体カンドル Q_4	4	$\mathbb{Z}/2\mathbb{Z}$	$\mathbb{Z}/2\mathbb{Z} \oplus \mathbb{Z}/4\mathbb{Z}$
$\mathfrak{S}_4$ の部分カンドル $Q_{6,1}$	6	$\mathbb{Z}/2\mathbb{Z}$	$\mathbb{Z}/2\mathbb{Z} \oplus \mathbb{Z}/3\mathbb{Z}$
$\mathfrak{S}_4$ の部分カンドル $Q_{6,2}$		$(\mathbb{Z}/2\mathbb{Z})^2$	$(\mathbb{Z}/2\mathbb{Z})^3 \oplus \mathbb{Z}/3\mathbb{Z}$
$\mathbb{Z}[t^{\pm 1}]/(2,\, t^3+t+1)$	8	0	$\mathbb{Z}/2\mathbb{Z}$
R_9		0	$\mathbb{Z}/9\mathbb{Z}$
$\mathbb{Z}[t^{\pm 1}]/(9,\, t-2)$		0	$\mathbb{Z}/3\mathbb{Z}$
$\mathbb{Z}[t^{\pm 1}]/(3,\, t^2+1)$	9	$\mathbb{Z}/3\mathbb{Z}$	$(\mathbb{Z}/3\mathbb{Z})^3$
$\mathbb{Z}[t^{\pm 1}]/(3,\, t^2-t+1)$		$\mathbb{Z}/3\mathbb{Z}$	$\mathbb{Z}/3\mathbb{Z} \oplus \mathbb{Z}/9\mathbb{Z}$
$\mathbb{Z}[t^{\pm 1}]/(3,\, t^2+t-1)$		0	0

●**例 9.11** 2面体カンドル R_p（p は奇素数）について,上述の注意 9.10 で述べたように,$H_Q^3(R_p; \mathbb{Z}/p\mathbb{Z}) \cong \mathbb{Z}/p\mathbb{Z}$ である.カンドルコサイクル不変量の文献でよく用いられる**望月3コサイクル** [93] は,$R_p = \{0,1,2,\cdots,p-1\}$ とみなして,

$$\psi(x,y,z) = \left((x-y) \cdot \frac{(2z-y)^p + y^p - 2z^p}{p} \mod p\right) \in \mathbb{Z}/p\mathbb{Z}$$

で与えられる.この3コサイクルは $H_Q^3(R_p; \mathbb{Z}/p\mathbb{Z})$ の非自明なコホモロジー類を与える.

●**例 9.12** 4面体カンドル Q_4 について,$H_Q^2(Q_4; \mathbb{Z}/2\mathbb{Z}) \cong \mathbb{Z}/2\mathbb{Z}$ である.その非自明なコホモロジー類を定める 2 コサイクルは,次のようにして与えられる.2元体 $\mathbb{F}_2 = \mathbb{Z}/2\mathbb{Z}$ の 2 次拡大として 4 元体 $\mathbb{F}_4 = \mathbb{F}_2[\omega]/(\omega^2 + \omega + 1)$ を定める.$\mathbb{F}_4$ に $x * y = \omega x + (1-\omega)y$ $(x,y \in \mathbb{F}_4)$ で2項演算をいれるとカンドルになり,これは Q_4 と同型である.その $\mathbb{F}_4$ 係数の 2 コサイクルは $\phi(x,y) = (x-y)y^2$ で与えられることが知られている ([93, 94]).加群として $\mathbb{F}_4/\mathbb{F}_2 \cong \mathbb{Z}/2\mathbb{Z}$ であるので,ϕ の値をそこに射影することにより,$\mathbb{Z}/2\mathbb{Z}$ 係数の 2 コサイクルが得

られる．

練習問題 9.13 上記の 2 コサイクルは $H_Q^2(Q_4; \mathbb{Z}/2\mathbb{Z}) \cong \mathbb{Z}/2\mathbb{Z}$ の非自明なコホモロジー類を与えることを確かめてみよう．

9.4 結び目のカンドルコサイクル不変量

カンドルコサイクル不変量は [19, 20] で導入された．本節では，結び目のカンドルコサイクル不変量の定義を述べてその不変性を証明し，関連する話題について述べる．

A をアーベル群とし，本節では，とくにことわらない限り，その演算を乗法でかく．有限カンドル X の 2 コサイクル $\phi : X \times X \to A$ を考える．定義より

$$\phi(x,x) = 1 \tag{9.6}$$

$$\phi(x,y)\,\phi(x*y, z) = \phi(x,z)\,\phi(x*z, y*z) \tag{9.7}$$

である．有向結び目 K とその図式 D を考える．図式 D の X 彩色 $\mathcal{C}$ が与えられているとき，D の各交点の**重み** (weight) を

$$\begin{aligned}W\left(\begin{array}{c}x \searrow \quad y\\ \quad \searrow \\ \quad x*y\end{array}\right) &= \phi(x,y) \in A \\ W\left(\begin{array}{c}y \searrow \quad x*y\\ \quad \searrow \\ x\end{array}\right) &= \phi(x,y)^{-1} \in A\end{aligned} \tag{9.8}$$

で定める．さらに，D のすべての交点 x の重みの積を

$$\Phi_\phi(D, \mathcal{C}) = \prod_{\mathrm{x}} W(\mathrm{x}, \mathcal{C}) \in A$$

とおき，すべての D の X 彩色 $\mathcal{C}$ に対してその和をとったものを

$$\Phi_\phi(D) = \sum_{\mathcal{C}} \Phi_\phi(D, \mathcal{C}) \in \mathbb{Z}[A]$$

とおく[9]．ここで，$\mathbb{Z}[A]$ は A の群環である．

定理 9.14 有向結び目 K とその図式 D について，$\Phi_\phi(D)$ は，D のライデマイスター移動で不変であり，よって K の不変量である．また，ϕ と ϕ' が同じコホモロジー類を定める 2 コサイクルであるとき $\Phi_\phi(D)$ と $\Phi_{\phi'}(D)$ は等しく，よって $\Phi_\phi(D)$ の値は ϕ のコホモロジー類と K のみできまる．

有向結び目 K の図式 D と 2 コサイクル ϕ が定めるコホモロジー類 α について，定理 9.14 の $\Phi_\phi(D)$ を $\Phi_\alpha(K)$ とかき，K の **カンドルコサイクル不変量** という．とくに，自明なコホモロジー類に対するカンドルコサイクル不変量の値は，定義より，X 彩色数に等しい．

定理 9.14 の証明 結び目図式 D をライデマイスター移動で変形して D' になったとき，問題 9.5 より，D の X 彩色 $\mathcal{C}$ から自然に定まる D' の X 彩色があり，これも $\mathcal{C}$ とかくことにする．$\Phi_\phi(D,\mathcal{C})$ が，D の $\overrightarrow{\text{RI}}, \overrightarrow{\text{RII}}, \overrightarrow{\text{RIII}}$ 移動で不変であることと，ϕ のコホモロジー類できまることを言えばよい．以下，それらを示す．

$\overrightarrow{\text{RI}}$ 移動での不変性 図式 D を $\overrightarrow{\text{RI}}$ 移動で

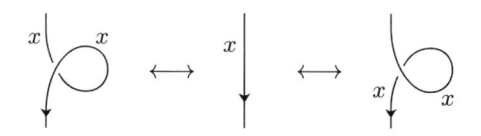

のように変形したとき，X 彩色は上図のようになる．よって，(9.6) より，図に現れる交点の重みは 1 であり，$\Phi_\phi(D,\mathcal{C})$ は $\overrightarrow{\text{RI}}$ 移動で不変である．

$\overrightarrow{\text{RII}}$ 移動での不変性 図式 D を $\overrightarrow{\text{RII}}$ 移動で

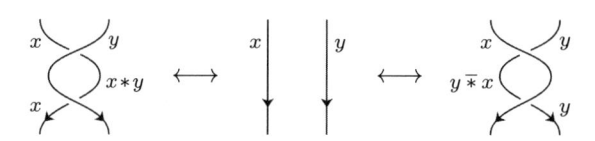

---
[9] 「すべての X 彩色に対する和」ではなく「すべての X 彩色をわたる多重集合」として定義されることも多い（たとえば [55] を参照）．

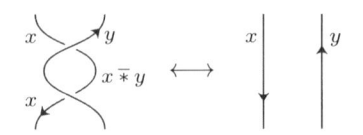

のように変形したとき，X 彩色は上図のようになる．よって，重みの定義 (9.8) より，$\overrightarrow{\mathrm{RII}}$ 移動で生じる 2 つの交点の重みの値は互いにキャンセルすることがわかる．よって，$\Phi_\phi(D,\mathcal{C})$ は $\overrightarrow{\mathrm{RII}}$ 移動で不変である．

$\overrightarrow{\mathrm{RIII}}$ 移動での不変性 図式 D を $\overrightarrow{\mathrm{RIII}}$ 移動で

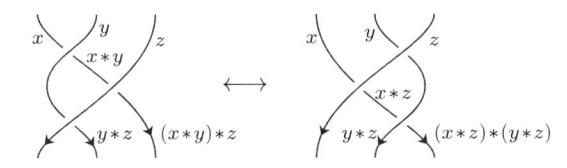

のように変形すると，X 彩色は上図のようになる．ここで，両辺の右下の弧の彩色は，カンドルの定義関係式より等しいことに注意する．左辺と右辺の交点の重みの積は

$$\bigl(\text{左辺の交点の重みの積}\bigr) = \phi(x,y)\,\phi(x*y,z)\,\phi(y,z)$$

$$\bigl(\text{右辺の交点の重みの積}\bigr) = \phi(y,z)\,\phi(x,z)\,\phi(x*z,y*z)$$

のようになり，(9.7) より，これらは等しい．よって，$\Phi_\phi(D,\mathcal{C})$ は $\overrightarrow{\mathrm{RIII}}$ 移動で不変である．

ϕ のコホモロジー類のみによること 2 コサイクル ϕ と ϕ' が同じコホモロジー類を定めるとき，$\Phi_\phi(D,\mathcal{C})$ と $\Phi_{\phi'}(D,\mathcal{C})$ は等しいことを言えばよい．コホモロジーの定義より，

$$\phi'(x,y) = \phi(x,y)\,f(x)\,f(x*y)^{-1}$$

となるような $f: X \to A$ が存在する．図式 D のひもにそって，

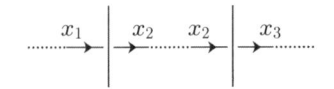

9.4 結び目のカンドルコサイクル不変量

のように上方弧の彩色をみていく. ϕ と ϕ' が与える重み W と W' の関係を, それらの上方弧の端点ごとにみていくと, 上図で垂直に横切るひもの向きにかかわらず,

$$W'\left(\begin{array}{c}x_i \\ \rightarrow\end{array}\bigg|\begin{array}{c}x_{i+1}\\ \rightarrow\end{array}\right) = W\left(\begin{array}{c}x_i \\ \rightarrow\end{array}\bigg|\begin{array}{c}x_{i+1}\\ \rightarrow\end{array}\right) f(x_i)\, f(x_{i+1})^{-1}$$

となることが, 重みの定義 (9.8) より, わかる. すべての交点にわたって重みの積をとることで上式の $f(x_i)\,f(x_{i+1})^{-1}$ は互いにキャンセルし, よって, $\Phi_\phi(D, \mathcal{C})$ と $\Phi_{\phi'}(D, \mathcal{C})$ が等しいことがわかる. ∎

注意 9.15 一般に, カンドル X がその軌道 $X_1, X_2, \ldots$ に分割されるとき, 包含写像を $i_k : X_k \to X$ とおくと, i_k は自然に $i_k^\star : H^2_Q(X;A) \to H^2_Q(X_k;A)$ を誘導し, X に関するカンドルコサイクル不変量の計算は $\Phi_\alpha(K) = \sum_k \Phi_{i_k^\star \alpha}(K)$ のように X_k に関するカンドルコサイクル不変量の計算に帰着されることがわかる. これを繰り返すことにより, 結び目のカンドルコサイクル不変量の計算は連結カンドルのカンドルコサイクル不変量の計算に帰着されることがわかる. (一般に, 結び目のカンドルコサイクル不変量を自然に拡張することにより絡み目のカンドルコサイクル不変量も定義されるが, 絡み目カンドルは連結ではないので, 絡み目の場合はこの注意の内容は成立しない[10].)

● **例 9.16** 4 面体カンドル Q_4 の例 9.12 の 2 コサイクル ϕ を考える. $\mathbb{Z}/2\mathbb{Z}$ と同型な乗法群を $A = \langle t \mid t^2 = 1 \rangle$ のようにおく. これらについて, たとえば, (9.1) の 3 つ葉結び目 K のカンドルコサイクル不変量 $\Phi_\phi(K)$ を具体的に計算すると, その値は

$$\Phi_\phi(K) = 4 + 12t \in \mathbb{Z}[A]$$

のようになる.

カンドルのアーベル拡大の観点から, カンドルコサイクル不変量の値の意味について述べる. この段落では A の演算を加法でかく. カンドル X とその

---

[10] たとえば, R_4 は非連結なカンドルであるが, 結び目の R_4 彩色は自明なものしかないのに対して, 絡み目の R_4 彩色数は成分同士の絡み数が反映された非自明な値になる. このように, 一般の絡み目の X 彩色数 (やカンドルコサイクル不変量) の値の計算は, X が連結な場合に帰着されるわけではない.

A 係数 2 コサイクル ϕ に対して, X の**アーベル拡大** (abelian extension) $\tilde{X}$ が $\tilde{X} = A \times X$ に $(a_1, x_1) * (a_2, x_2) = (a_1 + \phi(x_1, x_2), x_1 * x_2)$ で 2 項演算をいれることにより定められる[11]. 自然な射影を $p : \tilde{X} \to X$ とおく. 結び目 K について, 表現 $\rho : Q(K) \to X$ が与えられているときに, これが表現 $\tilde{\rho} : Q(K) \to \tilde{X}$ に持ち上がるかどうか (すなわち, $p \circ \tilde{\rho} = \rho$ となる $\tilde{\rho}$ が存在するかどうか) という問題を考える. 結び目 K の図式 D について, ρ に対応する D の X 彩色 $\mathcal{C}_\rho$ を考え, これが $\tilde{X}$ 彩色 $\mathcal{C}_{\tilde{\rho}}$ に拡張するかどうかを考える. 図式 D のひもにそって, 図式の上方弧を彩色する X の元の列 $x_1, x_2, \ldots$ を考える. となりあう彩色 x_1 と x_2 は, 交差するひもの彩色 y によって,

(1) $\xrightarrow{x_1}\Big|\xrightarrow{x_2}\Big\downarrow y$ のとき $x_1 * y = x_2$

(2) $\xrightarrow{x_1}\Big|\xrightarrow{x_2}\Big\uparrow y$ のとき $x_1 = x_2 * y$

のように関係づけられている. x_1 の上方弧の $\mathcal{C}_{\tilde{\rho}}$ による彩色 (a_1, x_1) が先に与えられていたとすると, x_2 の上方弧の $\mathcal{C}_{\tilde{\rho}}$ による彩色 (a_2, x_2) は

(1) のとき $a_2 = a_1 + \phi(x_1, y)$

(2) のとき $a_2 = a_1 - \phi(x_2, y)$

で与えられ, いずれにせよ

$$a_2 = a_1 + W\left(\xrightarrow{x_1}\Big|\xrightarrow{x_2}\right)$$

である. これを繰り返して D のひもを一周してくると, a_i の値の変化の総和は

$$\sum_i W\left(\xrightarrow{x_i}\Big|\xrightarrow{x_{i+1}}\right) = \Phi_\phi(D, \mathcal{C}_\rho) \in A$$

---

[11] $\tilde{X}$ がカンドルになることが, ϕ が 2 コサイクルであることより, 確かめられる. また, $\tilde{X}$ の同型類は ϕ のコホモロジー類できまる.

9.4 結び目のカンドルコサイクル不変量

になる.これが 0 のときは D の上方弧の全体で a_i を整合的に定めることができて ρ は $\tilde{\rho}$ に持ち上がり,0 でないときは ρ は $\tilde{\rho}$ に持ち上がらない.すなわち,ρ が $\tilde{\rho}$ に持ち上がるかどうかの**障害** (obstruction) を $\Phi_\phi(D, \mathcal{C}_\rho)$ が与えている.「この障害の情報を込みにして表現 ρ の個数を数えたもの」がカンドルコサイクル不変量 $\Phi_\phi(K)$ の意味である.たとえば,例 9.16 の 3 つ葉結び目の値は,4 面体カンドル Q_4 とその 2 次アーベル拡大 $\tilde{Q}_4$ について,Q_4 表現の個数が 16 個で,そのうちの 4 個が $\tilde{Q}_4$ 表現に持ち上がることを意味している.

集合論的ヤン–バクスター方程式の観点から,カンドルコサイクル不変量の構成法について述べる.集合 X について,

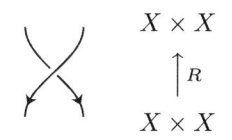

$$\begin{array}{c} X \times X \\ \uparrow R \\ X \times X \end{array}$$

のような写像 R を考える.X^3 から X^3 への写像としての,R に関する方程式

$$(R \times \mathrm{id}_X) \circ (\mathrm{id}_X \times R) \circ (R \times \mathrm{id}_X) = (\mathrm{id}_X \times R) \circ (R \times \mathrm{id}_X) \circ (\mathrm{id}_X \times R)$$

を**集合論的ヤン–バクスター方程式** (set-theoretic Yang–Baxter equation) という[12].とくに,X がカンドルのとき,$R(x,y) = (y \bar{*} x, x)$ とおくと集合論的ヤン–バクスター方程式の解になる[13].この R を用いて組みひも群の表現から結び目不変量をつくると X 彩色数が構成される.この R を行列で表示すると行列成分は 0 と 1 のみであるが,この行列を一般化して,

$$R^{x\,y}_{x'y'} = \begin{cases} \phi(x,y) & x' = y \text{ かつ } y' = x * y \text{ のとき} \\ 0 & \text{その他のとき} \end{cases}$$

---

[12] X を基底とするようなベクトル空間 V を考えて,$V^{\otimes 3}$ 上の方程式として書き直すと,第 2 章で述べたヤン–バクスター方程式になる.

[13] カンドルの定義において,2 つ目と 3 つ目の定義関係式をみたすもの($x * x = x$ をみたすとは限らないもの)を**ラック** (rack) という.X がラックのとき,本文で述べたようにして集合論的ヤン–バクスター方程式の解が得られ,さらにそこから組みひも群の表現が得られる.逆に,集合論的ヤン–バクスター方程式の解から得られる組みひも群の表現は,ラックから得られる組みひも群の表現に共役であることが知られている([137] 参照).

のような行列成分をもつ行列 R を考え，この R から結び目不変量をつくるとカンドルコサイクル不変量が構成される．

以下，カンドルコサイクル不変量に関連した話題について述べる．

カンドルのホモロジー群のかわりにカンドルの分類空間のホモトピー群を用いることにより，結び目のカンドルホモトピー不変量が定義される．カンドルホモトピー不変量はカンドルコサイクル不変量や次節で述べるシャドーコサイクル不変量など種々のコサイクル不変量を統一する不変量であり，カンドルホモトピー不変量を調べることによりこれらの不変量を統一的に扱うことができる ([106, 108] 参照)．

また，絡み目の分岐被覆空間のダイグラーフ–ウィッテン (Dijkgraaf–Witten) 不変量と絡み目カンドルのカンドル表現の個数の関係が知られている ([48])．

また，結び目の双曲体積やチャーン–サイモンズ不変量もカンドルコサイクル不変量として解釈できることが知られている ([51, 52])．

9.5 結び目のシャドーコサイクル不変量

本節では，カンドルコサイクル不変量の変更版として，結び目のシャドーコサイクル不変量を定義して，その不変性を証明する．

カンドル X と有向結び目の図式 D について，D の X 彩色を拡張する写像

$$\mathcal{C} : \{D \text{ の上方弧}\} \sqcup \{D \text{ の領域}\} \longrightarrow X$$

が，図式の各交点で (9.4) の関係をみたし，図式の各辺で

$$\boxed{x} \quad \downarrow_{y} \quad \boxed{x*y}$$

のような関係をみたすとき，$\mathcal{C}$ を結び目図式 D のシャドー X 彩色 (shadow X-coloring) という．ここで，上方弧の彩色と区別するために，領域の彩色は4角枠で囲って表示する．上方弧の彩色が先に与えられているとき，ある1つの領域（たとえば，非有界領域）の彩色を与えるとその他のすべての各領域の彩色はただ1つに整合性をもってきまることに注意する．

9.5 結び目のシャドーコサイクル不変量

A をアーベル群とし，本節では，その演算を乗法でかく．有限カンドル X の 3 コサイクル $\psi : X^3 \to A$ を考える．定義より

$$\psi(x,x,y) = \psi(x,y,y) = 1 \tag{9.9}$$

$$\begin{aligned}&\psi(w,x,y)\,\psi(w*y,\,x*y,\,z)\,\psi(w,y,z)\\&= \psi(w*x,\,y,\,z)\,\psi(w,x,z)\,\psi(w*z,\,x*z,\,y*z)\end{aligned} \tag{9.10}$$

である．有向結び目 K とその図式 D を考える．図式 D のシャドー X 彩色 $\mathcal{C}$ が与えられているとき，D の各交点の**重み**を

$$W\left(\ \boxed{z}\ \diagdown\kern-1em\diagup\ \begin{smallmatrix}x\\x*y\end{smallmatrix}\ \begin{smallmatrix}y\\ \end{smallmatrix}\right) = \psi(z,x,y) \ \in A$$

$$W\left(\ \boxed{z}\ \diagdown\kern-1em\diagup\ \begin{smallmatrix}y\\x\end{smallmatrix}\ \begin{smallmatrix}x*y\\ \end{smallmatrix}\right) = \psi(z,x,y)^{-1} \ \in A \tag{9.11}$$

で定める．さらに，D のすべての交点 $\mathbf{x}$ の重みの積を

$$\Phi_\psi(D, \mathcal{C}) = \prod_{\mathbf{x}} W(\mathbf{x}, \mathcal{C}) \ \in A$$

とおき，非有界領域の彩色が w であるような D のシャドー X 彩色 $\mathcal{C}$ に対してその和をとったものを

$$\Phi_\psi(D, w) = \sum_{\mathcal{C}} \Phi_\psi(D, \mathcal{C}) \ \in \mathbb{Z}[A]$$

とおく．

定理 9.17 有向結び目 K とその図式 D について，$\Phi_\psi(D,w)$ は，D のライデマイスター移動で不変であり，よって K の不変量である．また，ψ と ψ' が同じコホモロジー類を定める 3 コサイクルであるとき $\Phi_\psi(D,w)$ と $\Phi_{\psi'}(D,w)$ は等しく，よって $\Phi_\psi(D,w)$ の値は ψ のコホモロジー類と K と w のみできまる．

有向結び目 K の図式 D と 3 コサイクル ψ が定めるコホモロジー類 β について，定理 9.17 の $\Phi_\psi(D,w)$ を $\Phi_\beta(K,w)$ とかき，K のシャドーコサイクル不変量という．

定理 9.17 の証明　定理 9.14 の証明と同様に，$\Phi_\psi(D,\mathcal{C})$ が D のライデマイスター移動で不変であることと，ψ のコホモロジー類のみによることを示せばよい．

ライデマイスター移動での不変性について，定理 9.14 の証明と同様に，$\overrightarrow{\text{RI}}$ 移動での不変性は (9.9) より示され，$\overrightarrow{\text{RII}}$ 移動での不変性は重みの定義 (9.11) より示され，$\overrightarrow{\text{RIII}}$ 移動での不変性は (9.10) より示される．

以下，ψ のコホモロジー類のみによることを示す．3 コサイクル ψ と ψ' が同じコホモロジー類を定めるとき，$\Phi_\psi(D,\mathcal{C})$ と $\Phi_{\psi'}(D,\mathcal{C})$ は等しいことを言えばよい．コホモロジーの定義より，

$$\psi'(z,x,y) = \psi(z,x,y)\, g(z,x)^{-1} g(z*x, y)^{-1} g(z,y)\, g(z*y, x*y)$$

となるような $g: X \times X \to A$ が存在する．よって，ψ と ψ' が与える重み W と W' のちがいは

$$W'\left(\begin{array}{c}\text{図}\end{array}\right) = W\left(\begin{array}{c}\text{図}\end{array}\right) \cdot \frac{g(z,y)\, g(z*y, x*y)}{g(z,x)\, g(z*x, y)}$$

$$W'\left(\begin{array}{c}\text{図}\end{array}\right) = W\left(\begin{array}{c}\text{図}\end{array}\right) \cdot \frac{g(z,x)\, g(z*x, y)}{g(z,y)\, g(z*y, x*y)}$$

のようになる．すなわち，W' と W のちがいは，

交点に入ってくるひも　$\boxed{z_1} \downarrow x_1$　に対して $g(z_1, x_1)^{-1}$ をかけて，

交点から出ていくひも に対して $g(z_2, x_2)$ をかける,

というようなちがいである. 図式の各辺ごとにこのような変化は互いにキャンセルし, よって, $\Phi_\psi(D, \mathcal{C})$ と $\Phi_{\psi'}(D, \mathcal{C})$ は等しいことがわかる. ∎

●**例9.18** 2面体カンドル R_3 の例9.11の望月3コサイクル ψ を考える. $\mathbb{Z}/3\mathbb{Z}$ と同型な乗法群を $A = \langle t \mid t^3 = 1 \rangle$ のようにおく. これらについて, たとえば, (9.1) の3つ葉結び目 K のシャドーコサイクル不変量 $\Phi_\psi(K, w)$ を具体的に計算すると, その値は任意の $w \in R_3$ について

$$\Phi_\psi(K, w) = 3 + 6t^2 \in \mathbb{Z}[A]$$

のようになる.

望月3コサイクルを用いた絡み目のシャドーコサイクル不変量と絡み目の分岐巡回被覆空間のダイグラーフ–ウィッテン不変量の関係が知られている ([109]).

また, シャドーコサイクル不変量の計算について [134] を参照されたい.

9.6 曲面結び目のカンドルコサイクル不変量

本節では, 曲面結び目について基本的な用語を準備して, 曲面結び目のカンドルコサイクル不変量を定義する.

連結閉曲面を4次元ユークリッド空間 $\mathbb{R}^4$ に滑らかに埋め込んだ像を**曲面結び目** (surface-knot) という[14]. とくに, 2次元球面を $\mathbb{R}^4$ に滑らかに埋め込んだ像を **2次元結び目** (2-knot) という. また, 曲面に向きのついた曲面結び目を**有向曲面結び目**という.

---

[14] (連結とは限らない) 閉曲面を $\mathbb{R}^4$ に滑らかに埋め込んだ像を**曲面絡み目**という. 連結成分が1つの曲面絡み目が曲面結び目である. 本節で定義される曲面結び目の不変量は, 曲面絡み目に対しても同様に定義される.

標準的な射影 $\mathbb{R}^4 \to \mathbb{R}^3$ による曲面結び目の像を考える．曲面結び目を適切に摂動することにより，その $\mathbb{R}^3$ における像の各点の近傍は

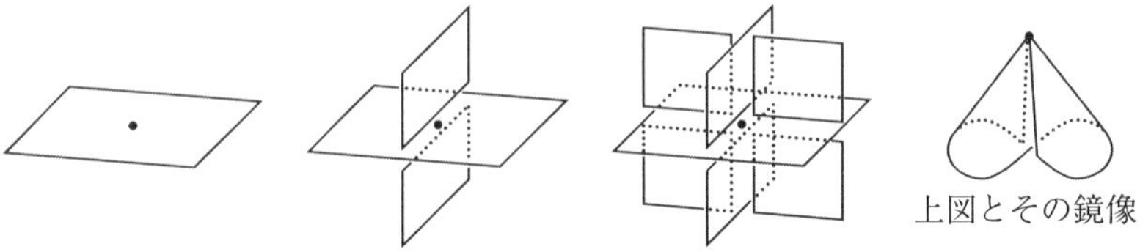

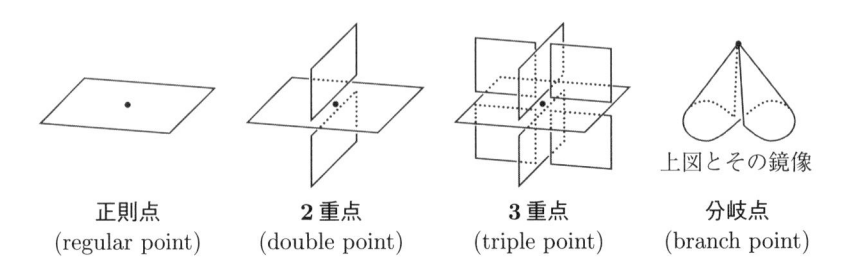

正則点 (regular point)　**2 重点** (double point)　**3 重点** (triple point)　**分岐点** (branch point)

のいずれかになるようにできる．ここで，結び目図式の表示と同様に，複数の面が交差しているところでは，射影 $\mathbb{R}^4 \to \mathbb{R}^3$ に関する高さについて下にある面を切って表示している．曲面結び目の $\mathbb{R}^3$ における像をこのように表示したものを曲面結び目の**図式**という．たとえば，

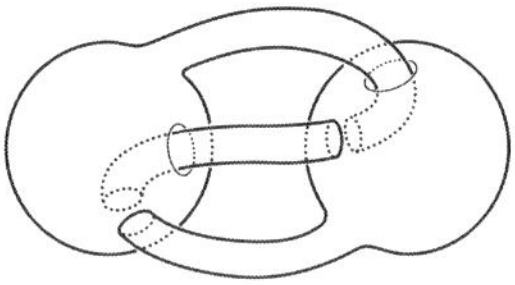

は非自明な 2 次元結び目の図式の例である．曲面結び目の図式において，面の連結成分を**シート** (sheet) という．

2 次元結び目の典型的な例として，スパン結び目について述べる．結び目 K が与えられていたとき，K の 1 点を切ってできる開結び目[15] T の図式を半平面 $\mathbb{R}^2_+$ の中に次のようにおいて

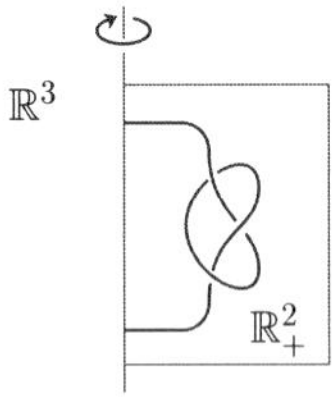

のように $\mathbb{R}^2_+$ を $\mathbb{R}^3$ の中で 1 回転することにより，その軌跡として 2 次元結び目の図式が得られる．この図式が与える 2 次元結び目を K の**スパン結び**

15) 結び目の 1 点を切って開くことによってできるタングルを**開結び目** (open knot) という．

9.6 曲面結び目のカンドルコサイクル不変量

目 (spun knot) という. この構成法を言い換えると, 開結び目 T を右半空間 $\mathbb{R}^3_+ = \{(x,y,z) \in \mathbb{R}^3 \mid y \geq 0\}$ の中において, $\mathbb{R}^3_+$ の境界の $\mathbb{R}^2$ を軸として $\mathbb{R}^3_+$ を $\mathbb{R}^4$ の中で1回転することにより, T の軌跡として得られる2次元結び目が K のスパン結び目である. さらに, この構成法は次のように一般化される. 上記の開結び目 T を3次元球体 B^3 の中にいれてから右半空間 $\mathbb{R}^3_+$ の中に次のようにおいて

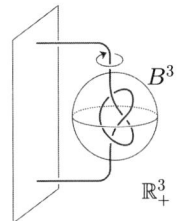

のように B^3 をスピンさせながら $\mathbb{R}^3_+$ を $\mathbb{R}^4$ の中で回転することにより, T の軌跡として2次元結び目が得られる. $\mathbb{R}^3_+$ が $\mathbb{R}^4$ の中で1回転する間に B^3 を m 回転スピンさせたとき, このようにしてできる2次元結び目を K の **m ツイストスパン結び目** (m-twist-spun knot) という. とくに, 0ツイストスパン結び目がスパン結び目である.

$\mathbb{R}^4$ のイソトピーで変形してうつりあう曲面結び目を**イソトピック**であるという. 曲面結び目 F, F' とその図式 D, D' について, F と F' がイソトピックであることの必要十分条件は, D と D' が図式のイソトピーとローズマン移動でうつりあうことであることが知られている (たとえば [55] 参照). ここで, **ローズマン移動** (Roseman move) とは, 曲面結び目の図式の7種類の変形からなる移動で, たとえば, その1つは

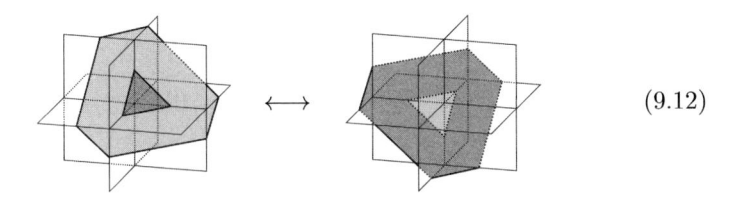

$$\tag{9.12}$$

のような移動である (他の6種類の移動については, たとえば [55] を参照). 上図では, 簡単のため, 面の上下の情報は省略してかいている (xyz 座標空間において, xy 平面と xz 平面と yz 平面からなる3重点の「$\mathbb{R}^4$ における下」をな

なめの平面が通過する移動を表している）．

有向曲面結び目の図式 D の各シートにカンドル X の元を対応させる写像

$$\mathcal{C} : \{D \text{のシート}\} \longrightarrow X$$

が図式の各 2 重点の近傍で

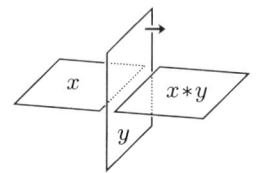

のような関係をみたすとき，$\mathcal{C}$ を D の X 彩色という．ここで，$\mathbb{R}^4$ は（したがって，$\mathbb{R}^3$ も）向きづけられているとして，D の向きと $\mathbb{R}^3$ の向きから定まるシートの法ベクトルを図の矢印で表している．

A をアーベル群とし，本節では，その演算を乗法でかく．有限カンドル X の 3 コサイクル $\psi : X^3 \to A$ を考える．定義より ψ は (9.9) と (9.10) をみたす．有向曲面結び目 F とその図式 D を考える．図式 D の X 彩色 $\mathcal{C}$ が与えられているとき，D の各 3 重点の**重み** (weight) を

$$W\left(\begin{array}{c}\end{array}\right) = \psi(x,y,z) \in A$$

$$W\left(\begin{array}{c}\end{array}\right) = \psi(x,y,z)^{-1} \in A$$
(9.13)

で定める．さらに，D のすべての 3 重点 x の重みの積を

$$\Psi_\psi(D,\mathcal{C}) = \prod_{\mathrm{x}} W(\mathrm{x},\mathcal{C}) \in A$$

とおき，すべての D の X 彩色 $\mathcal{C}$ に対してその和をとったものを

$$\Psi_\psi(D) = \sum_{\mathcal{C}} \Psi_\psi(D,\mathcal{C}) \in \mathbb{Z}[A]$$

とおく[16].

定理9.19 有向曲面結び目 F とその図式 D について，$\Psi_\psi(D)$ は，D のローズマン移動で不変であり，よって F の不変量である．また，ψ と ψ' が同じコホモロジー類を定める3コサイクルであるとき $\Psi_\psi(D)$ と $\Psi_{\psi'}(D)$ は等しく，よって $\Psi_\psi(D)$ の値は ψ のコホモロジー類と F のみできまる.

証明の概略 ローズマン移動での不変性について，分岐点を含むようなローズマン移動での不変性は (9.9) より示される．また，2つの3重点がキャンセルするローズマン移動での不変性は重みの定義 (9.13) より示される．また，(9.12) のローズマン移動での不変性は (9.10) より示される．

ψ のコホモロジー類にしかよらないことについて，ψ と ψ' が定める重み W と W' のちがいは，ある $g: X \times X \to A$ を用いて記述され，$\Psi_\psi(D, \mathcal{C})$ においてその変化は互いにキャンセルすることが示される．

詳しい証明について，たとえば [55] を参照されたい． ∎

有向曲面結び目 F の図式 D と3コサイクル ψ が定めるコホモロジー類 β について，定理9.19 の $\Psi_\psi(D)$ を $\Psi_\beta(F)$ とかき，F の**カンドルコサイクル不変量**という．

● **例9.20** 2面体カンドル R_3 の例9.11の望月3コサイクル ψ を考える．$\mathbb{Z}/3\mathbb{Z}$ と同型な乗法群を $A = \langle t \mid t^3 = 1 \rangle$ のようにおく．これらについて，たとえば，(9.1) の3つ葉結び目 K の m ツイストスパン結び目 $\tau^m K$ のカンドルコサイクル不変量 $\Psi_\psi(\tau^m K) \in \mathbb{Z}[A]$ を具体的に計算すると，その値は

---

[16] 「すべての X 彩色に対する和」ではなく「すべての X 彩色をわたる多重集合」として定義されることも多い（たとえば [55] を参照されたい）．

$$\Psi_\psi(\tau^m K) = \begin{cases} 3+6t^2 & m \equiv 2 \pmod{6} \text{ のとき} \\ 3+6t & m \equiv 4 \pmod{6} \text{ のとき} \\ 9 & m \equiv 0 \pmod{6} \text{ のとき} \\ 3 & \text{その他のとき} \end{cases}$$

のようになる ([133]).

練習問題 9.21 有向結び目 K について,その m ツイストスパン結び目 $\tau^m K$ のカンドルコサイクル不変量 $\Psi_\psi(\tau^m K)$ は,各 m について K の不変量である.これを K の既知の不変量を用いて表示してみよう[17].

以下,関連する話題について述べる.

結び目 K に対して,$K \times I$ と水平面からなる

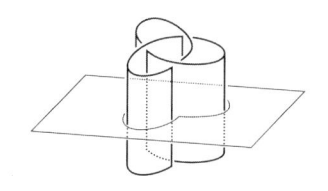

のような「部分的な曲面絡み目」を考える.曲面結び目のカンドルコサイクル不変量と同様にして,この「部分的な曲面絡み目」についてカンドルコサイクル不変量を定めると,その定義を言い換えたものが K のシャドーコサイクル不変量の定義になる.すなわち,曲面絡み目のカンドルコサイクル不変量の観点から,シャドーコサイクル不変量がなぜ K の不変量になるのかを説明することができる.

曲面結び目 F に対して,F の図式で3重点の個数が最小のものを考え,そのときの3重点の個数を F の **3重点数** (triple point number) という.カンドルコサイクル不変量を用いて,曲面結び目の3重点数を評価することができることが知られている ([135, 136, 47]).

---

[17] ツイストスパン結び目のカンドルコサイクル不変量の計算について [3, 133] を参照されたい.

第10章 ◇ 結び目のコンセビッチ不変量のループ展開

　結び目のコンセビッチ不変量は，非常に強力である反面，つかみどころがない．実際，それが属する空間である $\mathcal{A}(S^1)$ は，前述したように，ある程度次数が高くなるとその次数の部分空間の次元すら知られていない．また，現時点ではごく限られた結び目に対してだけしかコンセビッチ不変量のすべての項[1] の明示的な表示は知られていない．
　コンセビッチ不変量を，写像

$$Z : \{\text{結び目}\} \longrightarrow \mathcal{A}(S^1)$$

であると考える．結び目（のイソトピー類）の集合は無限集合であるが，結び目の分類問題の観点から，結び目の集合と「よくわかっている集合」との間に1対1対応をつくることにより，結び目の分類問題が解決されたとおもうことができる[2]．コンセビッチ不変量が単射（完全不変量）であることを期待することにすると，結び目の分類問題の観点から，コンセビッチ不変量の $\mathcal{A}(S^1)$ における像を明らかにすることが重要である．結び目の全体は可算集合であり，一方，ヤコビ図の無限線型和の全体は非可算集合であるので，「コンセビッチ不変量の像」は $\mathcal{A}(S^1)$ において強く制限された部分集合であるとおもわれる．
　本章では，結び目のコンセビッチ不変量の値は「ループ展開」という特別な形をしていることについて，概要を述べる．（太線をもたない）細線の 1,3 価グラフからなるヤコビ図を開ヤコビ図といい，開ヤコビ図の空間を $\mathcal{B}$ とかく．$\mathcal{A}(S^1)$ と $\mathcal{B}$ はベクトル空間として同型であることが知られている．さらに，コンセビッチ不変量の $\mathcal{B}$ におけ

---

[1] 第7章で前述したように，結び目のコンセビッチ不変量の各項はバシリエフ不変量であり，与えられた任意の結び目に対してその値を求めることは原理的には可能である．一方，与えられた任意の結び目に対してコンセビッチ不変量のすべての項（ヤコビ図の無限線型和）を同時に与える表示を求めることは，現時点では一般には困難である．

[2] 無限集合の分類問題について，たとえば，「有向閉曲面の同相類の集合」は曲面の種数を考えることにより「0以上の整数の集合」と1対1対応をつくることができて，これによって有向閉曲面が分類されたとおもうことができる．このような意味で，無限集合の分類問題は，その無限集合と「よくわかっている集合」の間に1対1対応をつくることにより，分類問題が解決されたとおもうことができる．

る値は，ホップ代数の意味で，「群的」であることが知られていて，exp (連結な開ヤコビ図の線型和) の形にかくことができる．この線型和が多項式を用いてある種の形に表示されることを「ループ展開」という．ループ展開されるような元の形は $\mathcal{B}$ において非常に特殊であり，ループ展開は結び目のコンセビッチ不変量の像に強い制限を与えている．

本章は以下のように構成される．10.1 節では，コンセビッチ不変量の値が群的であることを示す．10.2 節では，開ヤコビ図を導入し，開ヤコビ図の空間は多項式環を用いて記述できることを述べる．10.3 節では，結び目のコンセビッチ不変量のループ展開について概要を述べる．ループ展開について [23] も参照されたい．

10.1　コンセビッチ不変量の性質

本節では，結び目 K のコンセビッチ不変量 $Z(K)$ の値は群的であることを示す．このことより，$Z(K)$ の値はある種の特別な形をしていることがわかる．とくに，$Z(K)$ の係数のうちで不変量として基本的な部分は連結な 1,3 価グラフからなるヤコビ図の係数であることもわかる．

次の線型写像

$$\hat{\Delta} : \mathcal{A}(S^1) \longrightarrow \mathcal{A}(S^1) \otimes \mathcal{A}(S^1)$$

を以下のように定める．S^1 上のヤコビ図 D に対して，$\hat{\Delta}(D)$ を $D' \otimes D''$ の和として定義する．ここで，D' は 1,3 価グラフの連結成分をいくつか D から除いて得られるヤコビ図で，D'' は除いた連結成分と S^1 からなるヤコビ図であり，和は D の 1,3 価グラフの連結成分を D' と D'' に分ける分け方の全体にわたって和をとるものとする．たとえば，

のようになる．$\mathcal{A}(S^1)$ には，S^1 のコピーの連結和が定める積に関して，代数構

10.1 コンセビッチ不変量の性質

造がはいっていたのであった.さらに, $\hat{\Delta}$ を余積として, $\mathcal{A}(S^1)$ にホップ代数の構造をいれることができる.ホップ代数の理論の用語にしたがって, $\mathcal{A}(S^1)$ の元 α が $\hat{\Delta}(\alpha) = \alpha \otimes \alpha$ をみたすとき, α を**群的** (group-like) であるという.

命題 10.1 ([85]) 枠つき有向結び目 K に対して, コンセビッチ不変量 $Z(K)$ の値は $\mathcal{A}(S^1)$ において群的である.すなわち,次式が成り立つ.

$$\hat{\Delta}(Z(K)) \;=\; Z(K) \otimes Z(K)$$

証明 線型写像 $p : \mathcal{A}(S^1 \sqcup S^1) \to \mathcal{A}(S^1) \otimes \mathcal{A}(S^1)$ を, $S^1 \sqcup S^1$ 上のヤコビ図 D に対して,

$$p(D) = \begin{cases} 0, & D の 1{,}3 価グラフによって 2 つの S^1 が連結になるとき \\ D_1 \otimes D_2, & D は S^1 上のヤコビ図 D_1, D_2 の排反和であるとき \end{cases}$$

のように定める. $\hat{\Delta}$ の定義より, $\hat{\Delta} = p \circ \Delta$ となることに注意しよう.よって,問題 6.14 より,

$$\hat{\Delta}(Z(K)) \;=\; (p \circ \Delta)(Z(K)) \;=\; p(Z(K^{(2)})) \tag{10.1}$$

であることがわかる.ここで, $K^{(2)}$ は K の枠にそって K を 2 重化してできる枠つき絡み目である.

$K \sqcup K$ を K の 2 つのコピーの排反和(互いに絡まないように排反和をとったもの)とする.このとき,

$$p\bigl(Z(K^{(2)}) - Z(K \sqcup K)\bigr) \;=\; 0 \tag{10.2}$$

が成り立つことが以下のようにしてわかる. K の 1 つ目のコピーのひもと 2 つ目のコピーのひもの交差の上下をいれかえる操作を繰り返すことにより, $K^{(2)}$ から $K \sqcup K$ が得られることに注意しよう.ひもの交差の上下をいれかえるたびに,コンセビッチ不変量の値は

$$\exp\left(\tfrac{1}{2}\,\vcenter{\hbox{}}\right)\!\left(\ \right) \;-\; \exp\left(-\tfrac{1}{2}\,\vcenter{\hbox{}}\right)\!\left(\ \right)$$

だけ変化する．この差は，1つ目の S^1 と2つ目の S^1 をつなぐコードをもつコード図の線型和で表される．よって，この差は写像 p で0にうつされるので，これを繰り返すことにより，(10.2) が成り立つことがわかる．

(10.1) と (10.2) より，$\hat{\Delta}(Z(K)) = p(Z(K \sqcup K))$ であることがわかる．さらに，p の定義より，$p(Z(K \sqcup K)) = Z(K) \otimes Z(K)$ のようになる．したがって，命題の式が成り立つことがわかる． ■

$\mathcal{A}(S^1)$ の代数構造において，乗法に関する単位元は $1 = \bigcirc$ であった．ホップ代数の理論の用語にしたがって，$\mathcal{A}(S^1)$ の元 α が $\hat{\Delta}(\alpha) = \alpha \otimes 1 + 1 \otimes \alpha$ をみたすとき，α を**原始的** (primitive) であるという．一般に，次数つきホップ代数において，任意の群的な元は $\exp($原始的な元$)$ の形に表されることが知られている（たとえば [1] を参照されたい）．今の場合，それは次の補題のように述べられる．

補題 10.2 $\mathcal{A}(S^1)$ の任意の原始的な元 α に対して，$\exp(\alpha)$ は群的である．逆に，$\mathcal{A}(S^1)$ の任意の0でない群的な元 β に対して，$\beta = \exp(\alpha)$ となるような原始的な元 α がある．

証明 任意の原始的な元 α に対して，

$$\hat{\Delta}(\exp(\alpha)) = \exp(\hat{\Delta}(\alpha)) = \exp(\alpha \otimes 1 + 1 \otimes \alpha) = \exp(\alpha) \otimes \exp(\alpha)$$

となるので，$\exp(\alpha)$ は群的である．

β を任意の0でない群的な元であるとする．$\beta = \exp(\alpha)$ となるような原始的な元 α を，ヤコビ図の次数に関して帰納的に，以下のように構成する．次数が d より小さい部分でこのような α がすでに構成されていると仮定する．すなわち，原始的な元 $\alpha^{(<d)} \in \mathcal{A}(S^1)^{(<d)}$ で $\exp(\alpha^{(<d)})$ と β の次数が d より小さい部分が等しいようなものがあると仮定する．$\beta \exp(-\alpha^{(<d)})$ の d 次の部分を $\alpha^{(d)}$ とおく．すると，上の仮定より，$\beta \exp(-\alpha^{(<d)})$ と $1 + \alpha^{(d)}$ の d 次以下の部分が等しい．さらに，$\beta \exp(-\alpha^{(<d)})$ は群的なので，$\hat{\Delta}(1 + \alpha^{(d)})$ と $(1 + \alpha^{(d)}) \otimes (1 + \alpha^{(d)})$ の d 次以下の部分は等しい．とくに，その d 次の部分に注目すると，$\hat{\Delta}(\alpha^{(d)}) = \alpha^{(d)} \otimes 1 + 1 \otimes \alpha^{(d)}$ のようになり，$\alpha^{(d)}$ は原始的

であることがわかる．$\alpha^{(\leq d)} = \alpha^{(<d)} + \alpha^{(d)}$ とおくと，この元は原始的で，$\exp(\alpha^{(\leq d)})$ と β の d 次以下の部分は等しい．以上の議論を繰り返すことにより，$\beta = \exp(\alpha)$ となるような原始的な元 α が帰納的に構成される． ■

7.2 節で前述したように，連結な 1,3 価グラフからなるヤコビ図がはる $\mathcal{A}(S^1)$ の部分ベクトル空間を $\mathcal{A}(S^1)_{\mathrm{conn}}$ とおく．

練習問題 10.3 $\mathcal{A}(S^1)$ の原始的な元の全体は $\mathcal{A}(S^1)_{\mathrm{conn}}$ に等しいことを示してみよう．

問題 6.6 と問題 6.19 より，次のヤコビ図は $\mathcal{A}(S^1)_{\mathrm{conn}}^{(\leq 4)}$ の基底を与えることに注意しよう．

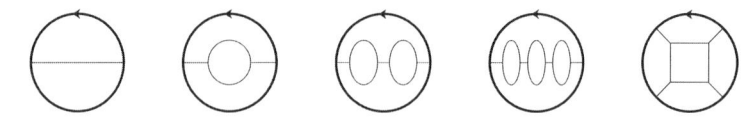

(問題 6.6 よりこれらのヤコビ図は $\mathcal{A}(S^1)_{\mathrm{conn}}^{(\leq 4)}$ をはることがわかり，問題 6.19 よりこれらのヤコビ図（のとくに最後の 2 つ）は線型独立であることがわかる．)

枠つき結び目 K に対して，命題 10.1 より，コンセビッチ不変量 $Z(K)$ の値は群的である．とくに，K が自明結び目のとき，そのコンセビッチ不変量の値である ν も群的になる．よって，$Z(K)\#\nu^{-1}$ の値は群的になる．したがって，補題 10.2 より，$Z(K)\#\nu^{-1} = \exp(z(K))$ となるような $z(K) \in \mathcal{A}(S^1)_{\mathrm{conn}}$ が存在する．$z(K)$ の値は $Z(K)$ の値から一意的に定まるので，$z(K)$ は K のイソトピー不変量である．4 次以下の $\mathcal{A}(S^1)_{\mathrm{conn}}$ の基底は上述のように与えられるので，$z(K)$ の最初の部分は

$$z(K) = a_1(K) \quad + a_2(K) \quad + a_3(K)$$

$$+ a_4(K) \quad + a_4'(K) \quad + (\text{5 次以上の項})$$

のように表されることがわかる．ここで，$a_1(K), \ldots, a_4(K), a_4'(K)$ は K のス

カラー値の不変量である．

練習問題 10.4 $a_1(K)$ は K の枠の値の $\frac{1}{2}$ 倍に等しいことを示してみよう．

この問題より，0枠をもつ枠つき結び目 K に対して，$Z(K)$ の値は3価頂点をもつ1,3価グラフからなるヤコビ図の積の線型和で表されることがわかる（このことは，命題7.16の証明で用いられた）．

練習問題 10.5 $a_2(K)$ はコンウェイ多項式の2つ目の係数に等しいことを示してみよう（問題7.1を参照されたい）．

練習問題 10.6 枠つき結び目 K_1, K_2 に対して，K_1 と K_2 の連結和 $K_1 \# K_2$ のコンセビッチ不変量は $Z(K_1 \# K_2) = Z(K_1) \# Z(K_2) \# \nu^{-1}$ のように表されることを示してみよう．さらに，$z(K_1 \# K_2) = z(K_1) + z(K_2)$ のようになることを示してみよう．

$z(K)$ の2次以上の部分を $z^{(\geq 2)}(K)$ とかくことにすると，$z^{(\geq 2)}(K)$ は K の枠のとり方によらず，（枠なし）結び目の不変量になることに注意しよう．任意の結び目 K_1, K_2 に対して $v(K_1 \# K_2) = v(K_1) + v(K_2)$ をみたすようなバシリエフ不変量 v を**原始的**なバシリエフ不変量という．

練習問題 10.7 すべての原始的なバシリエフ不変量に対して $z^{(\geq 2)}(K)$ は普遍的であることを示してみよう．

すべてのバシリエフ不変量は原始的なバシリエフ不変量の多項式として表すことができる．また，注意7.18で述べたクラスパーを用いて，原始的なバシリエフ不変量の基底同士は互いに独立な不変量であることがわかる[3]．すなわち，コンセビッチ不変量やバシリエフ不変量において，不変量としての根元的な情報をもっている部分はそれらの原始的な部分である．

---

[3] 正確に言うと，任意の自然数 d について，d 次以下の原始的なバシリエフ不変量の基底同士は互いに独立な不変量である．各 d について，d 次以下のバシリエフ不変量の全体が結び目の集合をどれくらい細かく分離できるのかは決定されており（[112]を参照），そのことよりそれらの不変量の独立性がわかる．

10.2 開ヤコビ図

S^1 上のヤコビ図の空間 $\mathcal{A}(S^1)$ は，ベクトル空間として，開ヤコビ図の空間と同型であることが知られており，次節で述べるように，開ヤコビ図の空間においてコンセビッチ不変量の値はよい記述をもつ．本節では，開ヤコビ図を導入し，開ヤコビ図の空間は多項式環を用いて記述することができることを述べる．

1,3 価グラフで，各 3 価頂点のまわりの 3 つの辺に巡回順序が指定されているものを**開ヤコビ図** (open Jacobi diagram) という．たとえば，次のようなもの

がその例である．開ヤコビ図がはる $\mathbb{C}$ 上のベクトル空間を AS, IHX 関係式でわってできる商ベクトル空間を，**開ヤコビ図の空間**といい，$\mathcal{B}$ とかく．ヤコビ図の次数に関して $\mathcal{B}$ を完備化してできる空間も，記号を混用して，$\mathcal{B}$ とかくことにする．

線型写像 $\chi : \mathcal{B} \to \mathcal{A}(\downarrow) \,(\cong \mathcal{A}(S^1))$ を，開ヤコビ図 D に対して，

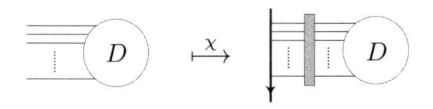

で定める．ここで，グレーの長方形は，左の n 本の線を右の n 本の線につなげる $n!$ 通りの平均を表す．すなわち，

である．この線型写像 χ はベクトル空間の同型写像になることが知られており ([7])，これを **PBW 同型** (Poincare–Birkhoff–Witt isomorphism) とよぶ．

練習問題 10.8 比較的小さい次数の部分で χ が同型写像であることを確かめてみよう．

注意 10.9 単純リー環 $\mathfrak{g}$ に対して，$U(\mathfrak{g})$ を普遍包絡環として，$S(\mathfrak{g})$ を対称テンソル代数とする．線型写像 $\chi: S(\mathfrak{g}) \to U(\mathfrak{g})$ を，$X_1, X_2, \cdots, X_n \in \mathfrak{g}$ に対して，

$$\chi(X_1 X_2 \cdots X_n) = \frac{1}{n!} \sum_\sigma X_{\sigma(1)} X_{\sigma(2)} \cdots X_{\sigma(n)}$$

で定める．ここで，和は n 次対称群の元 σ のすべてをわたる．この線型写像 χ はベクトル空間の同型写像になることが古典的に知られており，これを **PBW 同型** という（たとえば [40] を参照）．この PBW 同型をヤコビ図の空間に普遍化したものが上述の PBW 同型である．

 1,3 価グラフの排反和を積として，$\mathcal{B}$ に代数構造をいれる．乗法に関する $\mathcal{B}$ の単位元は空な開ヤコビ図である．PBW 同型 χ は，ベクトル空間の同型写像であるが，環同型ではないことに注意しよう．連結な 1,3 価グラフからなる開ヤコビ図がはる $\mathcal{B}$ の部分ベクトル空間を $\mathcal{B}_{\mathrm{conn}}$ とおく．次節で後述するように，枠つき結び目 K に対して $\chi^{-1} Z(K) = \exp(\alpha)$ となるような $\mathcal{B}_{\mathrm{conn}}$ の元 α が一意的に存在することが知られている．以下では，$\mathcal{B}_{\mathrm{conn}}$ がどのような空間であるのか記述する方法について述べる．

 多項式またはべき級数 $f(x) = c_0 + c_1 x + c_2 x^2 + c_3 x^3 + \cdots$ に対して，ヤコビ図の辺の横に $f(x)$ をラベル付けしたものは次のような線型和

$$\left.\right) f(x) \;=\; c_0 \left.\right) \;+\; c_1 \!\!\vdash\!\! \;+\; c_2 \!\!\models\!\! \;+\; c_3 \!\!\equiv\!\! \;+\cdots$$

を意味するものとする．1 価頂点につながる辺を**足**ということにすると，x^n のラベル付けが n 本足を意味する．AS 関係式より

$$\left.\right) f(x) \;=\; \left.\right) f(-x)$$

であることに注意する．1 次ベッチ数が ℓ である連結な 1,3 価グラフからなる開ヤコビ図を **ℓ ループ**（ℓ-loop）であるという．すなわち，ℓ ヶ所の辺を切ると単連結になるような開ヤコビ図が ℓ ループである．ℓ ループの開ヤコビ図は ℓ ループの 3 価グラフに足をつけることにより得られる．ℓ ループの開ヤコビ図がはる $\mathcal{B}_{\mathrm{conn}}$ の部分ベクトル空間を $\mathcal{B}_{\mathrm{conn}}^{(\ell\text{-loop})}$ とかくことにする．

10.2 開ヤコビ図

0ループの開ヤコビ図は，線分と同相なものだけしかない．（樹 (tree) の形の開ヤコビ図は，AS 関係式より，0 になる．）

1ループの開ヤコビ図は円周に偶数本の足をつけることにより得られる．（円周に奇数本の足をつけた開ヤコビ図は，AS 関係式より，自分自身の鏡像の (-1) 倍に等しくなるので，0 になる．）よって，$\mathcal{B}_{\mathrm{conn}}^{(\text{1-loop})}$ は次の対応により $\mathbb{C}[x^2]$ の 2 次以上の部分ベクトル空間に同型である．

$$\underset{x^{2n}}{\bigcirc} \longmapsto x^{2n}$$

とくに，$\mathcal{B}_{\mathrm{conn}}^{(\text{1-loop})}$ の d 次の部分ベクトル空間の次元を c_d とおくと，その母関数は

$$\frac{1}{1-t^2} - 1 = \sum_d c_d t^d$$

のように表される．

2ループの開ヤコビ図は $\bigcirc\!\!-\!\!\bigcirc$ か $\ominus$ に足をつけることにより得られる．もし $\bigcirc\!\!-\!\!\bigcirc$ の中央の辺に足がついていると IHX 関係式より 0 になり，もし $\bigcirc\!\!-\!\!\bigcirc$ の輪の辺に偶数本の足がついていると AS 関係式より 0 になることに注意すると，$\bigcirc\!\!-\!\!\bigcirc$ に足がついた開ヤコビ図は IHX 関係式により $\ominus$ に足がついた開ヤコビ図に次のように帰着される．

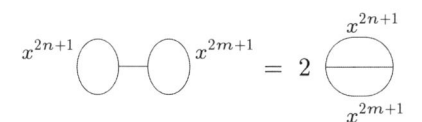

$$x^{2n+1}\bigcirc\!\!-\!\!\bigcirc x^{2m+1} = 2\;\underset{x^{2m+1}}{\overset{x^{2n+1}}{\ominus}}$$

さらに，$\ominus$ に足がついた開ヤコビ図を，次の対応により，3変数多項式に帰着することを考える．

$$\underset{x^k}{\overset{x^n}{\underset{x^m}{\ominus}}} \longmapsto x_1^n x_2^m x_3^k$$

◯ には，3つの辺をいれかえる3次対称群 $\mathfrak{S}_3$ の対称性と，左右を反転させる鏡像の対称性があることに注意すると，$\mathcal{B}_{\text{conn}}^{(2\text{-loop})}$ は次の空間

$$\Big(\mathbb{C}[x_1, x_2, x_3]/(x_1+x_2+x_3=0)\Big)\Big/\big(\mathfrak{S}_3 \times \mathbb{Z}/2\mathbb{Z}\big)$$

の2次以上の部分ベクトル空間に同型である．ここで，3次対称群 $\mathfrak{S}_3$ は x_1, x_2, x_3 のいれかえで $\mathbb{C}[x_1, x_2, x_3]$ に作用し，$\mathbb{Z}/2\mathbb{Z}$ の非自明な元は (x_1, x_2, x_3) を $(-x_1, -x_2, -x_3)$ にうつす作用で $\mathbb{C}[x_1, x_2, x_3]$ に作用する．また，IHX関係式より，$x_1+x_2+x_3=0$ であることにも注意しよう．x_1, x_2, x_3 の基本対称式を

$$\sigma_1 = x_1+x_2+x_3, \quad \sigma_2 = x_1x_2+x_1x_3+x_2x_3, \quad \sigma_3 = x_1x_2x_3$$

とおくと，$\mathfrak{S}_3$ の作用で不変になる部分空間は $\sigma_1, \sigma_2, \sigma_3$ の多項式で表される．よって，上の空間は次の空間と同型である．

$$\big(\mathbb{C}[\sigma_2, \sigma_3] \text{ の偶数次の部分空間}\big) \;\cong\; \mathbb{C}[\sigma_2, \sigma_3^2]$$

とくに，$\mathcal{B}_{\text{conn}}^{(2\text{-loop})}$ の d 次の部分ベクトル空間の次元を c'_d とおくと，その母関数は

$$\frac{1}{(1-t^2)(1-t^6)} - 1 \;=\; \sum_d c'_d\, t^{d-1}$$

のように表される．

3ループの場合の概略を以下に述べる（詳しくは [26, 97] を参照されたい）．3ループの開ヤコビ図は，3ループの3価グラフに足をつけることにより得られる．3ループの3価グラフをすべて書き出して，上述と同様の議論をすると，最終的に，⊖ に足のついた開ヤコビ図に帰着されることがわかる．さらに，その形の開ヤコビ図を，次の対応により，6変数多項式に帰着させる．

$$x^{n_1}\;\;x^{n_6}\;\;x^{n_2} \atop x^{n_5}\;\;\;\;x^{n_4} \atop x^{n_3} \quad \longmapsto \quad x_1^{n_1} x_2^{n_2} x_3^{n_3} x_4^{n_4} x_5^{n_5} x_6^{n_6}$$

ここで，これらの変数は IHX 関係式により

$$x_1 - x_2 - x_6 = 0, \qquad x_1 - x_3 + x_5 = 0, \qquad x_4 + x_5 + x_6 = 0$$

をみたす．さらに，⊛ を4面体の辺とみなして，4面体の面に対応する新しい変数を

$$y_1 = x_1 - x_5 + x_6, \quad y_2 = x_2 + x_4 - x_6, \quad y_3 = x_3 - x_4 + x_5, \quad y_4 = -x_1 - x_2 - x_3$$

で定める．定義より $y_1 + y_2 + y_3 + y_4 = 0$ であることに注意する．これより，$\mathcal{B}_{\mathrm{conn}}^{(3\text{-loop})}$ は次の空間

$$\Big(\mathbb{C}[y_1, y_2, y_3, y_4]/(y_1 + y_2 + y_3 + y_4 = 0)\Big)\Big/\mathfrak{S}_4$$

の2次以上の部分ベクトル空間に同型であることがわかる．ここで，4次対称群 $\mathfrak{S}_4$ は y_1, y_2, y_3, y_4 のいれかえでこの空間に作用する．この空間はこれら4つの変数の基本対称式 $\sigma_1, \sigma_2, \sigma_3, \sigma_4$ を用いて

$$\Big(\mathbb{C}[\sigma_1, \sigma_2, \sigma_3, \sigma_4]/(\sigma_1 = 0) \text{ の偶数次の部分空間}\Big) \cong \mathbb{C}[\sigma_2, \sigma_3^2, \sigma_4]$$

のように同定することができる．とくに，$\mathcal{B}_{\mathrm{conn}}^{(3\text{-loop})}$ の d 次の部分ベクトル空間の次元を c_d'' とおくと，その母関数は

$$\frac{1}{(1-t^2)(1-t^4)(1-t^6)} - 1 = \sum_d c_d'' t^{d-2}$$

のように表される．

注意 10.10 一般の ℓ に対しても，$\mathcal{B}_{\mathrm{conn}}^{(\ell\text{-loop})}$ は原理的には多項式環を用いて記述することができるはずであるが，ℓ が大きくなるほど考察するべき3価グラフの個数がふえるので，$\mathcal{B}_{\mathrm{conn}}^{(\ell\text{-loop})}$ の具体的な記述を求めるのは一般には容易ではない．比較的次数が小さい部分では，$\mathcal{B}_{\mathrm{conn}}^{(\ell\text{-loop})}$ の各次数の部分ベクトル空間の次元は次の表のようにな

ることが知られている.

ℓ	0	1	2	3	4	5	6	7	8	9	10	11	12	13	計
1次	1														1
2次		1													1
3次			1												1
4次		1		1											2
5次			1		2										3
6次		1		2		2									5
7次			2		3		3								8
8次		1		3		4		4							12
9次			2		5		6		5						18
10次		1		4		8		8		6					27
11次			2		8		11		10		8				39
12次		1		5		12		15		13		9			55
13次			3		<u>10</u>		<u>18</u>		<u>20</u>		<u>16</u>		<u>11</u>		<u>78</u>
14次		1		7		<u>17</u>		<u>26</u>		<u>25</u>		<u>19</u>		<u>13</u>	<u>108</u>

ここで，表の空欄は 0 であり，下線のついた数字は「その数字以上」を意味する．各行の合計（右端の欄）が $\mathcal{B}_{\mathrm{conn}}$ の d 次の部分ベクトル空間の次元に等しく，PBW 同型により，これは $\mathcal{A}(S^1)_{\mathrm{conn}}^{(d)}$ の次元に等しい．

注意 10.11 上述の表において，$\mathcal{B}_{\mathrm{conn}}^{(\ell\text{-loop})}$ の d 次の部分ベクトル空間の次元は，$d-\ell$ が偶数のとき，常に 0 になっていることに注意しよう．このことは，$\ell \leq 3$ と $d \leq 12$ では証明されているが，一般には未証明である．$d-\ell+1$ が開ヤコビ図の足の本数に等しいことに注意すると，このことは次の予想の形に述べられる．

予想 10.12 (たとえば [23, 118] を参照) 奇数本の足をもつ連結な開ヤコビ図は $\mathcal{B}_{\mathrm{conn}}$ において 0 である．

もしこの予想が正しいとすると，任意の S^1 上のヤコビ図 D について $S(D) = D$ であることが帰結される．有向結び目 K に対して，K の向きを逆にしたものを $\overline{K}$ とおくと，問題 6.14 より，$Z(\overline{K}) = S(Z(K))$ であった．よって，上の予想が正しいとすると，次の予想が成り立つ．

予想 10.13（たとえば [23, 118] を参照）　コンセビッチ不変量（よって，すべてのバシリエフ不変量）は有向結び目とその向きを逆にした結び目を区別することができない．

注意 10.14　有向結び目 K について，K と K の向きを逆にした結び目がイソトピックであるとき，K を**可逆** (invertible) であるという．交点数が比較的少ない結び目（9交点以下）では，ほとんどの結び目が可逆であり，最初の非可逆な結び目は 8_{17} 結び目（下記）であることが知られている．

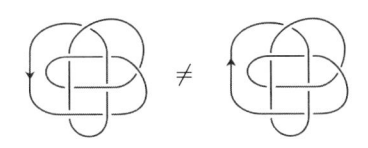

一方，交点数がふえるほど可逆な結び目の割合は少なくなり，交点数が多い結び目（14交点以上）では大半の結び目が非可逆であることが知られている．

10.3　コンセビッチ不変量のループ展開

結び目のコンセビッチ不変量の各項はバシリエフ不変量であり，任意に与えられた結び目に対する値は原理的には計算可能なのであった．一方，コンセビッチ不変量の無限個の項を同時に求めることは，一般には困難である．本節では，結び目のコンセビッチ不変量の無限個の項の値はループ展開とよばれる特別な形に表示されることについて，概要を述べる．歴史的には，結び目のコンセビッチ不変量の値がループ展開されることは，[129] において予想され，[81] において証明されて，[42] においてループ展開が結び目不変量として定式化された．

10.1 節で導入した $\mathcal{A}(S^1)$ の余積 $\hat{\Delta}$ と同様にして，$\mathcal{B}$ の余積 $\hat{\Delta} : \mathcal{B} \to \mathcal{B} \otimes \mathcal{B}$ を定めることができる．すなわち，開ヤコビ図 D に対して，$\hat{\Delta}(D)$ は D を排反和 $D' \sqcup D''$ に分ける分け方全体にわたって $D' \otimes D''$ の和をとったものとして定義される．問題 10.3 と同様にして，$\hat{\Delta}$ に関して $\mathcal{B}$ の原始的な元の全体は $\mathcal{B}_{\text{conn}}$ に等しいことがわかる．また，PBW 同型 χ は余積 $\hat{\Delta}$ と可換であること

に注意しよう．よって，命題 10.1 より，枠つき結び目 K に対して $\chi^{-1}Z(K)$ の値は $\mathcal{B}$ において群的であることがわかる．したがって，補題 10.2 と同様にして，$\chi^{-1}Z(K) = \exp(\alpha)$ となるような $\mathcal{B}_{\mathrm{conn}}$ の元 α が一意的に存在することがわかる．この元を $\log\bigl(\chi^{-1}Z(K)\bigr)$ とかくことにする．

自明結び目 K_0 のコンセビッチ不変量は，次式のように表示されることが知られている ([13])．とくに，$\log\bigl(\chi^{-1}Z(K_0)\bigr)$ は，驚くべきことに，1 ループの項しかもたない．

$$\log\bigl(\chi^{-1}Z(K_0)\bigr) = \overset{\frac{1}{2}\log\frac{\sinh(x/2)}{x/2}}{\bigcirc} = \sum_{n=1}^{\infty} b_{2n} \overset{2n\ 本足}{\bigcirc}$$

$$= \frac{1}{48}\bigcirc - \frac{1}{5760}\bigcirc + \frac{1}{362880}\bigcirc - \cdots$$

ここで，$\{b_{2n}\}$ はその母関数が

$$\sum_{n=1}^{\infty} b_{2n}x^{2n} = \frac{1}{2}\log\frac{\sinh(x/2)}{x/2}$$

で与えられる数列である（$4n\cdot(2n)!\cdot b_{2n}$ は **ベルヌーイ数** (Bernoulli number) とよばれる）．

注意 10.15 自明結び目 K_0 の量子 $(\mathfrak{g},V)$ 不変量の値は，定義より，V の量子次元に等しい．たとえば，リー環 $\mathfrak{sl}_2$ の n 次元既約加群 V_n について，その量子次元は $[n]$ である．また，リー環 $\mathfrak{sl}_3$ には次元が $nm(n+m)/2$ であるような既約加群 $V_{n,m}$ があるが，その量子次元は $[n][m][n+m]/[2]$ である．同様に，一般のリー環 $\mathfrak{g}$ の既約加群 V の次元もワイル (Weyl) の次元公式により表示されることが知られているが（たとえば [40] 参照），その表示式の分子と分母に現れる整数の因数を量子整数におきかえた値が V の量子次元であることが知られている．すべての V について V の量子次元は $W_{\mathfrak{g},V}\bigl(Z(K_0)\bigr)$ に等しい，という意味で，自明結び目 K_0 のコンセビッチ不変量 $Z(K_0)$ の値はすべての量子次元の普遍化を与えている．その値が上述のようにベルヌーイ数を係数とする開ヤコビ図の級数で与えられるということは，興味深い事実である（その証明について [11] を参照されたい）．

注意 10.16 枠つき結び目 K について，そのチューブ近傍の境界上の単純閉曲線で枠の方向に n 回まわり K に m 回まきつくものを K の (n,m) **ケーブル結び目** とい

10.3 コンセビッチ不変量のループ展開

う．たとえば，自明結び目の (n,m) ケーブル結び目が (n,m) トーラス結び目である．枠つき結び目 K とその (n,m) ケーブル結び目 $K^{(n,m)}$ のコンセビッチ不変量の関係は次の**ケーブル化公式** (cabling formula)

$$Z(K^{(n,m)}) \;=\; \psi^{(n)}\Big(Z(K) \# \exp\big(\frac{m}{2n}\, \bigcirc \big)\Big)$$

で与えられることが知られている ([13])．ここで，**アダムス作用素** (Adams operator) $\psi^{(n)} : \mathcal{A}(S^1) \to \mathcal{A}(S^1)$ は n 重被覆 $S^1 \to S^1$ でヤコビ図をひきもどすことにより，たとえば，

$$\bigcirc \;\overset{\psi^{(2)}}{\longmapsto}\; \bigcirc + \bigcirc + \bigcirc + \bigcirc$$

のように定められる．自明な結び目のコンセビッチ不変量の値にケーブル化公式と連結和をとる操作をくり返して適用して求まる場合 (たとえば，トーラス結び目やそれらの連結和やそれらのケーブル結び目) に対してはコンセビッチ不変量のすべての項を明示的に表示することが (原理的には) できる．現時点でコンセビッチ不変量のすべての項の明示的な表示を計算できるのはその場合だけである．

注意 10.17 コンセビッチ不変量の（すべての項の）幾何的解釈について，これを仮想的空間 X の K 群上のチャーン指標 (Chern character) に見立てる，という見方がある ([153])．

$$\begin{array}{ccc} \mathrm{span}_{\mathbb{Z}}\{\text{結び目}\} & \overset{??}{\approx} & K(X) \\ {\scriptstyle \chi^{-1}\circ Z}\downarrow & & \downarrow{\scriptstyle \text{チャーン指標}} \\ \mathcal{B} & \overset{??}{\approx} & H^*(X) \end{array}$$

$\mathcal{B}$ に値をもつコンセビッチ不変量 $\chi^{-1}\circ Z$ と K 群上のチャーン指標は，上述のケーブル化公式など，いくつかのよい性質を共有するということがこの「見立て」の根拠である．この見立ては「ヤコビ図の空間は何かの空間のコホモロジーに見立てることができるのか？」という問いを前提としているが，その背景には「コンセビッチのグラフコホモロジーはどういう（よい）空間のコホモロジーなのか？」という問題がある ([118] の 3.8 節参照)．

枠つき結び目 K に対して，前述したように，$\log\big(\chi^{-1}Z(K)\big)$ が $\mathcal{B}_{\mathrm{conn}}$ の元として定まるのであった．以下では，K は 0 枠をもつものとする．このとき，$\log\big(\chi^{-1}Z(K)\big)$ は 1 ループ以上の項しかもたない．さらに，$\log\big(\chi^{-1}Z(K)\big)$

は次の形に展開されることが知られており ([129, 81, 42])．これを**ループ展開**
(loop expansion) という．

$$\log\left(\chi^{-1} Z(K)\right) = \boxed{\tfrac{1}{2}\log\tfrac{\sinh(x/2)}{x/2}} + \boxed{-\tfrac{1}{2}\log\Delta_K(e^x)} \\ + \underset{m}{\overset{\text{有限和}}{\sum}} \boxed{\begin{array}{c} p_{m,1}(e^x)/\Delta_K(e^x) \\ p_{m,2}(e^x)/\Delta_K(e^x) \\ p_{m,3}(e^x)/\Delta_K(e^x) \end{array}} + \begin{pmatrix} \text{同様に表示される} \\ 3\text{ループ以上の項} \end{pmatrix} \qquad (10.3)$$

ここで，$\Delta_K(t)$ は K のアレクサンダー多項式で，$p_{i,j}(e^x)$ は $e^{\pm x}$ の多項式である．この展開の一般項は3価グラフの辺に $(e^{\pm x}$ の多項式$)/\Delta_K(e^x)$ の形のラベルをつけたヤコビ図で表される．ループ展開により，$\log\left(\chi^{-1}Z(K)\right)$ を各 $\mathcal{B}_{\text{conn}}^{(\ell\text{-loop})}$ に制限した値は（無限個の項をもつが）有限個の多項式を用いて表示できることがわかる．

ループ展開されることの証明の概略　結び目のコンセビッチ不変量の値がループ展開されることの証明について，[81] にそって，概略を述べる．

K を0枠をもつ枠つき結び目とする．結び目のコンセビッチ不変量に対応して，3次元多様体のLMO不変量 Z^{LMO} という不変量 ([85]) が知られており，対 (S^3, K) のLMO不変量 $Z^{\text{LMO}}(S^3, K)$ はコンセビッチ不変量 $Z(K)$ に等しいことが知られている．K_0 を自明結び目として，(S^3, K_0) を枠つき絡み目 L にそって手術する[4]ことにより (S^3, K) をつくることを考える．LMO不変量の手術公式である**オーフス積分**[5] (Aarhus integral)([12]) により，$Z^{\text{LMO}}(S^3, K\cup L)$ から $Z^{\text{LMO}}(S^3, K)$ を得ることができて，この方法により $Z(K)$ を計算することによってループ展開の式が得られる．それが証明の大まかな方針である．

---

[4] 枠つき絡み目 L の各成分のチューブ近傍を除いて，ソリッドトーラス $S^1 \times D^2$ を埋めもどすことを，L にそった**手術** (surgery) という．詳しくは，たとえば [112] を参照されたい．

[5] 「オーフス」はこの積分が定義される契機となった場所の地名（デンマークの都市）である．リー環版のオーフス積分は積分であるが，それを普遍化したヤコビ図版のオーフス積分は，積分ではなく，ヤコビ図に対して組合せ的に定義される写像である．

10.3 コンセビッチ不変量のループ展開

証明の方針について，以下で，例を用いてもう少し具体的に述べる．例として，次の左図のような枠つき結び目 K（0枠をもつとする）を考える．

上の中図の細線の枠つき結び目 L にそって自明結び目 K_0 を手術することにより，K_0 の交点の上下をいれかえることができて，K をつくることができる．ここで，K_0 と L の絡み数が 0 であるように L をとっておく．$K_0 \cup L$ を，K_0 が標準的な自明結び目になるように変形すると，右図のようになる．右図の $K_0 \cup L$ のコンセビッチ不変量 $Z(K_0 \cup L)$ にオーフス積分を適用することにより，$Z(K)$ が得られる．$Z(K_0 \cup L)$ の計算方法について，開ホップ絡み目（次の左図）のコンセビッチ不変量は次式の形にかかれることが知られている ([13])．

$$Z\Big(\bigcirc\hspace{-1em}\downarrow\Big) = \chi\Big(\exp\big(\,\big|\!-\!\big)\sqcup Z(K_0)\Big) = \chi\Big(\big|^{e^x} \sqcup Z(K_0)\Big) \in \mathcal{A}(\downarrow \sqcup S^1)$$

ここで，右辺のヤコビ図は「部分的に開いたヤコビ図」で，「$\downarrow$ 上の 1 価頂点」と「開いた 1 価頂点」をもち，「開いた 1 価頂点」に PBW 写像 χ を適用することにより $\downarrow \sqcup S^1$ 上のヤコビ図が得られる．また，太線につけた e^x のラベルの意味は，前述の細線のラベルと同様に定義される．このことを用いて，$Z(K_0 \cup L)$ の値は次のように計算される．L のひもを切ることにより $K_0 \cup L$ から得られるタングルが次の左図である．上述の開ホップ絡み目のコンセビッチ不変量の値において，鉛直なひもを 2 重化すると e^x のラベルは 2 つの e^x のラベルになり，そのうちの 1 つのひもを逆向きにするとそのラベルは e^{-x} になる．よって，左図の値は，中図の形のヤコビ図の線型和で表されることがわかる．

さらに，STU 関係式を用いて e^x のラベルの位置を移動させると，すべての e^x のラベルは D の細線上に移動させることができて，中図のヤコビ図は右図の形のヤコビ図にすることができる．右図の形のヤコビ図にオーフス積分を適用すると太線部分を消去することができて，細線の 3 価グラフに e^x の有理関数のラベルをつけたヤコビ図が得られ，それが $Z(K)$ のループ展開の式を与える．ここで，オーフス積分を適用するときに「2 次の項」のラベルの逆数が現れて，それが今の場合はアレクサンダー多項式であり，そのためにループ展開のラベルはアレクサンダー多項式を分母にもつ．以上がループ展開されることの証明の概要である．詳しくは [81] を参照されたい． ∎

ベクトル空間の同型写像である PBW 写像 $\chi : \mathcal{B} \to \mathcal{A}(S^1)$ を修正することにより，環同型であるドゥフロ同型 (Duflo isomorphism) $\Upsilon : \mathcal{B} \to \mathcal{A}(S^1)$ が定義されることが知られている ([13])．0 枠をもつ枠つき結び目 K に対して，$\log\left(\chi^{-1} Z(K)\right)$ がループ展開されるのと同様に，$\log\left(\Upsilon^{-1} Z(K)\right)$ もループ展開されることが知られている（[43] 参照）．

• **例 10.18** (p,q) トーラス結び目 $T(p,q)$ に対して，$\log\left(\Upsilon^{-1} Z(T(p,q))\right)$ のループ展開は，樹 (tree) の頂点を円周でおきかえてできる 3 価グラフに e^x の有理関数のラベルをつけたヤコビ図の線型和の形に，次式のように，ループ展開できることが知られている ([91])．

$$\log\left(\Upsilon^{-1} Z(T(p,q))\right) = \boxed{\tfrac{1}{2}\log \tfrac{\sinh(px)\sinh(qx)}{x\sinh(pqx)}}$$

$$+ \tfrac{1}{16}\ \underset{\tfrac{e^{px}+1}{e^{px}-1}}{\bigcirc}\!\!-\!\!\underset{\tfrac{e^{qx}+1}{e^{qx}-1}}{\bigcirc}\ -\ \tfrac{1}{16}\ \underset{\tfrac{e^{pqx}+1}{e^{pqx}-1}}{\bigcirc}\!\!-\!\!\left(p\tfrac{e^{px}+1}{e^{px}-1} + q\tfrac{e^{qx}+1}{e^{qx}-1} - pq\tfrac{e^{pqx}+1}{e^{pqx}-1}\right)$$

$$+ \tfrac{1}{128}\ \underset{\tfrac{e^{px}+1}{e^{px}-1}}{\bigcirc}\!\!-\!\!\underset{\tfrac{-2e^{qx}}{(e^{qx}-1)^2}}{\bigcirc}\!\!-\!\!\underset{\tfrac{e^{px}+1}{e^{px}-1}}{\bigcirc}\ +\ \tfrac{1}{128}\ \underset{\tfrac{e^{qx}+1}{e^{qx}-1}}{\bigcirc}\!\!-\!\!\underset{\tfrac{-2e^{px}}{(e^{px}-1)^2}}{\bigcirc}\!\!-\!\!\underset{\tfrac{e^{qx}+1}{e^{qx}-1}}{\bigcirc}\ + \cdots$$

10.3 コンセビッチ不変量のループ展開

トーラス結び目の場合，上記の展開の先の項も ⌢⌢⌢ のように樹の頂点を円周でおきかえてできる 3 価グラフしか現れない．また，上記の式のラベルを x のべき級数として展開したとき x^{-1} の項も現れるが，この項は適切な意味で正当化することができる（[91] を参照されたい）．

結び目 K のコンセビッチ不変量のループ展開 (10.3) において，その 2 ループの部分の情報は次の多項式の形

$$\Theta_K(t_1,t_2,t_3) = \sum_{\substack{m \\ \varepsilon=\pm 1 \\ \{i,j,k\}=\{1,2,3\}}} p_{m,1}(t_i^\varepsilon) p_{m,2}(t_j^\varepsilon) p_{m,3}(t_k^\varepsilon) \in \mathbb{Q}[t_1^{\pm 1}, t_2^{\pm 1}, t_3^{\pm 1}]/(t_1 t_2 t_3 = 1)$$

に集約され，これを結び目 K の **2 ループ多項式** (2-loop polynomial) という．ここで，10.2 節において 2 ループの開ヤコビ図の空間 $\mathcal{B}_{\text{conn}}^{(\text{2-loop})}$ を多項式環で同定したときに用いた変数 x_1, x_2, x_3 と上記の変数は $t_1 = e^{x_1}$, $t_2 = e^{x_2}$, $t_3 = e^{x_3}$ のように関係しており，$x_1 + x_2 + x_3 = 0$ であったことより $t_1 t_2 t_3 = 1$ である．よって，2 ループ多項式は実質的に 2 変数多項式であることに注意しよう．また，$\mathcal{B}_{\text{conn}}^{(\text{2-loop})}$ には $\mathfrak{S}_3 \times \mathbb{Z}/2\mathbb{Z}$ の対称性があったが，この対称性をふまえて，定義を適切にするために，2 ループ多項式の定義において上式で $\{i,j,k\}$ と ε に関する和をとることが必要である．その結果，$\Theta_K(t_1,t_2,t_3)$ は $\mathfrak{S}_3 \times \mathbb{Z}/2\mathbb{Z}$ の作用に関して対称な多項式になっていることに注意する．ここで，$\mathfrak{S}_3$ は変数 t_1, t_2, t_3 のいれかえで作用し，$\mathbb{Z}/2\mathbb{Z}$ の非自明な元は (t_1, t_2, t_3) を $(t_1^{-1}, t_2^{-1}, t_3^{-1})$ にうつすように作用する．たとえば，(2, 7) トーラス結び目 $T(2,7)$ の 2 ループ多項式 $\Theta_{T(2,7)}(t_1, t_2, t_1^{-1} t_2^{-1})$ の $t_1^n t_2^m$ の係数は次の表のようになる ([113])．

n	-6	-5	-4	-3	-2	-1	0	1	2	3	4	5	6
$m=6$	·	·	·	·	·	·	3	-3	3	-3	3	-3	3
$m=5$	·	·	·	·	·	-3	·	·	·	·	·	·	-3
$m=4$	·	·	·	·	3	·	2	-2	2	-2	2	·	3
$m=3$	·	·	·	-3	·	-2	·	·	·	·	-2	·	-3
$m=2$	·	·	3	·	2	·	1	-1	1	·	2	·	3
$m=1$	·	-3	·	-2	·	-1	·	·	-1	·	-2	·	-3
$m=0$	3	·	2	·	1	·	·	·	1	·	2	·	3
$m=-1$	-3	·	-2	·	-1	·	·	-1	·	-2	·	-3	·
$m=-2$	3	·	2	·	1	-1	1	·	2	·	3	·	·
$m=-3$	-3	·	-2	·	·	·	-2	·	-3	·	·	·	·
$m=-4$	3	·	2	-2	2	-2	2	·	3	·	·	·	·
$m=-5$	-3	·	·	·	·	-3	·	·	·	·	·	·	·
$m=-6$	3	-3	3	-3	3	-3	3	·	·	·	·	·	·

ここで，表示されていない部分の係数は 0 である．これらの係数は $\mathfrak{S}_3 \times \mathbb{Z}/2\mathbb{Z}$ の作用に関して対称であり，上のグレーの領域はその作用に関する基本領域であることに注意しよう．

7 交点までの結び目に対してその 2 ループ多項式の値の表は [130] で与えられている．2 ループ多項式のケーブル化公式は知られており，とくにトーラス結び目の 2 ループ多項式は計算されている ([91, 113])．種数 1 の任意の結び目の 2 ループ多項式は計算されている ([114])．任意の結び目 K について，K を境界とするコンパクトな曲面（ザイフェルト (Seifert) 曲面）があるが，この曲面を標準形で表示することにより，K はあるタングル T の 2 重化 $T^{(2)}$ をもちいて次のように表示される．

$$K = \fbox{$\bigcap\!\bigcap\!\bigcap \cdots \bigcap$}^{T^{(2)}} \qquad T = \bigcap\bigcap\bigcap \cdots \bigcap$$

K の 2 ループ多項式は，T のコンセビッチ不変量の 3 次以下の項を用いて（原理的には）計算できることが知られている ([114])．

注意 10.19 10.2 節で前述したように，3 ループの開ヤコビ図の空間 $\mathcal{B}_{\mathrm{conn}}^{(3\text{-loop})}$ も多項

式環を用いて同定されているので，2 ループ多項式の定義と同様にして，結び目の 3 ループ多項式を実質的に 3 変数の多項式不変量として定義することができる．上述のように K のザイフェルト曲面を枠つきタングル T を用いて表したとき，2 ループ多項式の場合と同様の議論により，K の 3 ループ多項式は T のコンセビッチ不変量の 5 次以下の項を用いて（原理的には）計算することができる．

注意 10.20 リー環 $\mathfrak{sl}_2$ とその n 次元既約加群 V_n の重み系 $W_{\mathfrak{sl}_2, V_n}$ をとることによって，結び目 K のコンセビッチ不変量 $Z(K)$ から色つきジョーンズ多項式 $J_n(K)$ が導出されるのであった．$\mathfrak{sl}_2$ の重み系 $W_{\mathfrak{sl}_2}$ を開ヤコビ図に適用すると，問題 6.18 の第 1 式より，3 価頂点のない開ヤコビ図（線分の排反和）の計算に帰着されることがわかる．よって，ループ展開の式に $W_{\mathfrak{sl}_2}$ を適用すると（その計算について [113] を参照），色つきジョーンズ多項式は

$$J_n(K) = \sum_{\ell=0}^{\infty} \frac{P_\ell(q^n)}{\Delta_K(q^n)^{2\ell+1}} (q-1)^\ell$$

の形に展開されることがわかる（その計算について [115] を参照）．ここで，$P_\ell(t)$ は $t^{\pm 1}$ の整係数多項式で，とくに $P_0(t) = 1$ である．この展開を色つきジョーンズ多項式の**ループ展開**という．この展開の $\ell = 0$ の部分は MMR 予想 (Melvin–Morton–Rozansky conjecture) として予想されていた式を意味している．歴史的には，ロザンスキー (Rozansky) が，MMR 予想を一般化させて [128] で色つきジョーンズ多項式のループ展開を示し，さらにそれを発展させて [129] でコンセビッチ不変量のループ展開を予想したのであった．

結び目 K のコンセビッチ不変量がループ展開ができることの証明は，その実質的に意味するところを標語的に言うと次式のようになる．

$$\begin{array}{c} K \text{ のコンセビッチ不変量} \\ \text{のループ展開} \end{array} = \widetilde{S^3 - K} \text{ の「} \mathbb{Z} \text{ 同変 LMO 不変量」}$$

ここで，$\widetilde{S^3 - K}$ は K の補空間の無限巡回被覆空間である．上の標語は，1 ループの部分では，アレクサンダー多項式はホモロジー群の位数の $\mathbb{Z}$ 同変版とみなすことができる，ということを意味する．さらに，LMO 不変量の 2 番目の係数はキャッソン不変量に等しいこと（[112] 参照）に注意すると，2 ループの部分では上の標語は次式のようになる．

$$K \text{ の 2 ループ多項式} = \widetilde{S^3 - K} \text{ の「} \mathbb{Z} \text{ 同変キャッソン不変量」}$$

実際，結び目 K について，K で分岐する S^3 の分岐巡回被覆空間のキャッソン不変量は K の 2 ループ多項式を用いて記述できることが知られている（[43]）．

すなわち，結び目 K に対して，「K で分岐する S^3 の分岐巡回被覆空間たちのキャッソン不変量」を K の不変量の族だとみなしたとき，それらに対して普遍的な K の不変量が 2 ループ多項式である．2 ループ多項式を「$\mathbb{Z}$ 同変キャッソン不変量」とみなすことにより，2 ループ多項式の様々な性質が導かれる ([114])．また，フレアーホモロジーのオイラー標数はキャッソン不変量と等しいことが知られているため，2 ループ多項式の圏化があることも期待される．ループ展開がさらに解明されることにより，コンセビッチ不変量の像がより明確になり，結び目の集合のよりよい理解がすすむことを期待したい．

第 11 章 ◇ 体積予想

　1970年代に始まった双曲幾何の研究と1980年代に始まった量子トポロジーの研究は，当初はそれぞれ別々に発展してきたが，体積予想はその2つの研究領域に橋をかける重要な予想である．幾何構造の観点から3次元多様体の分類問題をみると，任意の3次元多様体は幾何構造をもつピースに分割され，各ピース（幾何構造をもつ3次元多様体）の分類はある種のリー群の離散部分群の分類に帰着される．8種類ある幾何構造の中でも双曲構造をもつ3次元多様体（3次元双曲多様体）の分類は強敵で，リー群の言葉で言うと$PSL_2\mathbb{C}$のある種の離散部分群の分類になるが，これを実際に実行することは依然として困難である．結び目の分類問題は結び目補空間という3次元多様体の分類問題でもあるので，結び目の量子不変量の立場から結び目補空間の双曲構造を理解することは重要な問題であるとおもわれる．

　結び目補空間の双曲体積は理想4面体の体積を用いて記述され，理想4面体の体積は2重対数関数を用いて記述される．2重対数関数は5角関係式をみたすが，5角関係式をみたすように2重対数関数を変形することにより，その量子化である量子2重対数関数が定義される．カシャエフ(Kashaev)は量子2重対数関数を用いて結び目Kのカシャエフ不変量$\langle K \rangle_N \in \mathbb{C}$ ($N = 2, 3, 4, \cdots$)を定義し，その$N \to \infty$における漸近挙動（の古典極限）に双曲体積が現れることを予想した（**カシャエフ予想**）．さらに，村上斉–村上順は，カシャエフ不変量は色つきジョーンズ多項式（量子($\mathfrak{sl}_2, V_N$) 不変量）の1のN乗根における値に等しいことを示し，カシャエフ予想を再定式化した（**体積予想**）．体積予想により，量子不変量の言葉で双曲体積が記述されるのではないかという予想が提起されたことになる．

　チャーン–サイモンズ理論の観点からみると，3次元多様体の量子不変量は$SU(2)$接続の空間上の形式的な積分（経路積分）で表示されるが，その積分領域の「$SU(2)$接続の空間」を「$SL_2\mathbb{C}$接続の空間」の中で動かして「無限次元の鞍点法」を形式的に実行することで，その漸近挙動の古典極限として双曲体積が現れる．すなわち，$SL_2\mathbb{C}$チャーン–サイモンズ汎関数の臨界点の情報から双曲体積（や双曲構造）が定まる．問題の漸近挙動の高次の展開項には臨界点の近傍の情報も反映されており，「体積予想」の先には「双曲構造の量子化とは何か？」と

いう問いが広がっているようにおもわれる.

本章では，双曲幾何と体積予想（とカシャエフ予想）の概略を解説する．11.1 節では，3 次元双曲幾何の基礎的な用語について準備をする．11.2 節では，結び目補空間をどのようにして理想 4 面体に分割するかを解説する．11.3 節では，その理想 4 面体分割を用いて，結び目補空間に双曲構造をいれる方法を解説する．11.4 節では，結び目のカシャエフ不変量を定義し，カシャエフ予想と体積予想について述べる．体積予想の解説について [80, 99] も参照されたい．

11.1 双曲幾何

本節では，3 次元双曲幾何の基礎的な用語について準備する．証明は省略して概要のみを述べるが，詳しい解説についてたとえば [15, 80, 139, 143] を参照されたい．

3 次元双曲空間 (hyperbolic 3-space) の**上半空間モデル** (upper half-space model) $\mathbb{H}^3$ を，4 元数体の部分空間として

$$\mathbb{H}^3 = \{(x+y\,\mathtt{i}) + t\,\mathtt{j} \in \mathbb{C} + \mathbb{R}\mathtt{j} \mid t > 0\}$$
$$(1, \mathtt{i}, \mathtt{j} \text{ は 4 元数体の基底の一部}, \mathtt{i} = \sqrt{-1})$$

に

$$ds^2 = \frac{1}{t^2}(dx^2 + dy^2 + dt^2)$$

で計量をいれることにより定める．$\partial \mathbb{H}^3 = \mathbb{C} \cup \{\infty\}$ とみなす．$\mathbb{H}^3$ の向きを保つ等長変換[1]からなる等長変換群は

$$\mathrm{PSL}_2\mathbb{C} = \left\{ \begin{pmatrix} a & b \\ c & d \end{pmatrix} \,\middle|\, a,b,c,d \in \mathbb{C},\ ad-bc = 1 \right\} \Big/ \left\{ \pm \begin{pmatrix} 1 & 0 \\ 0 & 1 \end{pmatrix} \right\}$$

であることが知られている．ここで，$\mathrm{PSL}_2\mathbb{C}$ の $\mathbb{H}^3$ への作用は 1 次分数変換

$$\begin{pmatrix} a & b \\ c & d \end{pmatrix} w = (aw+b)(cw+d)^{-1} \qquad (w \in \mathbb{H}^3)$$

---

[1] $\mathbb{H}^3$ から $\mathbb{H}^3$ への長さ（計量）を保つ写像．

11.1 双曲幾何

により与えられる（右辺は4元数体の元として計算する）．$\mathbb{H}^3$の等長変換は等角写像（角度を保つ写像）である．

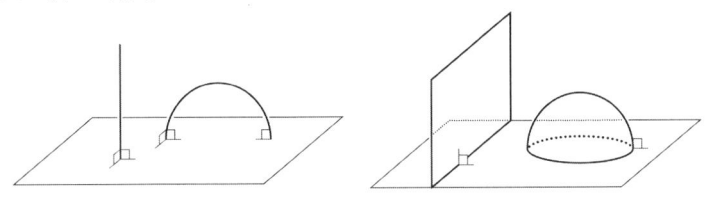

$\mathbb{H}^3$内の2点を結ぶ最短な線を**測地線** (geodesic) という．$\mathbb{H}^3$内の任意の測地線は$\mathbb{C}$に直交する半円か半直線である（下の左図）．$\mathbb{H}^3$内の滑らかな曲面Fについて，Fに接する任意の測地線がFに含まれるとき，Fを**全測地面** (totally geodesic plane) という．$\mathbb{H}^3$内の任意の全測地面は$\mathbb{C}$に直交する半球面か半平面である（下の右図）．

$\mathbb{H}^3$の等長変換は，測地線を測地線にうつし，全測地面を全測地面にうつす．1次分数変換による$\mathrm{PSL}_2\mathbb{C}$の$\mathbb{C}\cup\{\infty\}$ $(=\partial\mathbb{H}^3)$ への作用は円（または直線）を円（または直線）にうつす等角写像であるが，この作用を半球面（または半平面）を半球面（または半平面）にうつすように$\mathbb{H}^3$への作用に拡張したものが$\mathrm{PSL}_2\mathbb{C}$の$\mathbb{H}^3$への作用である．

$\mathbb{H}^3$への$\mathrm{PSL}_2\mathbb{C}$の作用は推移的である．また，$\mathbb{H}^3$への$\mathrm{PSL}_2\mathbb{C}$の作用は1点の固定化群が$\mathrm{PSU}_2\mathbb{C}$ $(\cong \mathrm{SO}(3))$ である．すなわち，$f\in\mathrm{PSL}_2\mathbb{C}$について，ある点$p\in\mathbb{H}^3$の行き先$f(p)$と接空間の写像$T_p\mathbb{H}^3 \to T_{f(p)}\mathbb{H}^3$が与えられると，$f$は一意的にきまってしまう．つまり，$\mathbb{H}^3$の等長変換は，1点の近傍の行き先を等長的に与えると（「正則写像の解析接続」と同様の要領で）その写像を$\mathbb{H}^3$の全体に一意的に拡張することができる．（そのような意味で，双曲構造は「固い」構造である．）また，$\partial\mathbb{H}^3$の任意の異なる3点p_1, p_2, p_3を$\partial\mathbb{H}^3$の任意の異なる3点p'_1, p'_2, p'_3にうつす変換$f\in\mathrm{PSL}_2\mathbb{C}$が一意的に存在する．

3次元双曲空間の**単位球体モデル** (unit ball model) $\mathbb{D}^3$を

$$\mathbb{D}^3 = \{(x,y,z)\in\mathbb{R}^3 \mid x^2+y^2+z^2 < 1\}$$

に

$$ds^2 = \frac{4\,(dx^2+dy^2+dz^2)}{(1-x^2-y^2-z^2)^2}$$

で計量をいれることにより定める．$\mathbb{H}^3$ と $\mathbb{D}^3$ は等長同相であることが知られている．$\mathbb{D}^3$ の任意の測地線は $\partial \mathbb{D}^3$ と直交する円か直線（と $\mathbb{D}^3$ の共通部分）である．$\mathbb{D}^3$ の任意の全測地面は $\partial \mathbb{D}^3$ と直交する球面か平面（と $\mathbb{D}^3$ の共通部分）である．双曲空間の図をかくときに $\mathbb{D}^3$ の図をかくと便利なこともある．

3 次元可微分多様体 M とは，M の各点の近傍が $\mathbb{R}^3$ の開集合と同相な局所座標をもち，2 つの近傍が重なっているところでの座標変換が可微分写像でかけるようなもののことであった．**3 次元双曲多様体** (hyperbolic 3-manifold) M とは，M の各点の近傍が $\mathbb{H}^3$ の開集合と同相な局所座標をもち，2 つの近傍が重なっているところでの座標変換が $PSL_2\mathbb{C}$ の元でかけるようなもののことである．

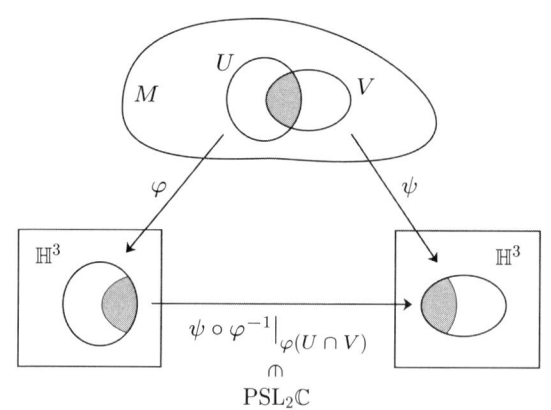

単連結な 3 次元双曲多様体 M' について，M' から $\mathbb{H}^3$ への**展開写像** (developing map) が次のように定められる．

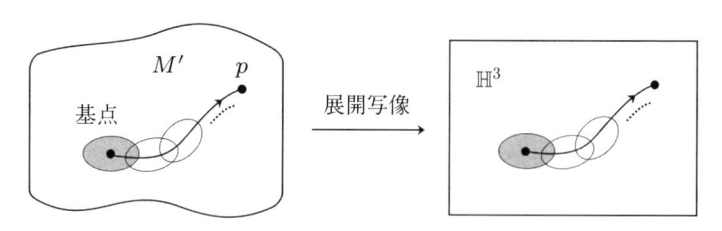

すなわち，まず M' の基点の近傍の局所座標を 1 つ与える．M' の任意の点 p について，基点から p に行く道をとり，この道にそって局所座標の列をとってその展開写像による像を順に定めることにより（前述のようにこれは一意的に

定まる），展開写像による p の像を定めることができる（これは道のとり方に
よらない）．

3 次元双曲多様体 M について，そのホロノミー表現 (holonomy representation)

$$\rho : \pi_1(M) \longrightarrow \mathrm{PSL}_2\mathbb{C}$$

が次のように定められる．

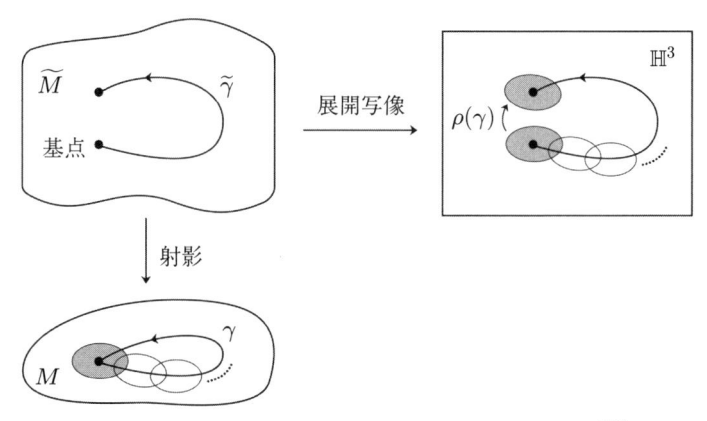

すなわち，M の基本群の元 γ に対して，M の普遍被覆空間 $\widetilde{M}$ への γ の持ち上げ $\widetilde{\gamma}$ を考え，展開写像によるその像の始点の近傍を終点の近傍にうつす元を $\rho(\gamma)$ と定める．

完備な 3 次元双曲多様体 M について，そのホロノミー表現 ρ の像 $\rho(\pi_1(M))$ を Γ とおくと，Γ は自然に $\mathbb{H}^3$ に作用し，M と $\mathbb{H}^3/\Gamma$ は等長同相になる．よって，完備な 3 次元双曲多様体の分類は，$\mathrm{PSL}_2\mathbb{C}$ のある種の離散部分群の分類に帰着される．

3 次元双曲多様体の一部分がトーラスと半直線の直積（次の左図の上方部分）と等長同相になっているとき，この部分を**カスプ** (cusp) という．

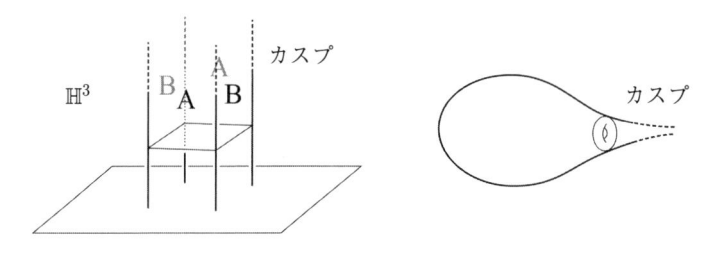

ここで，左図のグレーの文字は裏側の面にあることを表していて，断面の4角形は平行4辺形で，同じ文字の面を等長変換（今の場合，平行移動）で貼り合わせたものを考えている．カスプをもつ3次元多様体は，右図のように開いた（コンパクトではない）多様体であり，ここからカスプの近傍を切り取ると，トーラスを境界とするコンパクト3次元多様体になる．有限体積の完備な3次元双曲多様体は，閉3次元多様体かカスプつきの3次元多様体であることが知られている．S^3 内の結び目 K の補空間 $S^3 - K$ にカスプつき双曲多様体の構造がはいるとき，K を**双曲結び目** (hyperbolic knot) という．非自明な結び目がトーラス結び目でもサテライト結び目[2]でもないとき双曲結び目であることが知られており，意外にも「ほとんど」の結び目が双曲結び目である．

3次元双曲空間 $\mathbb{H}^3$ の**理想4面体** (ideal tetrahedron) とは，$\overline{\mathbb{H}^3}\,(=\mathbb{H}^3\cup\partial\mathbb{H}^3)$ の4面体で，各頂点は $\partial\mathbb{H}^3$ 上にあり，各辺は測地線で，各面は全測地面であるような4面体のことである．双曲空間としての理想4面体は4面体から4つの頂点を除いた空間であることに注意する（4つの頂点は「無限遠」にあるとみなす）．理想4面体の1つの辺（下図の太線）を指定したとき，理想4面体の等長同値類は，4つの頂点 $a, b, c, d \in \mathbb{C}\cup\{\infty\}\,(=\partial\mathbb{H}^3)$ を次の左図

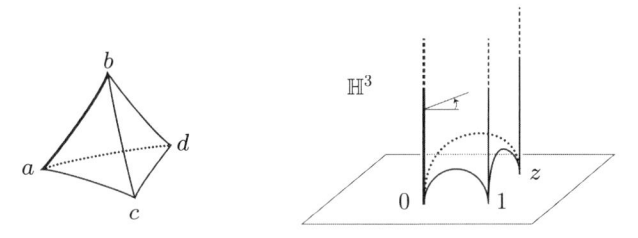

のようにおいたとき，それらの複比 (cross-ratio)

$$z = \frac{(a-d)(b-c)}{(a-c)(b-d)} \in \mathbb{C} - \{0, 1\}$$

で定まる．複比は $\mathrm{PSL}_2\mathbb{C}$ の作用で不変であることに注意すると，a, b, c を $0, \infty, 1$ にうつすような $\mathrm{PSL}_2\mathbb{C}$ の元で d をうつした像が z である（上の右図）．こ

---

[2] 補空間に本質的なトーラスがはいる結び目を**サテライト結び目**という．おおまかに言うと，ソリッドトーラスの中にある結び目から，そのソリッドトーラスを S^3 の結び目にそって S^3 に埋め込むことによってできる結び目が，サテライト結び目である．

の z をこの理想 4 面体の**モジュラス** (modulus) という．指定された辺に接する 2 つの面の面角が z の偏角に等しい．指定された辺を 4 面体の対辺に取り替えても，モジュラスの値は同じである．指定された辺をそれ以外の辺に取り替えると，モジュラスの値は $1-\frac{1}{z}$ か $\frac{1}{1-z}$ になる．とくに，理想 4 面体の 1 つの頂点が ∞ にあるとき，のこりの 3 頂点が $\mathbb{C}$ 上でつくる 3 角形の言葉で，モジュラスは次のように言い換えられる．たとえば，上述の右図の理想 4 面体の場合，∞ 以外の 3 頂点は次の 3 角形をつくる．

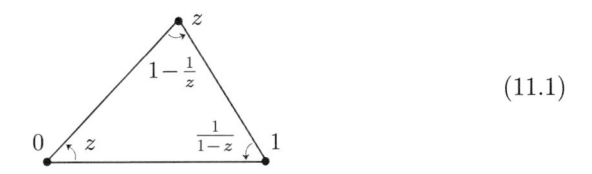

$$\begin{array}{c} z \\ 1-\frac{1}{z} \\ 0 \quad z \qquad \frac{1}{1-z} \quad 1 \end{array} \tag{11.1}$$

この理想 4 面体の辺 $\overline{0\infty}$ に関するモジュラス z は，この 3 角形の言葉で言うと，辺 $\overrightarrow{01}$ の値 $(1-0)$ の z 倍が辺 $\overrightarrow{0z}$ の値 $(z-0)$ になっている，とみなすことができる．また，この理想 4 面体の辺 $\overline{z\infty}$ に関するモジュラスは，3 角形の辺 $\overrightarrow{z0}$ の値 $(0-z)$ の $(1-\frac{1}{z})$ 倍が辺 $\overrightarrow{z1}$ の値 $(1-z)$ になっている，とみなされる．

いくつかの理想 4 面体を 1 つの辺にそって貼り合わせたときの貼り合わせ条件について考える．たとえば，5 つの理想 4 面体を

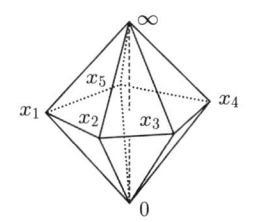

のように中央の鉛直な辺にそって貼り合わせたとき，$\mathbb{C}\cup\{\infty\}$ における頂点の座標を図のようにとると，5 つの理想 4 面体の鉛直な辺に関するモジュラスの値は $\frac{x_2}{x_1}, \frac{x_3}{x_2}, \frac{x_4}{x_3}, \frac{x_5}{x_4}, \frac{x_1}{x_5}$ である．すなわち，いくつかの理想 4 面体を辺にそって整合性をもって貼り合わせることができるための条件は，その辺に関するモジュラスの積が 1 であって，モジュラスの偏角の和が 2π になることである．

理想 4 面体の体積について述べる．$\mathbb{C}-(1,\infty)$ で定義される次の関数 $\text{Li}_2(z)$ を **2 重対数関数** (dilogarithm function) という．

$$\mathrm{Li}_2(z) \;=\; -\int_0^z \frac{\log(1-t)}{t}\,dt \;=\; \sum_{n=1}^\infty \frac{z^n}{n^2}$$

ここで，第2項の積分の積分路は $\mathbb{C} - (1,\infty)$ の中にとる．また，$|z|<1$ のとき，この関数を $z=0$ においてテーラー展開すると第3項のようになり，この形に展開されることが「2重対数関数」の命名の由来である．$\mathrm{Li}_2(1) = \frac{\pi^2}{6}$ であることに注意する．さらに，この関数を用いて，**ブロッホ–ウィグナー関数** (Bloch–Wigner function) $D(z)$ を

$$D(z) \;=\; \mathrm{Im}\,\mathrm{Li}_2(z) + \log|z|\cdot\arg(1-z)$$

$$\;=\; \mathrm{Im}\,\mathrm{Li}_2(z) + \mathrm{Re}\,\log z \cdot \mathrm{Im}\,\log(1-z)$$

で定める．ここで，偏角 arg は $(-\pi,\pi)$ の範囲でとる．$\mathrm{Li}_2(z)$ は $z \in (1,\infty)$ の上下で値が $2\pi\sqrt{-1}\log|z|$ だけとんでいるが，上のように補正項をつけることで $D(z)$ は $\mathbb{C}$ 全体で連続になり，さらに，$\mathbb{C} - \{0,1\}$ で実解析的になることが知られている．この関数がモジュラス z の理想4面体の体積を与えることが知られている．

$$\mathrm{vol}\Big(\;\triangle\;\Big) \;=\; D(z)$$

また，この関数は次の関数等式

$$D(z) \;=\; D\big(1-\tfrac{1}{z}\big) \;=\; D\big(\tfrac{1}{1-z}\big) \;=\; -D\big(\tfrac{1}{z}\big) \;=\; -D\big(\tfrac{z}{z-1}\big) \;=\; -D(1-z)$$

をみたすことが知られている．最初の3項は，理想4面体のモジュラスをきめる辺のとり方によらずに体積が定まっていること（当然の要請である）を表している．後の3項は，裏返した（向きを逆にした）理想4面体の体積はもとの理想4面体の体積の (-1) 倍で定めることを表している．また，この関数は**5角関係式** (pentagon relation) とよばれる次の関係式

$$D\big(\tfrac{1-w}{1-z}\big) + D\big(\tfrac{1-z^{-1}}{1-w^{-1}}\big) \;=\; D(z) + D\big(\tfrac{w}{z}\big) + D\big(\tfrac{1}{w}\big)$$

をみたすことが知られている．この関係式は4面体分割を部分的に下図のように取り替えたときにその体積が不変であることを表している．

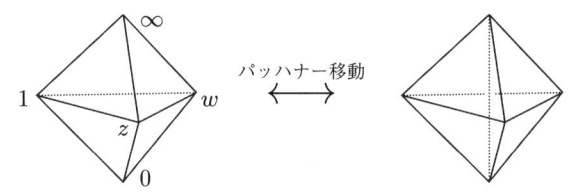

ここで，左図は2つの4面体が上下に貼り合わさっていることを表し，右図は3つの4面体が鉛直辺のまわりに貼り合わさっていることを表す．4面体分割を部分的に上のように取り替える操作を**パッハナー移動** (Pachner move) という．

11.2　結び目補空間の理想4面体分割

双曲結び目の補空間を理想4面体に分割することによって，この空間に具体的に双曲構造をいれることができる．理想4面体分割においては結び目は無限遠にあって無限小につぶれており，結び目の描写として，通常の視点からするとかなり意外な描像である．本節では，結び目 K の補空間 $S^3 - K$ がどのようにして理想4面体に分割されるのか，[142, 157, 160] にそって解説する．説明を簡単にするために，本節では K を交代結び目であるとする（K が交代結び目でない場合にも，本節の説明は自然に拡張する）．

一般の結び目補空間の理想4面体分割について説明する前に，まず8の字結び目（一番簡単な双曲結び目）を例にして説明する．8の字結び目 K_{4_1} の補空間 $S^3 - K_{4_1}$ の理想4面体分割は次の2つの理想4面体の貼り合わせ

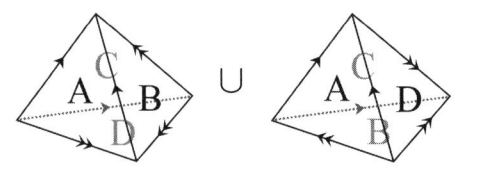

で与えられることが知られている．ここで，グレーの文字は4面体の裏側の面にあることを表し，対応する文字の面同士を矢印の情報も一致するように貼り

合わせる．そのようにしてできた多面体 $\hat{P}$ は，1つの頂点 p と，2つの辺（1重矢印と 2 重矢印の辺）と，4つの面と，2つの 4 面体からなる[3]．この多面体 $\hat{P}$ は，位相的には S^3 において K_{4_1} を 1 点につぶしてできる空間と同相であり，多様体ではない．しかし，頂点の近傍 $N(p)$ を $\hat{P}$ から取り除くとトーラスを境界とする 3 次元多様体になっており，K_{4_1} のチューブ近傍を $N(K_{4_1})$ とすると，境界つきコンパクト 3 次元多様体として

$$\hat{P} - N(p) \cong S^3 - N(K_{4_1})$$

になっている．すなわち，開 3 次元多様体として

$$\hat{P} - \{p\} \cong S^3 - K_{4_1}$$

である．さらに，上記の 4 面体を適切なモジュラスの理想 4 面体とすることにより $S^3 - K_{4_1}$ はカスプつき双曲多様体になることが知られている．このことを，8 の字結び目の補空間が理想 4 面体分割されている，という．このようにして，結び目補空間を理想 4 面体に分割することを**理想 4 面体分割** (ideal tetrahedral decomposition) という．

練習問題 11.1 上記の多面体 $\hat{P}$ の頂点 p の近傍の境界がトーラスであることを確かめてみよう．（2つの 4 面体から頂点の近傍を取り除いたときに断面に現れる 8 つの 3 角形を貼り合わせたものがトーラスであることを確認すればよい．）

一般の双曲結び目の補空間の理想 4 面体分割のつくり方について，$\bar{5}_2$ 結び目（5_2 結び目の鏡像）K を例にして説明する．$S^2 = \mathbb{R}^2 \cup \{\infty\}$ とみなして，K の図式は S^2 上にあるとみなす．K の図式の辺と頂点に次の左図のように名前をつける．

---

[3] ここでは，ユークリッド空間の線分と平面からなる「狭義の多面体」ではなく，狭義の多面体と同相な図形（広義の多面体）を，単に「多面体」ということにする．

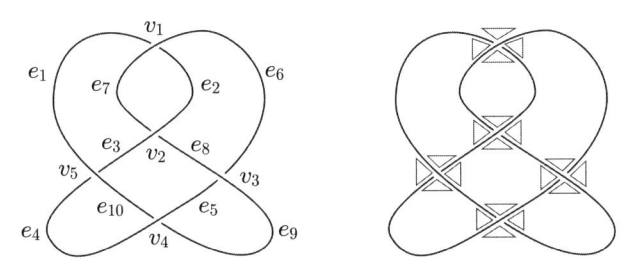

11.2 結び目補空間の理想4面体分割

右図のように，図式の各交点ごとに（3角形がかいてある位置に）4つの4面体を考える．すなわち，図式の交点がある場所に，結び目補空間の中に

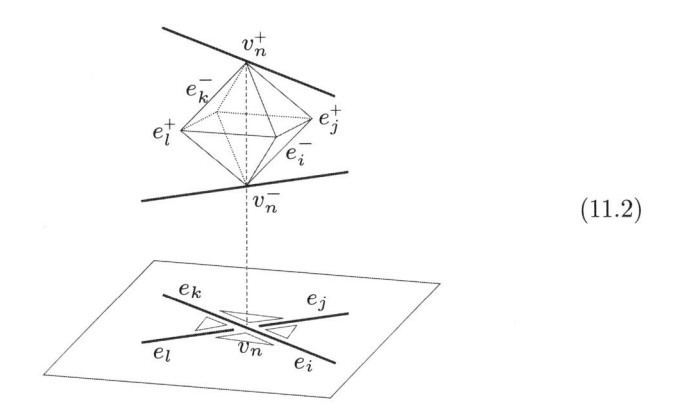

$$\tag{11.2}$$

のように4つの4面体を考える．ここで，上図では，交点 v_n の上方弧に頂点 v_n^+ をとり，下方弧に頂点 v_n^- をとり，図式の上方弧の辺 e_i, e_k に対応して頂点 e_i^-, e_k^- をとり，図式の下方弧の辺 e_j, e_l に対応して頂点 e_j^+, e_l^+ をとる．すなわち，上方弧と下方弧の間に4面体 $v_n^+ v_n^- e_i^- e_j^+$, 4面体 $v_n^+ v_n^- e_j^+ e_k^-$, $\cdots$ の4つの4面体を考える．他の交点に対しても同様に4つずつの4面体を考え，$\bar{5}_2$ 結び目の例では合計20個の4面体を考える．これらの4面体は各交点のところで上記のように貼り合わされているが，一旦これをばらばらにして，図式の各領域ごとに次のように再配置することを考える．

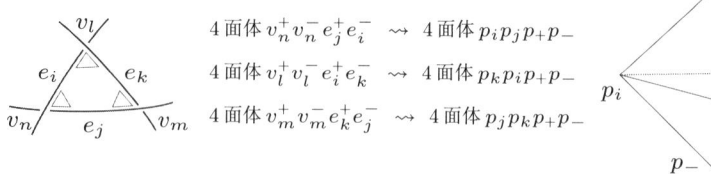

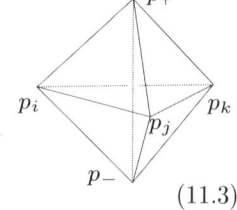

$$4\text{面体 } v_n^+ v_n^- e_j^+ e_i^- \;\leadsto\; 4\text{面体 } p_i p_j p_+ p_-$$
$$4\text{面体 } v_l^+ v_l^- e_i^+ e_k^- \;\leadsto\; 4\text{面体 } p_k p_i p_+ p_-$$
$$4\text{面体 } v_m^+ v_m^- e_k^+ e_j^- \;\leadsto\; 4\text{面体 } p_j p_k p_+ p_-$$

$$(11.3)$$

すなわち，たとえば辺 e_i, e_j, e_k からなる領域（左図）に対応して p_i, p_j, p_k, p_+, p_- を頂点とする多面体（右図）を考え，たとえば 4 面体 $v_n^+ v_n^- e_j^+ e_i^-$ を 4 面体 $p_i p_j p_+ p_-$ に再配置することを考える．つまり，一般に，$v_\bullet^\pm$ が辺 e_i にあるときこれを p_i にうつし，$e_\bullet^+$ を p_+ にうつし，$e_\bullet^-$ を p_- にうつすことにより，交点ごとに集まっていた 4 面体たちを領域ごとに再配置する．領域ごとに集められた 4 面体たちは上の右図のように互いに貼り合わさっている．以上の貼り合わせのすべて（交点ごとの貼り合わせと領域ごとの貼り合わせ）を 20 個の 4 面体に対して実行してできる多面体 P を考える．おおまかなイメージとしては，結び目図式が S^2 上にあり，この S^2 が S^3 を上側の 3 次元球体 B_+^3 と下側の 3 次元球体 B_-^3 に分けていて，B_+^3 と B_-^3 のそれぞれの中心が p_+ と p_- であり，(11.2) において e_j^+ と e_l^+ を p_+ にもっていき e_i^- と e_k^- を p_- にもっていくことにより多面体 P がつくられる．多面体 P において，頂点 $p_1, p_2, \ldots, p_{10}$ は互いに貼り合わされて 1 点になっており，これを p_K とかくことにする．P は 3 つの頂点 p_K, p_+, p_- と 20 個の 4 面体からなる多面体である．

多面体 P は位相的には S^3 において K を 1 点につぶしてできる空間と同相であり，すなわち，

$$P - \{p_K\} \;\cong\; S^3 - K \tag{11.4}$$

のようになっている．なぜそうなるのか，以下に述べる．p_K の近傍 $N(p_K)$ を P から切り取った図形を考える．その境界は，20 個の 4 面体から各 p_i の近傍を切り取った断面に現れる 3 角形を貼り合わせたものである．たとえば，K の図式の一部分が次の左図のようになっているとき，K のチューブ近傍 $N(K)$ の境界におけるそれらの 3 角形は次の右図のようになっている．

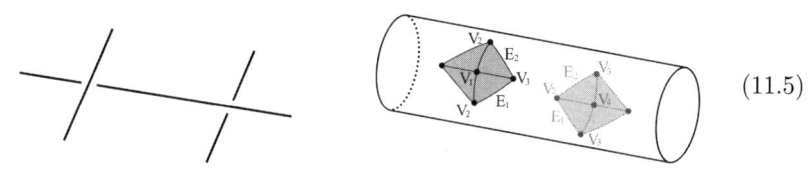

11.2 結び目補空間の理想 4 面体分割

(11.5)

ここで，同じ文字をつけた辺や頂点は，P において互いに貼り合わさっていることを意味する．$N(K)$ の境界においてそれらを実際に貼り合わせると

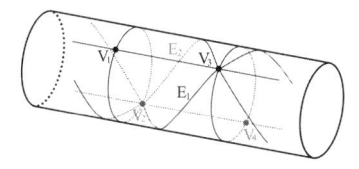

のようになる．すなわち，問題の 3 角形たちを貼り合わせた図形は $N(K)$ の境界に同相であり，したがって，$N(p_K)$ の境界はトーラスである．次に，各 4 面体が $S^3 - K$ の中でどのように配置されているのかを見てみよう．たとえば，(11.3) の右図の 4 面体 $p_+ p_- p_i p_k$ について，この 4 面体から各 p_j の近傍を切り取った図形（次の右図）は $S^3 - N(K)$ の中に次の左図のようにはいっている．

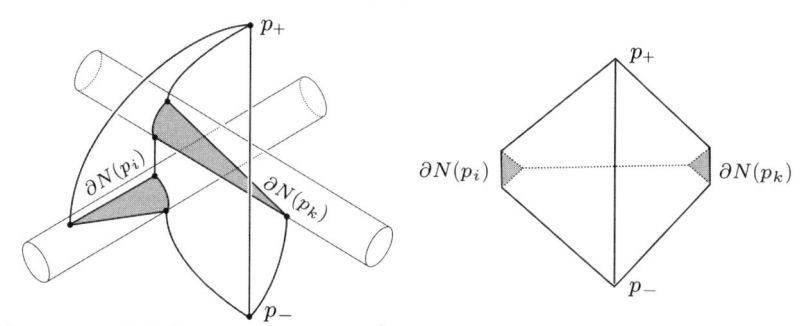

すべての 4 面体をこのようにして $S^3 - N(K)$ の中に配置すると，それらの合併が $S^3 - N(K)$ になる．とくに，p_+ から図式の方を眺めたとき，$N(p_+)$ の境界と上記の 4 面体の共通部分は次の左図のように見える．すべての 4 面体についてそれらの合併を考えると S^2 になり，よって $N(p_+)$ の境界は S^2 と同相である．すなわち，p_+ の近傍において P は多様体になっている．

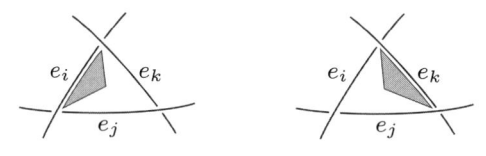

同様に，図式から p_- の方を眺めたとき，$N(p_-)$ の境界と上記の 4 面体の共通部分は上の右図のように見える．よって，上と同様の考察により，p_- の近傍において P は多様体になっていることがわかる．以上のような議論により，(11.4) のようになることがわかる．

多面体 P は通常の頂点 p_+, p_- をもっているが，これをつぶすことにより理想 4 面体分割をつくることを考える．P において 3 角形 $p_1 p_+ p_-$ （e_1 に隣接する 2 つの領域に対応して 2 つある）を 1 点につぶすことを考える．P において 2 つの 3 角形 $p_1 p_+ p_-$ は

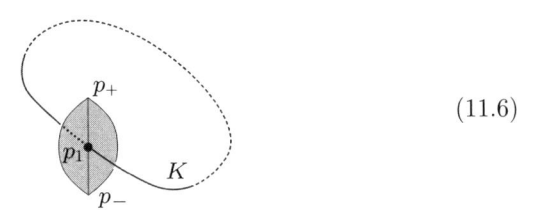

$$\tag{11.6}$$

のような葉形状をしている．ここで，実際には，図の K は P においては 1 点につぶれている．P において，図の葉形状（2 つの 3 角形 $p_1 p_+ p_-$）を 1 点につぶして，これに隣接する 4 面体たちもその縮約に伴って自然に線型につぶしていくことによってできる多面体を $\hat{P}$ とする．すなわち，K において辺 e_1 をきってできる開結び目を考えると，P の 2 つの 3 角形 $p_1 p_+ p_-$ をつぶすことにともなって

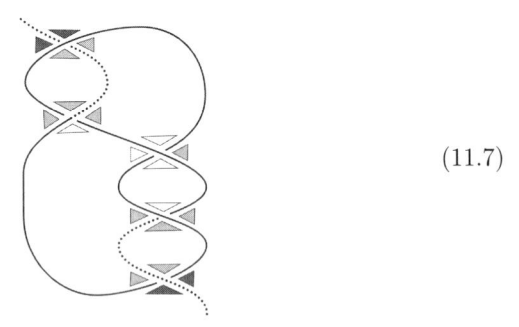

$$\tag{11.7}$$

の濃いグレーの 3 角形の位置にある 4 面体は線分につぶれて，薄いグレーの 3 角形の位置にある 4 面体は 3 角形につぶれる．すなわち，e_1 に接している 3 角形が濃いグレーで，e_1 のとなりの辺（点線部の e_2 と e_{10}）に接している 3 角形

と非有界領域にある3角形（e_1 に接していないもの）が薄いグレーである．白い3角形の位置にある5つの4面体はつぶれない．よって，$\hat{P}$ は1つの頂点 p_K と5つの4面体からなる多面体になる．また，P における $N(p_K)$ の境界はトーラスであったが，これは(11.6)における「K と葉形状の合併」の近傍の境界と同相であり，P をつぶして $\hat{P}$ にしたときその位相型は変わらない．すなわち，開3次元多様体として

$$\hat{P} - \{p_K\} \cong S^3 - K$$

である．さらに，次節で述べるように，$\hat{P}$ の4面体を適切なモジュラスの理想4面体とすることにより $S^3 - K$ にカスプつき双曲多様体の構造がはいる．以上のようにして，結び目補空間 $S^3 - K$ の理想4面体分割が構成される．

11.3　結び目補空間の双曲構造

前節で述べた理想4面体分割を用いて，本節では，[142, 157, 160]にそって，結び目補空間に双曲構造をいれることを考える．開結び目図式の辺にパラメータをつけ，これが双曲構造方程式をみたすとき，それらのパラメータを用いて理想4面体にモジュラスを定めると，結び目補空間に双曲構造がはいる．また，双曲構造パラメータつきの開結び目図式に対してポテンシャル関数を定義し，これを用いて結び目補空間の双曲体積を表示する．説明を簡単にするために，本節でも結び目は交代結び目であるとする．

開結び目図式の双曲構造パラメータと双曲構造方程式について述べる．たとえば，5_2 結び目の場合，前節で述べた図式の e_1 以外の辺に

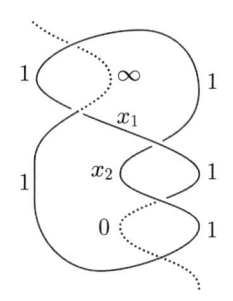

のように複素パラメータをつけることを考える（**双曲構造パラメータ**とよぶことにする）．ここで，非有界領域に接する辺のパラメータは 1 として，e_1 と下方弧でつながる辺 e_2 のパラメータは ∞ として，e_1 と上方弧でつながる辺 e_{10} のパラメータは 0 として，のこりの 2 辺のパラメータ x_1, x_2 は次に述べる双曲構造方程式の解とする．双曲構造パラメータつきの図式の一部が次の左図のようになっているときその右にあるような方程式を考え，このような方程式からなる連立方程式を**双曲構造方程式** (hyperbolicity equations) という．

$$\begin{array}{c|c|c} y' & & z' \\ \hline x & & \\ y & & z \end{array} \qquad \left(1-\frac{x}{y}\right)\left(1-\frac{z'}{x}\right) = \left(1-\frac{x}{y'}\right)\left(1-\frac{z}{x}\right) \qquad (11.8)$$

たとえば，上述の $\overline{5}_2$ 結び目の例の双曲構造方程式は

$$(1-x_1)\left(1-\frac{1}{x_1}\right) = 1 - \frac{x_2}{x_1}, \qquad \left(1-\frac{x_2}{x_1}\right)\left(1-\frac{1}{x_2}\right) = 1 - x_2 \qquad (11.9)$$

のようになる．

前節で述べた理想 4 面体分割 $\hat{P}$ の各理想 4 面体に，双曲構造パラメータをつかって，適切にモジュラスを定めることを考える．(11.2) で各交点のところに配置されていた 4 つの理想 4 面体には，次の左図のように頂点の座標を与えることにより，モジュラスを定める．とくに，左上図の鉛直な辺のまわりの貼り合わせ条件は自動的にみたされる[4]．

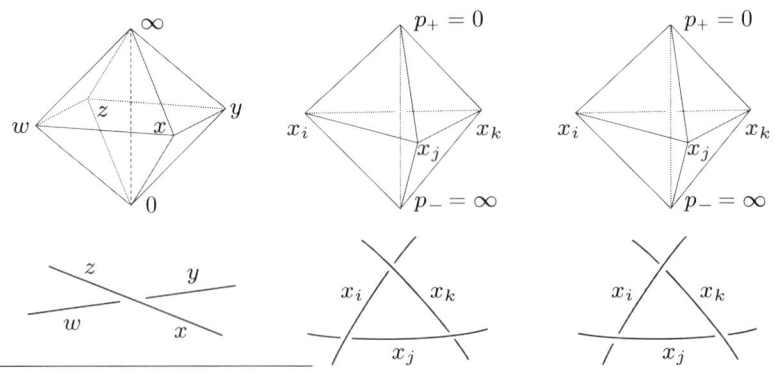

---

[4] 正確には，具体的な双曲構造をいれたい場合には，さらに，x, y, z, w の偏角が反時計まわりの円順序である必要がある．ただし，ホロノミー表現や双曲体積を考えたい場合には，「裏返っている理想 4 面体」も許すことにすれば，この追加条件はあまり気にしなくてよい．

11.3 結び目補空間の双曲構造 251

これを，(11.3) のように各領域に再配置したときの理想 4 面体の頂点の座標を上の中図と右図のように定める．このような再配置によって各理想 4 面体のモジュラスは変わらないことに注意しよう．したがって，中上図と右上図の鉛直な辺のまわりでの貼り合わせ条件もみたされていることがわかる．さらに，他の辺（たとえば左上図の辺 $\overline{x\infty}$）のまわりでの貼り合わせ条件を確認するために，p_K の近傍 $N(p_K)$ の境界（すなわち，K のチューブ近傍 $N(K)$ の境界）の 3 角形分割を考えてみよう．(11.5) の左図が次の左図のような双曲構造パラメータをもつとき，(11.5) の右図の 2 つの 4 角形を $N(K)$ の中から眺めた図は次の中図と右図のようになっている．

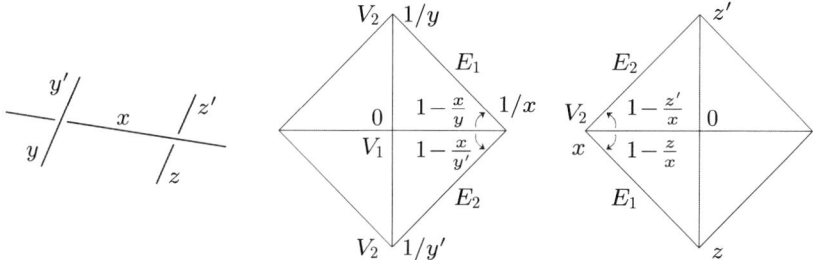

ここで，p_K から $\partial N(p_K)$ を眺めることを，$\mathbb{H}^3$ の上方 (∞) から $\mathbb{C}$ を眺めることとみなして，上の中図と右図の頂点の座標は $\mathbb{C}$ の座標でかいている．また，3 角形の角のところにかいている値は (11.1) で述べた値（その理想 4 面体のモジュラス）である．上の 2 つの 4 角形を $\partial N(K)$ で貼り合わせると次の図のようになる．

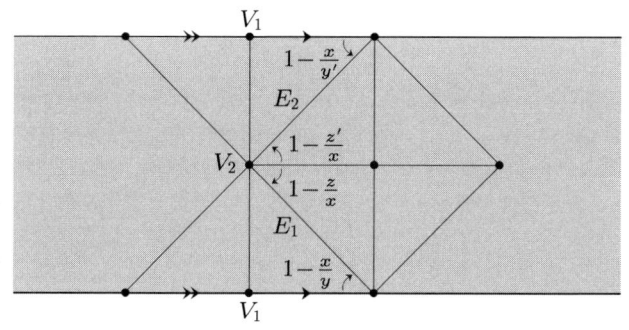

ここで，図の上辺と下辺を貼り合わせてできる円筒が $\partial N(K)$ の一部分である．下の 1 重矢印の辺の値に，順に $1-\frac{x}{y}$, $(1-\frac{z}{x})^{-1}$, $1-\frac{z'}{x}$, $(1-\frac{x}{y'})^{-1}$ をかけると，

上の1重矢印の辺の値になることに注意しよう．S^3-K の双曲構造が K においてカスプをもつために，それらの倍率の積は1でなければならない．それを要請しているのが双曲構造方程式 (11.8) である．さらにこれを言い換えると，次の左図において，下の1重矢印の辺から上の1重矢印の辺にいく4つの倍率の積が1であることを意味する．

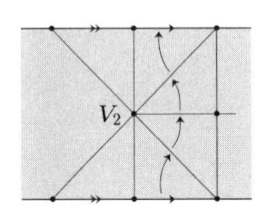

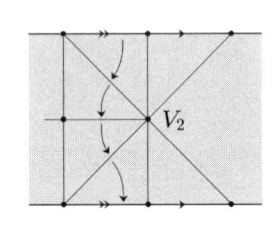

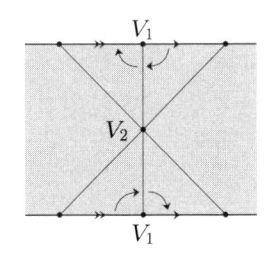

同様に，上の中図において，上の2重矢印の辺から下の2重矢印の辺にいく4つの倍率の積も1であることが，この部分に対応する双曲構造方程式から，帰結される．さらに，V_1 のまわりでの貼り合わせ条件が前述のように成立していることにより，上の右図の4つの倍率の値の積も1である．よって，上の3つの図の倍率の積は1であることがわかり，これより，V_2 のまわりでの貼り合わせ条件が成立していることがわかる．以上のような考察により，$\hat{P}$ のすべての辺のまわりでの理想4面体のモジュラスの貼り合わせ条件が成立していることがわかる．

注意 11.2 与えられた結び目の図式に対して，一般には双曲構造方程式の解は複数ある．与えられた双曲構造方程式の解について，その解から上述のように構成したすべての理想4面体のモジュラスが 0 や 1 や ∞ に退化しないとき，この解を「適切な解」であると言うことにする．双曲構造方程式の適切な解が与えられたとき，上述のようにして各理想4面体の双曲構造が定められ，（適切な条件がみたされれば）それらを貼り合わせることにより結び目補空間の完備双曲構造が定められる．一般には「裏返った理想4面体」が現れて，結び目補空間の双曲構造を定めるとは限らないが，その場合でも，展開写像をつくることはできて，ホロノミー表現は構成される．与えられた双曲結び目に対して，補空間の完備双曲構造のホロノミー表現に対応するような双曲構造方程式の適切な解が存在するように図式をとってくることができれば，その適切な解から双曲構造が定められる[5]．

---

[5] 解が適切な解である場合でも，「裏返っている理想4面体」が部分的にある可能性はあるが，パッハナー移動を適用することで「裏返っている理想4面体」を解消することができて，双曲

11.3 結び目補空間の双曲構造

注意 11.3 実際，多くの双曲結び目に対して，適切な図式をとってくると，完備双曲構造を与えるような適切な解が存在することが，具体的に計算することによりわかる．しかし，任意に与えられた双曲結び目に対して，完備双曲構造を与えるような適切な解をもつ図式が常に存在するのかどうかは，現時点では証明されていない．

双曲構造パラメータつきの開結び目図式があったとき，そのポテンシャル関数を次のように定める．図式の交点において，隣接する 2 辺がつくる角を考え，その角に上方弧の辺から下方弧の辺への向きをつけたとき，その向きが反時計まわりか時計まわりかによって，その角に

$$\begin{matrix}x & & y\\ & \times & \end{matrix} \rightsquigarrow \mathrm{Li}_2\left(\frac{x}{y}\right) - \mathrm{Li}_2(1) \qquad \begin{matrix}x & & y\\ & \times & \end{matrix} \rightsquigarrow \mathrm{Li}_2(1) - \mathrm{Li}_2\left(\frac{y}{x}\right)$$

のような値を対応させることを考える．さらに，前節で述べた理想 4 面体分割 $\hat{P}$ において，つぶれなかった 4 面体（$\bar{5}_2$ 結び目の場合，(11.7) の白い 3 角形）の角に対応する値の和を**ポテンシャル関数** (potential function) と定め，V とかく．たとえば，$\bar{5}_2$ 結び目の場合，ポテンシャル関数は

$$V(x_1, x_2) = \mathrm{Li}_2(x_1) - \mathrm{Li}_2\left(\frac{1}{x_1}\right) + \mathrm{Li}_2\left(\frac{x_2}{x_1}\right) - \mathrm{Li}_2(x_2) - \mathrm{Li}_2\left(\frac{1}{x_2}\right) + \mathrm{Li}_2(1) \tag{11.10}$$

のようになる．

ポテンシャル関数の臨界点を定める連立方程式

$$\frac{\partial}{\partial x_i} V = 0 \qquad (i はすべての i をわたる)$$

は双曲構造方程式を与えることに注意する．以下，その理由について述べる．まず，2 重対数関数の微分が

$$x \frac{\partial}{\partial x} \mathrm{Li}_2\left(\frac{x}{y}\right) = -\log\left(1 - \frac{x}{y}\right), \qquad y \frac{\partial}{\partial y} \mathrm{Li}_2\left(\frac{x}{y}\right) = \log\left(1 - \frac{x}{y}\right)$$

であることに注意する．(11.8) において，x の辺に接している角からポテンシャル関数への寄与は

構造を定めることができる．また，単に「双曲体積」を計算したい場合は，「裏返っている理想 4 面体」があっても（それは「負の体積」として合算すればよいので）気にしなくてよい．

$$V = \cdots + \mathrm{Li}_2\bigl(\frac{x}{y}\bigr) - \mathrm{Li}_2\bigl(\frac{x}{y'}\bigr) + \mathrm{Li}_2\bigl(\frac{z}{x}\bigr) - \mathrm{Li}_2\bigl(\frac{z'}{x}\bigr) + \cdots$$

のような形をしているが，よって，

$$0 = x\frac{\partial}{\partial x}V = -\log\bigl(1-\frac{x}{y}\bigr) + \log\bigl(1-\frac{x}{y'}\bigr) + \log\bigl(1-\frac{z}{x}\bigr) - \log\bigl(1-\frac{z'}{x}\bigr) \quad (11.11)$$

となり，これは (11.8) の双曲構造方程式を意味するので，したがって，上記の主張が成立する．たとえば，$\bar{5}_2$ 結び目の場合，(11.10) より

$$\begin{aligned} 0 &= x_1\frac{\partial}{\partial x_1}V = -\log(1-x_1) - \log\bigl(1-\frac{1}{x_1}\bigr) + \log\bigl(1-\frac{x_2}{x_1}\bigr) \\ 0 &= x_2\frac{\partial}{\partial x_2}V = -\log\bigl(1-\frac{x_2}{x_1}\bigr) + \log(1-x_2) - \log\bigl(1-\frac{1}{x_2}\bigr) \end{aligned} \quad (11.12)$$

となり，これは $\bar{5}_2$ 結び目の双曲構造方程式 (11.9) を意味する．

　双曲結び目の補空間の双曲体積はポテンシャル関数を用いて，以下に述べるように，表示される．ポテンシャル関数の臨界点を与えると，上述のように，双曲構造方程式の解が定まる．注意 11.2 で述べたように，双曲構造に対応する解をとってくる．この解 $(\underline{x_1}, \underline{x_2}, \dots)$ におけるポテンシャル関数の値の虚部が

$$\mathrm{vol}(S^3 - K) = \mathrm{Im}\, V(\underline{x_1}, \underline{x_2}, \dots) \quad (11.13)$$

のように双曲体積を与える．以下，その理由について述べる．たとえば，$\bar{5}_2$ 結び目 K の場合，該当の解 (x_1, x_2) に対して，理想 4 面体の体積の公式より，

$$\begin{aligned} &\mathrm{vol}(S^3 - K) \\ &= D(x_1) - D\bigl(\frac{1}{x_1}\bigr) + D\bigl(\frac{x_2}{x_1}\bigr) - D(x_2) + D\bigl(\frac{1}{x_2}\bigr) \\ &= \mathrm{Im}\,\Bigl(\mathrm{Li}_2(x_1) - \mathrm{Li}_2\bigl(\frac{1}{x_1}\bigr) + \mathrm{Li}_2\bigl(\frac{x_2}{x_1}\bigr) - \mathrm{Li}_2(x_2) - \mathrm{Li}_2\bigl(\frac{1}{x_2}\bigr)\Bigr) \\ &\quad + \log|x_1|\cdot\arg(1-x_1) - \log\frac{1}{|x_1|}\cdot\arg\bigl(1-\frac{1}{x_1}\bigr) + \log\frac{|x_2|}{|x_1|}\cdot\arg\bigl(1-\frac{x_2}{x_1}\bigr) \\ &\quad - \log|x_2|\cdot\arg(1-x_2) - \log\frac{1}{|x_2|}\cdot\arg\bigl(1-\frac{1}{x_2}\bigr) \end{aligned}$$

11.3 結び目補空間の双曲構造

$$= \operatorname{Im} V(x_1, x_2)$$

$$+ \log|x_1| \cdot \operatorname{Im}\left(\log(1-x_1) + \log\left(1-\frac{1}{x_1}\right) - \log\left(1-\frac{x_2}{x_1}\right)\right)$$

$$+ \log|x_2| \cdot \operatorname{Im}\left(\log\left(1-\frac{x_2}{x_1}\right) - \log(1-x_2) + \log\left(1-\frac{1}{x_2}\right)\right)$$

$$= \operatorname{Im} V(x_1, x_2)$$

のようになって，(11.13) が成立する．ここで，上の最後の等号は (11.12) より得られる．一般の双曲結び目 K について，(11.8) の x の辺に関する部分だけを抜き出して計算すると

$$\operatorname{vol}(S^3 - K)$$

$$= \cdots + D\left(\frac{x}{y}\right) - D\left(\frac{x}{y'}\right) + D\left(\frac{z}{x}\right) - D\left(\frac{z'}{x}\right) + \cdots$$

$$= \operatorname{Im}\left(\cdots + \operatorname{Li}_2\left(\frac{x}{y}\right) - \operatorname{Li}_2\left(\frac{x}{y'}\right) + \operatorname{Li}_2\left(\frac{z}{x}\right) - \operatorname{Li}_2\left(\frac{z'}{x}\right) + \cdots\right)$$

$$+ \log\frac{|x|}{|y|} \cdot \arg\left(1-\frac{x}{y}\right) - \log\frac{|x|}{|y'|} \cdot \arg\left(1-\frac{x}{y'}\right)$$

$$+ \log\frac{|z|}{|x|} \cdot \arg\left(1-\frac{z}{x}\right) - \log\frac{|z'|}{|x|} \cdot \arg\left(1-\frac{z'}{x}\right) + \cdots$$

$$= \operatorname{Im} V(x, \ldots)$$

$$+ \log|x| \cdot \operatorname{Im}\left(\log\left(1-\frac{x}{y}\right) - \log\left(1-\frac{x}{y'}\right) - \log\left(1-\frac{z}{x}\right) + \log\left(1-\frac{z'}{x}\right)\right) + \cdots$$

$$= \operatorname{Im} V(x, \ldots)$$

のようになって，(11.13) が成立する．ここで，上の最後の等号は (11.11) より得られる．したがって，(11.13) が成立することがわかる．

注意 11.4 実際には，$\log$ は多価関数であり，2重対数関数 Li_2 も $(\mathbb{C}-\{1\})$ 上の関数としてみると多価関数である．このため，双曲構造方程式の解の値によっては，(11.13) には補正項が必要になる．詳しくは [160] を参照されたい．

11.4 結び目のカシャエフ不変量とカシャエフ予想

前節で述べたように理想4面体の双曲体積を与えるブロッホ–ウィグナー関数は5角関係式をみたすが，2重対数関数もこれに対応する5角関係式をみたす[6]．5角関係式をみたすように2重対数関数を変形することによりその量子化として量子2重対数関数が定義され，その特殊値が下記に述べる $(q)_n$ である．カシャエフはこれを用いて結び目のカシャエフ不変量を定義し，その漸近挙動に双曲体積が現れることを予想した．本節では，カシャエフ不変量の定義を述べ，カシャエフ予想と体積予想について述べる．

N を2以上の整数として，

$$q = \exp(2\pi\sqrt{-1}/N),$$
$$(x)_n = (1-x)(1-x^2)\cdots(1-x^n),$$
$$\mathcal{N} = \{0, 1, \ldots, N-1\}$$

とおく．$n \leq m$ となる任意の n, m について

$$(q)_n\,(\overline{q})_{N-n-1} = N, \qquad \sum_{n \leq k \leq m} \frac{1}{(q)_{m-k}\,(\overline{q})_{k-n}} = 1 \qquad (11.14)$$

となることが知られている ([101])．$i, j, k, l \in \mathcal{N}$ について

$$R^{i\,j}_{k\,l} = \frac{N\,q^{-\frac{1}{2}+i-k}\,\theta^{i\,j}_{k\,l}}{(q)_{[i-j]}\,(\overline{q})_{[j-l]}\,(q)_{[l-k-1]}\,(\overline{q})_{[k-i]}}$$

$$\overline{R}^{i\,j}_{k\,l} = \frac{N\,q^{\frac{1}{2}+j-l}\,\theta^{i\,j}_{k\,l}}{(\overline{q})_{[i-j]}\,(q)_{[j-l]}\,(\overline{q})_{[l-k-1]}\,(q)_{[k-i]}}$$

とおく．ここで，$[m] \in \mathcal{N}$ は N を法とする m の剰余（$[m] \equiv m \pmod{N}$ となるような $\mathcal{N}$ の元のこと）であり，$\theta^{i\,j}_{k\,l}$ を

---

[6] 正確には，2重対数関数を補正した関数 $L(z) = \text{Li}_2(z) + \frac{1}{2}\log(z)\log(1-z)$ が5角関係式をみたす．

$$\theta^{i\,j}_{k\,l} = \begin{cases} 1 & [i-j] + [j-l] + [l-k-1] + [k-i] = N-1 \text{ のとき} \\ 0 & \text{その他のとき} \end{cases}$$

で定める．

K を有向結び目とする．K を 1 点できってできる開結び目で端点のところで向きが下向きであるようなものを考え，その図式を D とする．D を (11.15) にかいているような基本タングル図式に分解する．D の各辺に $\mathcal{N}$ の元でラベルを付ける．ここで，D の端点のところの辺には 0 をラベル付けするものとする．ラベル付けされた基本タングル図式の重みを

$$W\left(\begin{smallmatrix}i & j \\ k & l\end{smallmatrix}\right) = R^{i\,j}_{k\,l}, \qquad W\left(\begin{smallmatrix}i & j \\ k & l\end{smallmatrix}\right) = \overline{R}^{i\,j}_{k\,l},$$
$$W\left(\begin{smallmatrix} \\ k \quad l\end{smallmatrix}\right) = q^{-1/2}\delta_{k,l-1}, \quad W\left(\begin{smallmatrix} \\ k \quad l\end{smallmatrix}\right) = \delta_{k,l}, \qquad (11.15)$$
$$W\left(\begin{smallmatrix}i \quad j\end{smallmatrix}\right) = q^{1/2}\delta_{i,j+1}, \quad W\left(\begin{smallmatrix}i \quad j\end{smallmatrix}\right) = \delta_{i,j}$$

で定める．さらに，K の**カシャエフ不変量** (Kashaev invariant) $\langle K \rangle_N$ を

$$\langle K \rangle_N = \sum_{\text{ラベル付け}} \prod_{D \text{ の交点}} W(D \text{ の交点}) \prod_{D \text{ の極点}} W(D \text{ の極点}) \in \mathbb{C}$$

で定める．ここで，和は D の辺のすべてのラベル付けをわたり，1 つ目の積は D のすべての交点をわたり，2 つ目の積は D のすべての極大点と極小点をわたる．上記の R 行列はヤン–バクスター方程式をみたして $\langle K \rangle_N$ はライデマイスター移動で不変であることが確かめられ，$\langle K \rangle_N$ は有向結び目 K の不変量であることがわかる ([57, 58])．

たとえば，$\overline{5}_2$ 結び目のカシャエフ不変量は次のように計算される．開 $\overline{5}_2$ 結び目の図式を前述の基本タングル図式の合併となるように次のようにおく．

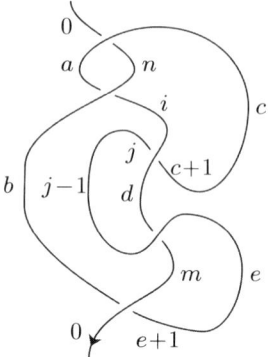

図式の各辺に図のように $\mathcal{N}$ の元でラベルをつける．各交点の R 行列の $\theta^{i\,j}_{k\,l}$ が 0 ではないことから

$$[-c] + [c-n] + [n-a-1] + [a] = N-1$$

$$[a-n] + [n-i] + [i-b-1] + [b-a] = N-1$$

$$[j-i] + [i-c-1] + [c-d] + [d-j] = N-1$$

$$[d-e] + [e-m] + [m-j] + [j-d-1] = N-1$$

$$[b-m] + [m-e-1] + [e] + [-b] = N-1$$

がわかる．さらに，ここに現れる各項を図式の各有界領域ごとに合算すると

$$[n-a-1] + [a-n] \geq N-1$$

$$[c-n] + [n-i] + [i-c-1] \geq N-1$$

$$[i-b-1] + [b-m] + [m-j] + [j-i] \geq N-1$$

$$[d-j] + [j-d-1] \geq N-1$$

$$[e-m] + [m-e-1] \geq N-1$$

がわかる．（なぜなら，上の各式の左辺の和は，$[\cdot]$ を忘れて和をとると -1 なので，その和は N を法にして -1 と合同で非負なので，$N-1$ 以上である．）先の 5 式を足して，上の 5 式を引くことで，

$$[-c] + [c-d] + [d-e] + [e] + [-b] + [b-a] + [a] \leq 0$$

11.4 結び目のカシャエフ不変量とカシャエフ予想 259

がわかり，よって，$a=b=c=d=e=0$ になることがわかる．（一般の結び目の場合でも，同様の議論により，非有界領域に接する辺のラベルは 0 になることがわかる（[159] 参照）．）したがって，$\bar{5}_2$ 結び目 K のカシャエフ不変量は次のように計算される．

$$
\begin{aligned}
\langle K \rangle_N &= \sum_{n,i,j,m} q^{1/2} R^{0\,0}_{0\,n} R^{0\,n}_{0\,i} R^{j\,i}_{0\,1} R^{0\,0}_{j-1\,m} R^{0\,m}_{0\,1} \\
&= \sum_{n,i,j,m} q^{1/2} \cdot \frac{N\, q^{-1/2}}{(\bar{q})_{[-n]}\,(q)_{[n-1]}} \cdot \frac{N\, q^{-1/2}}{(q)_{[-n]}\,(\bar{q})_{[n-i]}\,(q)_{[i-1]}} \\
&\quad \times \frac{N\, q^{j-\frac{1}{2}}}{(q)_{[j-i]}\,(\bar{q})_{[i-1]}\,(\bar{q})_{[-j]}} \cdot \frac{N\, q^{\frac{1}{2}-j}}{(\bar{q})_{[-m]}\,(q)_{[m-j]}\,(\bar{q})_{[j-1]}} \cdot \frac{N\, q^{-1/2}}{(q)_{[-m]}\,(\bar{q})_{[m-1]}} \\
&= \sum_{n,i,j,m} \frac{N^3\, q^{-1}}{(q)_{[-n]}(\bar{q})_{[n-i]}(q)_{[i-1]}(q)_{[j-i]}(\bar{q})_{[i-1]}(\bar{q})_{[-j]}(\bar{q})_{[-m]}(q)_{[m-j]}(\bar{q})_{[j-1]}} \\
&= \sum_{1 \le i \le j \le N} \frac{N^3\, q^{-1}}{(q)_{i-1}\,(q)_{j-i}\,(\bar{q})_{i-1}\,(\bar{q})_{N-j}\,(\bar{q})_{j-1}} \\
&= \sum_{0 \le i \le j < N} \frac{N^3\, q^{-1}}{(q)_i\,(\bar{q})_i\,(q)_{j-i}\,(\bar{q})_{N-j-1}\,(\bar{q})_j} \tag{11.16}
\end{aligned}
$$

ここで，3番目と4番目の等号は (11.14) より得られ，最後の等号は i, j を $i+1$, $j+1$ でおきかえることにより得られる．

カシャエフ [59] はカシャエフ不変量の漸近挙動について次のように予想した．

予想 11.5（カシャエフ予想） 任意の双曲結び目 K に対して，$N \to \infty$ での $|\langle K \rangle_N|$ の漸近挙動は

$$
|\langle K \rangle_N| \underset{?}{\overset{N \to \infty}{\sim}} \exp\left(\frac{N}{2\pi} \mathrm{vol}(S^3 - K)\right)
$$

のようにかけるであろう．

さらに，村上斉–村上順 [101] は，カシャエフ不変量の R 行列と $q = e^{2\pi\sqrt{-1}/N}$

における色つきジョーンズ多項式 $J_N(K;q)$ の R 行列が等価であることを示すことにより，カシャエフ不変量と $J_N(K;e^{2\pi\sqrt{-1}/N})$ が等しいことを示し，カシャエフ予想を次のように再定式化した．

予想 11.6（体積予想） 任意の結び目 K に対して，$N \to \infty$ での $|J_N(K;e^{2\pi\sqrt{-1}/N})|$ の漸近挙動は

$$|J_N(K;e^{2\pi\sqrt{-1}/N})| \underset{?}{\overset{N\to\infty}{\sim}} \exp\left(\frac{N}{2\pi}\|S^3-K\|\right)$$

のようにかけるであろう．ここで，$\|\cdot\|$ は適切に正規化された単体的体積[7]を表す．

また，体積予想の複素化として，任意の双曲結び目 K について，

$$J_N(K;e^{2\pi\sqrt{-1}/N}) \underset{?}{\overset{N\to\infty}{\sim}} e^{N\varsigma(K)}$$

であることが予想されている ([102])．ここで，$\varsigma(K)$ は

$$\varsigma(K) = \frac{1}{2\pi\sqrt{-1}}\left(\mathrm{CS}(S^3-K) + \sqrt{-1}\,\mathrm{vol}(S^3-K)\right)$$

のように定められ，CS はチャーン–サイモンズ不変量である．これを「カシャエフ予想の複素化」に言い換えると，任意の双曲結び目 K について，

$$\langle K \rangle_N \underset{?}{\overset{N\to\infty}{\sim}} e^{N\varsigma(K)} \tag{11.17}$$

であることが予想される．

(11.17) が成り立つことを期待する理由を説明するために，その準備として，鞍点法について述べる．

---

[7] 双曲多様体に対して，正規化された単体的体積と双曲体積は等しい．一般の3次元多様体 M に対して，おおまかに言うと，M を幾何構造をもつピースに分割したとき，双曲構造をもつピースの双曲体積の和が正規化された単体的体積に等しい．単体的体積について [80] を参照されたい．

11.4 結び目のカシャエフ不変量とカシャエフ予想 261

命題 11.7（鞍点法） $\psi(z)$ を $z_0 \in \mathbb{C}$ の近傍で定義された正則関数とし，$\psi'(z_0) = 0$ と $\psi''(z_0) \neq 0$ をみたすとする．領域 $\{z \in \mathbb{C} \mid \mathrm{Re}\,(\psi(z) - \psi(z_0)) < 0\}$ （下図のグレーの部分）は z_0 の近傍で 2 つの連結成分をもつ．2 点 z_1, z_2 をそれら 2 つの連結成分のそれぞれからとる．γ を z_1 から z_2 への道とする．このとき，$N \to \infty$ での次の左辺の積分の漸近挙動は

$$\int_\gamma e^{N\,\psi(z)} dz \stackrel{N \to \infty}{\sim} \frac{\sqrt{2\pi}}{\sqrt{-\psi''(z_0)} \cdot \sqrt{N}} \cdot e^{N\,\psi(z_0)}$$

のように表される．

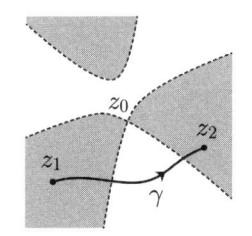

もっとおおまかに，N の多項式オーダーの挙動は無視すると，上記の積分の漸近挙動は $e^{N\,\psi(z_0)}$ で表される．$\mathrm{Re}\,\psi(z)$ を高さ関数とみなすと z_0 が峠点（鞍点）になっているので，そこを通るように積分路を変更することで命題が証明される．上では 1 変数の鞍点法について述べたが，多変数の鞍点法も同様に，ψ が多変数関数のときの同様の形の積分の漸近挙動は $\exp\,(N \cdot (\psi\,$の臨界値$))$ の形で表される．鞍点法について，詳しくは [155] を参照されたい．

以下，なぜ (11.17) が成り立つことが期待されるのか，証明のおおまかな方針を $\overline{5}_2$ 結び目を例にして説明する．以下の方針は [142, 157, 158] による．(11.16) より $\overline{5}_2$ 結び目 K のカシャエフ不変量は

$$\langle K \rangle_N = \sum_{0 \leq i \leq j < N} \frac{N^3 \, q^{-1}}{(q)_i \, (\overline{q})_i \, (q)_{j-i} \, (\overline{q})_{N-j-1} \, (\overline{q})_j}$$

のように表される．各 $(q)_n$ は (11.7) の白い 3 角形に対応していることに注意しよう．n/N を固定して $N \to \infty$ としたときの $1/(q)_n$ の値の漸近挙動は

$$\frac{1}{(q)_n} \sim \exp\Big(\frac{N}{2\pi\sqrt{-1}}\big(\mathrm{Li}_2(e^{2\pi\sqrt{-1}\,n/N}) - \mathrm{Li}_2(1)\big)\Big)$$

であることが知られている．よって，$\bar{5}_2$ 結び目のポテンシャル関数を (11.10) のように定めると，$\langle K \rangle_N$ の漸近挙動は

$$\langle K \rangle_N \sim \sum_{i,j} \exp\Bigl(\frac{N}{2\pi\sqrt{-1}} V\bigl(e^{2\pi\sqrt{-1}\,i/N}, e^{2\pi\sqrt{-1}\,j/N}\bigr)\Bigr)$$

の形にかける．さらに，$i/N = t$, $j/N = s$ とおくことにより，上の和を

$$\begin{aligned}&\frac{1}{N^2} \sum_{i,j} \exp\Bigl(\frac{N}{2\pi\sqrt{-1}} V\bigl(e^{2\pi\sqrt{-1}\,i/N}, e^{2\pi\sqrt{-1}\,j/N}\bigr)\Bigr) \\ &\sim \int_{(t,s)} \exp\Bigl(\frac{N}{2\pi\sqrt{-1}} V\bigl(e^{2\pi\sqrt{-1}\,t}, e^{2\pi\sqrt{-1}\,s}\bigr)\Bigr) dt\,ds\end{aligned} \quad (11.18)$$

のように積分で近似する（このステップはかなり非自明である（後述の注意11.8 を参照））．さらに，$x_1 = e^{2\pi\sqrt{-1}\,t}$, $x_2 = e^{2\pi\sqrt{-1}\,s}$ とおいて，N の多項式オーダーの挙動を無視すると，$\langle K \rangle_N$ の漸近挙動は

$$\langle K \rangle_N \sim \int_{(x_1, x_2) \in D} \exp\Bigl(\frac{N}{2\pi\sqrt{-1}} V(x_1, x_2)\Bigr) dx_1\,dx_2$$

の形にかける．ここで，D は $\mathbb{C}^2$ の中の実 2 次元の適切な積分領域である．D を $\mathbb{C}^2$ の中で動かして鞍点法を実行することにより，上の積分の漸近挙動は V の臨界点 $(\underline{x_1}, \underline{x_2})$ を用いて

$$\langle K \rangle_N \sim \exp\Bigl(\frac{N}{2\pi\sqrt{-1}} V(\underline{x_1}, \underline{x_2})\Bigr)$$

の形にかける．さらに，(11.13) の拡張として

$$\frac{1}{2\pi\sqrt{-1}} V(\underline{x_1}, \underline{x_2}) = \varsigma(K)$$

が成り立ち[8]，(11.17) が成立する．以上がカシャエフ予想（や体積予想）が成り立つことが期待される理由である．

---

[8] 注意 11.4 で述べたように，一般にはこの等式には補正項が必要である．

11.4 結び目のカシャエフ不変量とカシャエフ予想

注意11.8 上述の「証明の方針」にそって，交点数が比較的少ない双曲結び目に対してカシャエフ予想（体積予想）は証明されている（[99, 61, 116, 121, 117] を参照）．一般の双曲結び目に対してこの「証明の方針」を実行しようとしたときの問題点について述べる．

- 和を積分で近似するステップ (11.18) について，仮に被積分関数が N によらない関数であるならばこの近似はよく知られた近似であるが，今の場合，被積分関数はその指数に N を含むため，この近似を示すことは自明である．具体的に与えられた V に対しては，ポアソン和公式を用いてこの近似を示すことができるが（[116] 参照），一般の場合にこれを示すことは現時点では困難である．
- 多変数鞍点法を実行するためには，$\mathbb{C}^n$ の中で実 n 次元の積分領域を適切に動かす必要があり，一般の場合にそれが可能であることを示すのは現時点では困難である．また，鞍点法により到達する臨界点が双曲構造を与える臨界点であることを示すことも（具体的に与えられた双曲結び目に対して計算するときは，具体的にチェックすればよいだけだが）一般の場合に示すのは現時点では困難である．
- 根元的な問題点として，そもそも，結び目図式と双曲構造はあまり相性がよくない．すなわち，結び目図式では $\mathbb{R}^2$ の近傍の「薄い領域」に結び目があることを念頭においているのに対し，双曲構造による結び目の描像はそれとはまったく異なり，それが上記の問題点や注意 11.3 で述べた問題点の根元的な原因になっているようにおもわれる．双曲構造による結び目補空間の標準的分割 (canonical decompotision) にもとづいてカシャエフ不変量（やその漸近展開）に相当するものを再構成するべきであるようにもおもわれる．（その方向の試みについて [29] を参照．）

以下，関連する話題について述べる．

トーラス結び目 K について，補空間の単体的体積は 0 であり，$J_N(K; e^{2\pi\sqrt{-1}/N})$ の漸近挙動は N の多項式オーダーになる．よって，この場合は体積予想は成立している（[99, 60] 参照）．

サテライト結び目の体積予想に関する具体的な例や練習問題について [119, 156] を参照されたい．

カシャエフ予想の精密化として，鞍点法などをもっと精密に計算することにより，任意の双曲結び目 K のカシャエフ不変量の漸近挙動は，任意の d について

$$\langle K \rangle_N \underset{?}{\overset{N \to \infty}{\sim}} e^{N v(K)} N^{3/2} \omega(K) \left(1 + \sum_{i=1}^{d} \kappa_i(K) \cdot \left(\frac{2\pi\sqrt{-1}}{N}\right)^i + O\left(\frac{1}{N^{d+1}}\right)\right)$$

の形にかけることが予想されている（[116] 参照）．ここで，$\omega(K)$ と $\kappa_i(K)$ は K からきまる定数である．とくに，$\omega(K)$ について，$\pm 2\sqrt{-1}\,\omega(K)^2$ は K のねじれライデマイスター トーション (twisted Reidemeister torsion) に等しいことが予想されている（[100, 120] 参照）．また，双曲構造の観点からの $\kappa_i(K)$ の解釈は現時点では未知である（[29] で与えられているべき級数に等しいことが予想されている）．

　カシャエフ不変量は $q = e^{2\pi\sqrt{-1}/N}$ でしか定義されないが，色つきジョーンズ多項式は不定元 q に対して定義される．適切な条件をみたす複素定数 u に対して $J_N\bigl(K; \exp\bigl(\frac{u+2\pi\sqrt{-1}}{N}\bigr)\bigr)$ の漸近挙動は $S^3 - K$ の完備双曲構造を変形して得られる（完備でない）双曲構造の双曲体積を用いて記述されることが期待されている（[98, 99, 103] 参照）．

参考文献

[1] Abe, E., *Hopf algebras*, Cambridge University Press, 1980.
[2] Arnold, V.I., The cohomology ring of the colored braid group, *Mat. Zametki* **5** (1969) 227–231.
[3] Asami, S., Satoh, S., An infinite family of non-invertible surfaces in 4-space, *Bull. London Math. Soc.* **37** (2005) 285–296.
[4] Atiyah, M.F., *The geometry and knots and physics*, Cambridge University Press, 1990.
[5] Bakalov, B., Kirillov, A. Jr., On the lego-Teichmüller game, *Transform. Groups* **5** (2000) 207–244.
[6] ———, *Lectures on tensor categories and modular functors*, University Lecture Series **21**. American Mathematical Society, Providence, RI, 2001.
[7] Bar-Natan, D., On the Vassiliev knot invariants, *Topology*, **34** (1995) 423–472.
[8] ———, Non-associative tangles, *Geometric topology* (Athens, GA, 1993), 139–183, AMS/IP Stud. Adv. Math., 2.1, Amer. Math. Soc., Providence, RI, 1997.
[9] ———, On Khovanov's categorification of the Jones polynomial, *Algebr. Geom. Topol.* **2** (2002) 337–370.
[10] ———, Khovanov's homology for tangles and cobordisms, *Geom. Topol.* **9** (2005) 1443–1499.
[11] Bar-Natan, D., Garoufalidis, S., Rozansky, L., Thurston, D.P., Wheels, wheeling, and the Kontsevich integral of the unknot, *Israel J. Math.* **119** (2000) 217–237.
[12] ———, The Aarhus integral of rational homology 3-spheres. I. A highly non trivial flat connection on S^3, *Selecta Math.* (N.S.) **8** (2002) 315–339.
[13] Bar-Natan, D., Le, T.T.Q., Thurston, D.P., Two applications of elementary knot theory to Lie algebras and Vassiliev invariants, *Geometry and Topology* **7** (2003) 1–31.
[14] Bar-Natan, D., Morrison, S. (set up), The knot atlas, `http://katlas.math.toronto.edu/wiki/`

[15] Benedetti, R., Petronio, C., *Lectures on hyperbolic geometry*, Universitext. Springer-Verlag, Berlin, 1992.
[16] Birman, J.S., *Braids, links and mapping class groups*, Ann. of Math. Studies **82**, Princeton University Press, 1974.
[17] Birman, J.S., Lin, X.-S., Knot polynomials and Vassiliev's invariants, *Invent. Math.* **111** (1993) 225–270.
[18] Burde, G., Zieschang, H., *Knots*, Studies in Math. **5** (1985) Walter de Gruyter.
[19] Carter, J.S., Jelsovsky, D., Kamada, S., Langford, L., Saito, M., State-sum invariants of knotted curves and surfaces from quandle cohomology, *Electron. Res. Announce. Amer. Math. Soc.* 5 (1999) 146–156.
[20] ———, Quandle cohomology and state-sum invariants of knotted curves and surfaces, *Trans. Amer. Math. Soc.* **355** (2003) 3947–3989.
[21] Carter, S., Kamada, S., Saito, M., *Surfaces in 4-space*, Encyclopaedia of Mathematical Sciences **142**. Low-Dimensional Topology, III. Springer-Verlag, Berlin, 2004.
[22] Cha, J.C., Livingston, C., KnotInfo: Table of knot invariants, `http://www.indiana.edu/~knotinfo`
[23] Chmutov, S., Duzhin, S., Mostovoy, J., *Introduction to Vassiliev knot invariants*, Cambridge University Press, Cambridge, 2012.
[24] Clauwens, F.J.-B.J., Small connected quandles, arXiv:1011.2456.
[25] Cooper, B., Krushkal, V., Categorification of the Jones-Wenzl projectors, *Quantum Topol.* **3** (2012) 139–180.
[26] Dasbach, O.T., On the combinatorial structure of primitive Vassiliev invariants. II, *J. Combin. Theory Ser.* **A 81** (1998) 127–139.
[27] ———, On the combinatorial structure of primitive Vassiliev invariants. III. A lower bound, *Commun. Contemp. Math.* **2** (2000) 579–590.
[28] Dasbach, O. T., Le, T. D., Lin, X.-S., Quantum morphing and the Jones polynomial, *Commun. Math. Phys.* **224** (2001) 427–442.
[29] Dimofte, T., Garoufalidis, S., The quantum content of the gluing equations, *Geometry and Topology* **17** (2013) 1253–1315.
[30] Drinfel'd, V.G., On almost cocommutative Hopf algebras, *Algebra i Analiz* **1** (1989) 30–47 (in Russian), English translation in *Leningrad Math. J.* **1** (1990) 321–342.
[31] ———, Quasi-Hopf algebras, *Algebra i Analiz* **1** (1989) 114–148 (in Russian), English translation in *Leningrad Math. J.* **1** (1990) 1419–1457.
[32] ———, On quasi-triangular Hopf algebras and a group closely connected with $\mathrm{Gal}(\overline{\mathbb{Q}}/\mathbb{Q})$, *Algebra i Analiz* **2** (1990) 149–181 (in Russian), English

translation in *Leningrad Math. J.* **2** (1991) 829–860.
[33] Dunfield, N.M., Gukov, S., Rasmussen, J., The superpolynomial for knot homologies, *Experiment. Math.* **15** (2006) 129–159.
[34] Eisermann, M., Quandle coverings and their Galois correspondence, arXiv:math/0612459.
[35] Etingof, P., Frenkel, I., Kirillov, A., Jr., *Lectures on representation theory and Knizhnik-Zamolodchikov equations,* Amer. Math. Soc., Providence, RI, 1998.
[36] Etingof, P., Soloviev, A., Guralnick, R., Indecomposable set-theoretical solutions to the quantum Yang-Baxter equation on a set with a prime number of elements, *J. Algebra* **242** (2001) 709–719.
[37] Freed, P., Yetter, D., Braided compact closed categories with applications to low dimensional topology, *Adv. in Math.* **77**(2) (1989) 156–182.
[38] Frenkel, I., Stroppel, C., Sussan, J., Categorifying fractional Euler characteristics, Jones-Wenzl projectors and 3j-symbols, *Quantum Topol.* **3** (2012) 181–253.
[39] 深谷賢治, ゲージ理論とトポロジー, シュプリンガー・フェアラーク東京 (1995).
[40] Fulton, W., Harris, J., *Representation theory,* A first course. Graduate Texts in Mathematics **129**. Readings in Mathematics. Springer-Verlag, New York, 1991.
[41] Furusho, H., Pentagon and hexagon equations, *Ann. of Math.* (2) **171** (2010) 545–556.
[42] Garoufalidis, S., Kricker, A., A rational noncommutative invariant of boundary links, *Geom. Topol.* **8** (2004) 115–204.
[43] ――――, Finite type invariants of cyclic branched covers, *Topology* **43** (2004) 1247–1283.
[44] Graña, M., Indecomposable racks of order p^2, *Beitrage Algebra Geom.* **45** (2004) 665–676.
[45] Guadagnini, E., *The link invariants of the Chern-Simons field theory,* New developments in topological quantum field theory. de Gruyter Expositions in Mathematics **10**. Walter de Gruyter & Co., Berlin, 1993.
[46] Habiro, K., Claspers and finite type invariants of links, *Geometry and Topology* **4** (2000) 1–83.
[47] Hatakenaka, E., An estimate of the triple point numbers of surface-knots by quandle cocycle invariants, *Topology Appl.* **139** (2004) 129–144.
[48] ――――, Invariants of 3-manifolds derived from covering presentations, *Math. Proc. Cambridge Philos. Soc.* **149** (2010) 263–295.

[49] 服部晶夫, 多様体のトポロジー, 岩波書店 (2003).
[50] Humphreys, J.E., *Introduction to Lie algebras and representation theory*, GTM **9** Springer-Verlag, 1972.
[51] Inoue, A., Quandle and hyperbolic volume, *Topology Appl.* **157** (2010) 1237–1245.
[52] Inoue, A., Kabaya, Y., Quandle homology and complex volume, *Geom. Dedicata* **171** (2014) 265–292.
[53] 神保道夫, 量子群とヤン・バクスター方程式, シュプリンガー・フェアラーク東京 (1990).
[54] Joyce, D., A classifying invariant of knots, the knot quandle, *J. Pure Appl. Algebra* **23** (1982) 37–65.
[55] 鎌田聖一, 曲面結び目理論, シュプリンガー現代数学シリーズ, 丸善出版 (2012).
[56] ──, quandle と結び目不変量, 数学 **64** (2012) 304–324, 日本数学会編集, 岩波書店.
[57] Kashaev, R.M., Quantum dilogarithm as a 6j-symbol, *Modern Phys. Lett.* **A9** (1994) 3757–3768.
[58] ──, A link invariant from quantum dilogarithm, *Mod. Phys. Lett.* **A10** (1995) 1409–1418.
[59] ──, The hyperbolic volume of knots from the quantum dilogarithm, *Lett. Math. Phys.* **39** (1997) 269–275.
[60] Kashaev, R.M., Tirkkonen, O., A proof of the volume conjecture on torus knots, *Zap. Nauchn. Sem. POMI* **269** (2000) 262–268.
[61] Kashaev, R.M, Yokota, Y., On the volume conjecture for the knot 5_2, preprint.
[62] Kassel, C., *Quantum groups*, Graduate Texts in Math. **155**, Springer-Verlag, 1994.
[63] Kassel, C., Turaev, V., *Braid groups*, Graduate Texts in Math. **247**, Springer-Verlag, 2008.
[64] Kassel, C., Rosso, M., Turaev, V., *Quantum groups and knot invariants*, Panoramas et Synthéses (Panoramas and Syntheses) **5**, Société Mathématique de France, Paris, 1997.
[65] Kauffman, L. H., *Knots and physics*, Fourth edition. Series on Knots and Everything **53**. World Scientific Publishing Co. Pte. Ltd., Hackensack, NJ, (2013).
[66] 河内明夫（編著）, 結び目理論, シュプリンガー・フェアラーク東京 (1990).
[67] 河内明夫, レクチャー結び目理論, 共立出版 (2007).
[68] Khovanov, M., A categorification of the Jones polynomial, *Duke Math. J.*

101 (2000) 359–426.
[69] ―――, Categorifications of the colored Jones polynomial, *J. Knot Theory Ramifications* **14** (2005) 111–130.
[70] ―――, Triply-graded link homology and Hochschild homology of Soergel bimodules, *Internat. J. Math.* **18** (2007) 869–885.
[71] Khovanov, M., Rozansky, L., Matrix factorizations and link homology, *Fund. Math.* **199** (2008) 1–91.
[72] ―――, Matrix factorizations and link homology. II, *Geom. Topol.* **12** (2008) 1387–1425.
[73] Knizhnik, V.Z., Zamolodchikov, A.B., Current algebra and Wess-Zumino models in two dimensions, *Nucl. Phys.* **B247** (1984) 83–103.
[74] Kock, J., *Frobenius algebras and 2D topological quantum field theories*, London Mathematical Society Student Texts **59**. Cambridge University Press, Cambridge, 2004.
[75] Kodama, K., Knot, http://www.math.kobe-u.ac.jp/~kodama/
[76] Kohno, T., Monodromy representations of braid groups and Yang-Baxter equations, *Ann. Inst. Fourier* (Grenoble) **37** (1987) 139–160.
[77] ―――, Linear representations of braid groups and classical Yang-Baxter equations, *Contemp. Math.* **78** (1988) 339–363.
[78] 河野俊丈, 場の理論とトポロジー, 岩波書店 (2008).
[79] ―――, 反復積分の幾何学, シュプリンガージャパン (2009).
[80] 小島定吉, 3次元の幾何学, 朝倉書店 (2002).
[81] Kricker, A., The lines of the Kontsevich integral and Rozansky's rationality conjecture, math.GT/0005284.
[82] Kronheimer, P.B., Mrowka, T.S., Khovanov homology is an unknot-detector, *Publ. Math. Inst. Hautes Études Sci.* **113** (2011) 97–208.
[83] Lawrence, R.J., A universal link invariant using quantum groups, *Differential geometric methods in theoretical physics* (Chester, 1988), 55–63, World Sci. Publishing, Teaneck, NJ, 1989.
[84] ―――, A universal link invariant, *The interface of mathematics and particle physics* (Oxford, 1988), 151–156, Inst. Math. Appl. Conf. Ser. New Ser. **24**, Oxford Univ. Press, New York, 1990.
[85] Le, T.T.Q., Murakami, J., Ohtsuki, T., On a universal perturbative invariant of 3-manifolds, *Topology* **37** (1998) 539–574.
[86] Lee, E. S., An endomorphism of the Khovanov invariant *Adv. Math.* **197** (2005) 554–586.
[87] Lickorish, W.B.R., *An introduction to knot theory*, Graduate Texts in Math.

175, Springer-Verlag, 1997.
[88] Lieberum, J., On Vassiliev invariants not coming from semisimple Lie algebras, *J. Knot Theory Ramifications* **8** (1999) 659–666.
[89] Lin, X.-S., Vertex models, quantum groups and Vassiliev's knot invariants, preprint, 1991, available at http://math.ucr.edu/~xl/cv-html/pub.html
[90] Mac Lane, S., *Categories for the working mathematician*, Graduate Texts in Math., **5**, Springer-Verlag, New-York, 1971.
[91] Marché, J., A computation of the Kontsevich integral of torus knots, *Algebr. Geom. Topol.* **4** (2004) 1155–1175.
[92] Matveev, S.V., Distributive groupoids in knot theory (Russian), *Mat. Sb.* (N.S.) **119** (**161**) (1982) 78–88, 160.
[93] Mochizuki, T, Some calculations of cohomology groups of finite Alexander quandles, *J. Pure Appl.* Algebra **179** (2003) 287–330.
[94] _____, The 3-cocycles of the Alexander quandles $\mathbb{F}_q[T]/(T-\omega)$, *Algebr. Geom. Topol.* **5** (2005) 183–205.
[95] Moore, G., Seiberg, N., Classical and quantum field theory, *Comm. Math. Phys.* **123** (1989) 177–254.
[96] 森下昌紀, 結び目と素数, シュプリンガー現代数学シリーズ, 丸善出版 (2012).
[97] Moskovich, D., Ohtsuki, T., Vanishing of 3-loop Jacobi diagrams of odd degree, *J. Combin. Theory Ser.* A **114** (2007) 919–930.
[98] Murakami, H., A version of the volume conjecture, *Adv. Math.* **211** (2007) 678–683.
[99] 村上斉, 体積予想の現状, 数学 **62** (2010) 502–523, 日本数学会編集, 岩波書店.
[100] Murakami, H., The colored Jones polynomial, the Chern–Simons invariant, and the Reidemeister torsion of the figure-eight knot, *J. Topol.* **6** (2013) 193–216.
[101] Murakami, H., Murakami, J., The colored Jones polynomials and the simplicial volume of a knot, *Acta Math.* **186** (2001) 85–104.
[102] Murakami, H., Murakami, J., Okamoto, M., Takata, T., Yokota, Y., Kashaev's conjecture and the Chern-Simons invariants of knots and links, *Experiment. Math.* **11** (2002) 427–435.
[103] Murakami, H., Yokota, Y., The colored Jones polynomials of the figure-eight knot and its Dehn surgery spaces, *J. Reine Angew. Math.* **607** (2007) 47–68.
[104] 村上順, 結び目と量子群, 朝倉書店 (2000).
[105] 村杉邦男, 結び目理論とその応用, 日本評論社 (1993).
[106] Nosaka, T, On homotopy groups of quandle spaces and the quandle homotopy invariant of links, *Topology Appl.* **158** (2011) 996–1011.

[107] ——, On quandle homology groups of Alexander quandles of prime order, *Trans. Amer. Math. Soc.* **365** (2013) 3413–3436.
[108] ——, Homotopical interpretation of link invariants from finite quandles, arXiv:1210.6528.
[109] ——, On third homologies of groups and of quandles via the Dijkgraaf-Witten invariant and Inoue-Kabaya map, arXiv:1210.6540.
[110] 大槻知忠（編著），大山淑之, 高田敏恵, 出口哲生, 村上順, 村上斉, 和久井道久（著），量子不変量—3次元トポロジーと数理物理の遭遇, 日本評論社 (1999).
[111] Ohtsuki, T., Colored ribbon Hopf algebras and universal invariants of framed links, *J. Knot Theory Ramifications* **2** (1993) 211–232.
[112] ——, *Quantum invariants, — A study of knots, 3-manifolds, and their sets*, Series on Knots and Everything, **29**. World Scientific Publishing Co., Inc., 2002.
[113] ——, A cabling formula for the 2-loop polynomial of knots, *Publ. Res. Inst. Math. Sci.* **40** (2004) 949–971.
[114] ——, On the 2-loop polynomial of knots, *Geom. Topol.* **11** (2007) 1357–1475.
[115] ——, Perturbative invariants of 3-manifolds with the first Betti number 1, *Geometry and Topology* **14** (2010) 1993–2045.
[116] ——, On the asymptotic expansion of the Kashaev invariant of the 5_2 knot, preprint, available at http://www.kurims.kyoto-u.ac.jp/~tomotada/paper/ki52.pdf
[117] ——, On the asymptotic expansion of the Kashaev invariant of the hyperbolic knots with 7 crossings, in preparation.
[118] Ohtsuki, T. (ed.), Problems on invariants of knots and 3-manifolds, Geom. Topol. Monogr. **4**, *Invariants of knots and 3-manifolds* (Kyoto, 2001), 377–572, Geom. Topol. Publ., Coventry, 2002.
[119] Ohtsuki, T. (ed.), Problems on low-dimensional topology 2011, *Intelligence of Low-dimensional Topology* (edited by T. Ohtsuki and M. Wakui), RIMS Kôkyûroku **1766** (2011) 102–121.
[120] Ohtsuki, T., Takata, T., On the Kashaev invariant and the twisted Reidemeister torsion of two-bridge knots, *Geom. Topol.* **19** (2015) 853–952.
[121] Ohtsuki, T., Yokota, Y., On the asymptotic expansion of the Kashaev invariant of the knots with 6 crossings, preprint, 2012.
[122] 奥田直介, On the first two Vassiliev invariants of some sequences of knots, 修士論文, 東京工業大学, 2002.
[123] Peskin, M. E., Schroeder, D. V., *An introduction to quantum field theory*, Addison-Wesley Publishing Company, Advanced Book Program, Reading,

MA, (1995).

[124] Piunikhin, S., Weights of Feynman diagrams, link polynomials and Vassiliev knot invariants, *J. of Knot Theory Ramifications* **4** (1995) 163–188.

[125] Polyak, M., Viro, O., On the Casson knot invariant, *J. Knot Theory Ramifications* **10** (2001) 711–738.

[126] Prasolov, V.V., Sossinsky, A.B., *Knots, links, braids and 3-manifolds, — an introduction to the new invariants in low-dimensional topology*, Trans. of Math. Monographs **154**, Amer. Math. Soc., 1997.

[127] Rasmussen, J., Khovanov homology and the slice genus, *Invent. Math.* **182** (2010) 419–447.

[128] Rozansky, L., The universal R-matrix, Burau representation, and the Melvin-Morton expansion of the colored Jones polynomial, *Adv. Math.* **134** (1998) 1–31.

[129] ———, *A rational structure of generating functions for Vassiliev invariants*, Notes accompanying lectures at the summer school on quantum invariants of knots and three-manifolds, Joseph Fourier Institute, University of Grenoble, org. C. Lescop, June, 1999.

[130] ———, A rationality conjecture about Kontsevich integral of knots and its implications to the structure of the colored Jones polynomial, Proceedings of the Pacific Institute for the Mathematical Sciences Workshop "Invariants of Three-Manifolds" (Calgary, AB, 1999). *Topology Appl.* **127** (2003) 47–76.

[131] ———, An infinite torus braid yields a categorified Jones-Wenzl projector, *Fund. Math.* **225** (2014) 305–326.

[132] 佐藤肇, 位相幾何, 岩波書店 (2006).

[133] Satoh, S., Surface diagrams of twist-spun 2-knots, Knots 2000 Korea, Vol. 1 (Yongpyong). *J. Knot Theory Ramifications* **11** (2002) 413–430.

[134] ———, A note on the shadow cocycle invariant of a knot with a base point, *J. Knot Theory Ramifications* **16** (2007) 959–967.

[135] Satoh, S., Shima, A., The 2-twist-spun trefoil has the triple point number four, *Trans. Amer. Math. Soc.* **356** (2004) 1007–1024.

[136] ———, Triple point numbers and quandle cocycle invariants of knotted surfaces in 4-space, *New Zealand J. Math.* **34** (2005) 71–79.

[137] Soloviev, A., Non-unitary set-theoretical solutions to the quantum Yang-Baxter equation, *Math. Res. Lett.* **7** (2000) 577–596.

[138] 鈴木晋一, 結び目理論入門, サイエンス社 (1991).

[139] 谷口雅彦, 松崎克彦, 双曲的多様体とクライン群, 日本評論社 (1993).

[140] 谷崎俊之, リー代数と量子群, 共立出版 (2002).

[141] Takasaki, M. (高崎光久), Abstraction of symmetric transformations（対称

変換の抽象化), *Tohoku Math. J.* **49** (1943) 145–207.
[142] Thurston, D.P., *Hyperbolic volume and the Jones polynomial*, Notes accompanying lectures at the summer school on quantum invariants of knots and three-manifolds, Joseph Fourier Institute, University of Grenoble, org. C. Lescop, July, 1999. http://www.math.columbia.edu/~dpt/speaking/Grenoble.pdf
[143] Thurston, W.P., *The geometry and topology of three-manifolds*, the 1980 lecture notes at Princeton University, http://library.msri.org/ books/gt3m/
[144] Turaev, V.G., The Yang-Baxter equation and invariants of links, *Invent. Math.* **92** (1988) 527–553.
[145] ———, Operator invariants of tangles, and R-matrices, (in Russian) *Izv. Akad. Nauk SSSR Ser. Mat.* **53** (1989); English translation in *Math. USSR-Izv.* **35** (1990) 411–444.
[146] ———, *Quantum invariants of knots and 3-manifolds*, Studies in Math. **18**, Walter de Gruyter, 1994.
[147] Turner, P., Five lectures on Khovanov homology, arXiv:math/0606464.
[148] Vassiliev, V. A. *Cohomology of knot spaces*, Theory of singularities and its applications, 23–69, Adv. Soviet Math. **1**, Amer. Math. Soc., Providence, RI, 1990.
[149] Vendramin, L., On the classification of quandles of low order, *J. Knot Theory Ramifications* **21** (2012) 1250088, 10 pp.
[150] Vogel, P., Algebraic structures on modules of diagrams, *J. Pure Appl. Algebra* **215** (2011) 1292–1339.
[151] 和達三樹, 結び目と統計力学, 岩波講座物理の世界, 岩波書店 (2002).
[152] Willerton, S., On the first two Vassiliev invariants, *Experiment. Math.* **11** (2002) 289–296.
[153] ———, An almost-integral universal Vassiliev invariant of knots, *Algebr. Geom. Topol.* **2** (2002) 649–664.
[154] Witten, E., Quantum field theory and the Jones polynomial, *Comm. Math. Phys.* **121** (1989) 351–399.
[155] Wong, R., *Asymptotic approximations of integrals*, Computer Science and Scientific Computing. Academic Press, Inc., Boston, MA, 1989.
[156] Yamazaki, M., Yokota, Y., On the limit of the colored Jones polynomial of a non-simple link, *Tokyo J. Math.* **33** (2010) 537–551.
[157] Yokota, Y., On the volume conjecture for hyperbolic knots, arXiv:math/0009165.
[158] ———, On the potential functions for the hyperbolic structures of a knot complement, *Invariants of knots and 3-manifolds* (Kyoto, 2001), 303–311,

Geom. Topol. Monogr. **4**, Geom. Topol. Publ., Coventry, 2002.

[159] ———, From the Jones polynomial to the A-polynomial of hyperbolic knots, Proceedings of the Winter Workshop of Topology/Workshop of Topology and Computer (Sendai, 2002/Nara, 2001). *Interdiscip. Inform. Sci.* **9** (2003) 11–21.

[160] ———, On the complex volume of hyperbolic knots, *J. Knot Theory Ramifications* **20** (2011) 955–976.

索 引

──────── 数字 ────────

1,3価グラフ　112
2次元結び目　207
2重対数関数　241
2ループ多項式　231
4T関係式　148
5角関係式　105, 126, 242
6角関係式　107, 126

──────── 英字 ────────

AS関係式　113

FI関係式　123, 148

HOMFLY多項式　77

IHX関係式　113

KZ方程式　87

PBW同型　219, 220

qタングル　124

R行列　19
　　普遍 ── 44, 68

STU関係式　113

──────── あ行 ────────

イソトピック　2, 14, 28, 124, 209
移動
　　MI, MII ── 16
　　パッハナー ── 243

ライデマイスター ── 4
ローズマン ── 209
色つきジョーンズ多項式　75
インタートワイナー　64
オーフス積分　228
オペレータ不変量　38, 60
重み　26, 61, 198, 205, 210
重み系　137, 149

──────── か行 ────────

開結び目　208
開ヤコビ図　219
カウフマン括弧　6
カシミール元　78, 83
カシャエフ不変量　257
カシャエフ予想　259
可積分条件　87
括弧つき組みひも　106
括弧つき点列　101, 103, 104
絡み数　6
絡み目　1
　　枠つき ── 10
カンドル　187
　　── コサイクル不変量　199, 211
　　2面体 ── 188
　　4面体 ── 188
　　アレクサンダー ── 188
　　共役 ── 188
　　被約結び目 ── 191
　　結び目 ── 191
　　連結 ── 189

曲面結び目　207
キリング形式　82
組みひも　13
　——　群　14
　純な ——　86
クラスパー　158
群的　215
圭　187
ケーブル化公式　227
ケーブル結び目　226
結合子　126
　ドリンフェルト ——　96, 126
圏化　176
原始的　216, 218
交代結び目　185
交点　3
　正の ——, 負の ——　6
コード図　112
コサイクル　196
　カンドル —— 不変量　199, 211
　シャドー —— 不変量　206
　望月 ——　197
コチェイン複体　161
　商 ——　163
　部分 ——　163
コンセビッチ不変量　123, 129

──────── さ行 ────────

彩色　192, 210
　—— 数　192, 194
　シャドー ——　204
準3角ホップ代数　44
状態和　26, 62
ジョーンズ多項式　10
　色つき ——　75
スケイン関係式　11, 77
図式　3, 29, 208
　基本 q タングル ——　124
　基本タングル ——　30, 32
　輪切り ——　30, 33
　輪切り q タングル ——　125
スパン結び目　209

双曲空間　236
双曲構造方程式　250
双曲多様体　238
双曲結び目　240

──────── た行 ────────

体積予想　260
多項式
　2ループ ——　231
　HOMFLY ——　77
　色つきジョーンズ ——　75
　ジョーンズ ——　10
タングル　28
　q ——　124
対合射　42
トーラス結び目　2
特異結び目　143

──────── な行 ────────

ねじれ　9

──────── は行 ────────

配置空間　85
バシリエフ不変量　143
　原始的な ——　218
パッハナー移動　243
表現　58
　既約 ——　58
　随伴 ——　82
　双対 ——　58
　単位 ——　64
　テンソル ——　64
　ホロノミー ——　239
　モノドロミー ——　93
付随群　193
普遍 A 不変量　53
普遍 R 行列　44, 68
普遍包絡環　67
不変量　3
　オペレータ ——　38, 60
　カシャエフ ——　257

カンドルコサイクル —— 199, 211
コンセビッチ —— 123, 129
シャドーコサイクル —— 206
バシリエフ —— 143
普遍 A —— 53
　量子 —— 74, 75
ブローアップ　103
ブロッホ–ウィグナー関数　242
フロベニウス代数　174
平滑化　166
ベルヌーイ数　226
ホップ代数　42
　準 3 角 —— 44
　リボン —— 51
ポテンシャル関数　253
ホバノフホモロジー　175

——————— ま行 ———————

結び目　1
　—— カンドル　191
　—— 群　190
　2 次元 ——　207
　開 ——　208
　曲面 ——　207
　ケーブル ——　226
　交代 ——　185
　サテライト ——　240
　スパン ——　209
　双曲 ——　240
　トーラス ——　2
　特異 ——　143
　被約 —— カンドル　191
メリディアン　191
モジュラス　241

——————— や行 ———————

ヤコビ図　112
　—— の空間　113
　開 ——　219
ヤン–バクスター方程式　19
　集合論的 ——　203

量子化された ——　46
余積　42, 83, 114, 165
余単位射　42

——————— ら行 ———————

ライデマイスター移動　4
ラック　203
理想 4 面体　240
　—— 分割　244
リボンホップ代数　51
量子群　67
量子次元　164
量子整数　69
量子不変量　74, 75
ループ展開　228, 233
ローズマン移動　209
ロンジチュード　193

——————— わ行 ———————

枠　10

著者紹介

大槻知忠
おおつきともただ

1990年　東京大学大学院理学系研究科数学専攻修士課程 修了
現　在　京都大学 数理解析研究所 教授
　　　　博士（数理科学）（東京大学）
専　攻　位相幾何学．特に，結び目と3次元多様体の量子不変量
著　書　*Quantum invariants* (World Scientific Publishing Co., Inc., 2002) 他

共立講座 数学の輝き4
結び目の不変量
(*Invariants of Knots*)

2015 年 6 月 25 日　初版 1 刷発行
2016 年 9 月 20 日　初版 2 刷発行

著　者　大槻知忠　© 2015
発行者　南條光章
発行所　共立出版株式会社
　　　　〒 112-0006
　　　　東京都文京区小日向 4-6-19
　　　　電話番号　03-3947-2511（代表）
　　　　振替口座　00110-2-57035
　　　　共立出版㈱ホームページ
　　　　http://www.kyoritsu-pub.co.jp/

印　刷　啓文堂
製　本　ブロケード

検印廃止
NDC 415.7
ISBN 978-4-320-11198-1

一般社団法人
自然科学書協会
会員

Printed in Japan

|JCOPY| ＜出版者著作権管理機構委託出版物＞
本書の無断複製は著作権法上での例外を除き禁じられています．複製される場合は，そのつど事前に，出版者著作権管理機構（ＴＥＬ：03-3513-6969，ＦＡＸ：03-3513-6979，e-mail：info@jcopy.or.jp）の許諾を得てください．

「数学探検」「数学の魅力」「数学の輝き」の三部からなる数学講座

共立講座 数学の輝き 全40巻予定

新井仁之・小林俊行・斎藤 毅・吉田朋広 編

数学の最前線ではどのような研究が行われているのでしょうか？大学院に入ってもすぐに最先端の研究をはじめられるわけではありません。この「数学の輝き」では、「数学の魅力」で身につけた数学力で、それぞれの専門分野の基礎概念を学んでください。一歩一歩読み進めていけばいつのまにか視界が開け、数学の世界の広がりと奥深さに目を奪われることでしょう。現在活発に研究が進みまだ定番となる教科書がないような分野も多数とりあげ、初学者が無理なく理解できるように基本的な概念や方法を紹介し、最先端の研究へと導きます。

❶数理医学入門
鈴木 貴著 画像処理／生体磁気／逆源探索／細胞分子／細胞変形／粒子運動／熱動力学／他……272頁・本体4000円

❷リーマン面と代数曲線
今野一宏著 リーマン面と正則写像／リーマン面上の積分／有理型関数の存在／アーベル積分の周期他 266頁・本体4000円

❸スペクトル幾何
浦川 肇著 リーマン計量の空間と固有値の連続性／最小正固有値のチーガーとヤウの評価／他……352頁・本体4300円

❹結び目の不変量
大槻知忠著 絡み目のジョーンズ多項式／組みひも群とその表現／絡み目のコンセビッチ不変量／他 288頁・本体4000円

❺$K3$曲面
金銅誠之著 格子理論／鏡映群とその基本領域／$K3$曲面のトレリ型定理／エンリケス曲面／他……240頁・本体4000円

❻素数とゼータ関数
小山信也著 素数に関する初等的考察／リーマン・ゼータの基本／深いリーマン予想／他…………300頁・本体4000円

■ 主な続刊テーマ ■

岩澤理論…………………………尾崎 学著	グロモフーウィッテン不変量と量子コホモロジー…………………………………前野俊昭著
楕円曲線の数論…………………小林真一著	3次元リッチフローと幾何学的トポロジー…………………………………戸田正人著
ディオファントス問題……………平田典子著	力学系………………………………林 修平著
保型関数……………………………志賀弘典著	多変数複素解析……………………辻 元著
保型形式と保型表現……池田 保・今野拓也著	反応拡散系の数理……長山雅晴・栄伸一郎著
可換環とスキーム…………………小林正典著	粘性解………………………………小池茂昭著
有限単純群…………………………北詰正顕著	確率微分方程式……………………谷口説男著
代数群………………………………庄司俊明著	確率論と物理学……………………香取眞理著
D加群………………………………竹内 潔著	ノンパラメトリック統計……………前園宜彦著
カッツ・ムーディ代数とその表現…山田裕史著	機械学習の数理……………………金森敬文著
リー環の表現論とヘッケ環 加藤 周・榎本直哉著	超離散系……………………………時弘哲治著
リー群のユニタリ表現論……………平井 武著	【各巻】 A5判・上製本・税別本体価格
対称空間の幾何学……田中真紀子・田丸博士著	≪読者対象：学部4年次・大学院生≫
非可換微分幾何学の基礎 前田吉昭・佐古彰史著	
シンプレクティック幾何入門……高倉 樹著	

※続刊のテーマ、執筆者、価格等は予告なく変更される場合がございます

共立出版

http://www.kyoritsu-pub.co.jp/
https://www.facebook.com/kyoritsu.pub